高等学校规划教材 | 畜牧兽医类

主编 ● 罗献梅 甘玲

动物
生物化学实验

DONGWU SHENGWU

HUAXUE SHIYAN

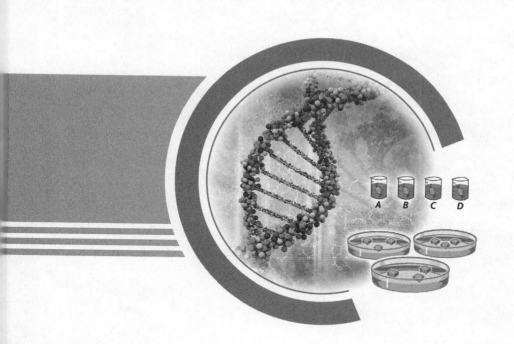

U0240712

 西南师范大学 出版社

国家一级出版社 全国百佳图书出版单位

高等学校规划教材·畜牧兽医类

总编委会 / ZONG BIAN WEI HUI

《动物生物化学实验》

编委会 / BIAN WEI HUI

主　编：罗献梅（西南大学）

　　　　甘　玲（西南大学）

副主编：郭建华（西南大学）

　　　　张恩平（西北农林科技大学）

　　　　申　红（石河子大学）

参　编：(按姓名拼音顺序排列)

　　　　韩志刚（重庆医科大学）

　　　　蒋　瑶（重庆市中药研究院）

　　　　李凤鸣（新疆农业大学）

　　　　刘林丽（西北农林科技大学）

　　　　徐秀容（西北农林科技大学）

　　　　张永云（云南农业大学）

　　　　钟　凯（河南农业大学）

前　言

《动物生物化学实验》为西南大学2013年校级规划教材,该教材为动物科学、动物医学和水产养殖等专业的本科教学编写。随着生物技术的迅猛发展,《动物生物化学实验》本着内容适应现今教学、满足课程建设、培养学生的实践动手能力等人才培养需要的宗旨而编写。

动物生物化学实验是动物科学和动物医学等专业学生的专业基础课,是培养相关专业的大学生实验技能的重要课程之一。为使学生对当前常用的动物生化技术有较全面的了解,本教材先介绍动物生物化学实验概论,然后按照各种技术(离心技术、光谱技术、电泳技术、生物大分子的分离制备技术、层析技术、免疫技术、核酸技术等)分章节编排,每章先介绍该种技术的实验原理,然后就该种实验技术选择了一些代表性强、取材于动物的组织器官进行实验。目的在于通过系统实验使学生懂得这些实验技术的基本原理,掌握基本的操作,提高学生动手能力。全书编排的实验较多,各个院校可根据各校的实际情况选择使用。

该教材编写的主要特点:

1. 定位明确,主要针对动物科学、动物医学、水产养殖专业的学生编写。所有实验举例的材料全部来源于动物,实验内容针对性强,内容相对集中。

2. 按实验技术分类编排,易于让学生掌握其原理和操作,加深学生印象。

3. 既有与理论教材紧密配套的验证性实验,也有综合性实验内容。

4. 每个实验后面有相应的注意事项,便于学生自己独立完成,每个实验后面都有思考题帮助学生理解掌握实验原理,锻炼学生的分析能力。

本教材编写组由西南大学、西北农林科技大学、石河子大学、云南农业大学、河南农业大学、新疆农业大学、重庆医科大学等单位富有教学和实践经验并具有高级职称和高学历的人员组成。编写人员以认真负责的态度对编写的内容进行了反复阅读,认真校对,但书中的错误和不当之处在所难免,恳请各位专家和广大读者批评指正。

编　者

2013年5月

目　录

第三章 光谱技术

第四章 电泳技术

第五章 生物大分子的分离制备技术

第六章　层析技术

第七章　免疫化学技术

第八章　核酸技术

附录

参考文献

第一章 动物生物化学实验概论

第一节 生物化学实验基础

一、生物化学实验基本知识

(一)生物化学实验技术发展简史

生物科学在20世纪有惊人的发展,其中生物化学与分子生物学的进展尤为迅速,这样一门最具活力和生气的实验科学,在21世纪必将成为带头的学科,这主要有赖于生物化学与分子生物学实验技术的不断发展和完善。这里我们简单回顾一下生物化学实验技术的发展历史。

20世纪20年代:微量分析技术促进了维生素、激素和辅酶等的发现。瑞典著名的化学家T·Svedberg奠基了"超离心技术",1924年制成了第一台相对离心力为5 000×g(5 000~8 000 r/min)的离心机,开创了生化物质离心分离的先河,并准确测定了血红蛋白等复杂蛋白质的分子量,获得了1926年的诺贝尔化学奖。

20世纪30年代:电子显微镜技术打开了微观世界,使我们能够看到细胞内的结构和生物大分子的内部结构。

20世纪40年代:层析技术快速发展,两位英国科学家Martin和Synge发明了分配色谱(层析),他们获得了1952年的诺贝尔化学奖。由此,层析技术成为分离生化物质的关键技术。"电泳技术"是由瑞典著名科学家Tiselius所奠基的,该技术开创了电泳技术的新时代,他因此获得了1948年的诺贝尔化学奖。

20世纪50年代:自1935年Schoenheimer和Rittenberg首次将放射性同位素示踪用于碳水化合物及类脂物质中间代谢的研究以后,"放射性同位素示踪技术"在20世纪50年代有了大的发展,为阐明各种生物化学代谢过程起了决定性的作用。

20世纪60年代:用于生物化学研究的各种仪器、分析方法取得了很大的发展,如高压液相色谱(HPLC)技术,红外、紫外等光谱技术,NMR核磁共振技术等。1958年,Stem,Moore和Spackman设计出氨基酸自动分析仪,该仪器大大加快了蛋白质的分析工作。1967年,Edman和Begg制成了多肽氨基酸序列分析仪,到1973年Moore和Stein设计出氨基酸序列自动测定仪,又大大加快了对多肽一级结构的测定,十多年间氨基酸的自动测定工作得到了很大的发展和完善。

1962年,美国科学家Watson和英国科学家Crick,因为在1953年提出的DNA分子反向平行双螺旋模型而与英国科学家Wilkins分享了当年的诺贝尔生理医学奖,Wilkins通过对DNA分子的X-射线衍射研究证实了Watson和Crick的DNA模型,他们的研究成果开创了生物科学的历史新纪元。在X-射线衍射技术方面,英国物理学家Perutz对血红蛋白的结构进行了X-射线结构分析,Kendrew测定了肌红蛋白的结构,两人因此而成为研究生物大分子空间立体结构的先驱,他们同获1962年的诺贝尔化学奖。

此外,在20世纪60年代,层析和电泳技术又有了重大的进展。1968～1972年,Anfinsen创建了亲和层析技术,开辟了层析技术的新领域。1969年,Weber应用SDS-聚丙烯酰胺凝胶电泳技术测定了蛋白质的分子量,使电泳技术取得了重大进展。

20世纪70年代:基因工程技术取得了突破性的进展,Arber,Smith和Nathans三个小组发现并纯化了限制性内切酶。1972年,美国斯坦福大学的Berg等人首次用限制性内切酶切割DNA分子,并实现了DNA分子的重组。1973年,美国斯坦福大学的Cohen等人第一次完成了DNA重组体的转化技术,这一年被定为基因工程的诞生年,Cohen因此而成为基因工程的创始人,从此,生物化学进入了一个新的大发展时期。与此同时,各种仪器、分析手段进一步发展,制成了DNA序列测定仪、DNA合成仪等。

20世纪80至90年代:基因工程技术进入辉煌发展的时期,1980年,英国剑桥大学的生物化学家Sanger和美国哈佛大学的Gilbert分别设计出两种测定DNA分子核苷酸序列的方法,并与Berg共获诺贝尔化学奖,从此,DNA序列分析法成为生物化学与分子生物学最重要的研究手段之一。他们3人在DNA重组和RNA结构研究方面都做出了杰出的贡献。

1981年由Jorgenson和Lukacs首先提出的高效毛细管电泳技术(HPCE),由于其高效、快速、经济的特点,该技术尤其适用于生物大分子的分析,因此受到生命科学、医学和化学等学科的科学工作者的极大重视,其发展极为迅速,是生化实验技术和仪器分析领域的重大突破,意义深远。现今,由于HPCE技术的异军突起,HPLC技术的发展重点已转到制备和下游技术。

1984年德国科学家Kohler、美国科学家Milstein和丹麦科学家Jerne由于发展了单克隆抗体技术,完善了极微量蛋白质的检测技术而共享了诺贝尔生理医学奖。

1985年美国加利福尼亚州Cetus公司的Mullis等发明了PCR技术(Polymerase Chain Reaction)即聚合酶链式反应的DNA扩增技术,对于生物化学和分子生物学的研究工作具有划时代的意义,因而与第一个设计基因定点突变的Smith共享1993年的诺贝尔化学奖。除上述历史以外,还可以列出许多生物化学发展史上的重要成就,例如:

美国哈佛大学的Folin教授和中国的吴宪教授对生物化学常用的各种分析方法(血糖分析、蛋白质含量分析、氨基酸测定等)的建立做出了历史性的贡献。

美国化学家Pauling因确认氢键在蛋白质结构中以及生物大分子间相互作用的重要性等,他获得了诺贝尔化学奖。

英籍德裔生物化学家Krebs,在1937年发现了三羧酸循环,对细胞代谢及分子生物学的研究做出了重要贡献,他与美籍德裔生物化学家Lipmann共获1953年诺贝尔生理医学奖。

英国生物化学家Sanger还于1953年确定了牛胰岛素中氨基酸的精确顺序,而获得1958年的诺贝尔化学奖。

1959年,美籍西班牙裔科学家Uchoa发现了细菌的多核苷酸磷酸化酶,研究并重建了将基因内的遗传信息通过RNA中间体翻译成蛋白质的过程。他和Kornberg分享了当年的诺贝尔生理医学奖,而后者的主要贡献在于实现了DNA分子在细菌细胞和试管内的复制。

美国生物化学家Nirenberg在破译遗传密码方面做出了重要贡献,Holly阐明了酵母丙氨酸tRNA的核苷酸排列顺序,后来证明所有tRNA的结构均相似。美籍印度裔生物化学家Khorana曾合成了结构精确的已知核酸分子,并首次人工制成酵母基因。他们3人共获1969年的诺贝尔生理医学奖。

法国生物学家Lwoff、Jacob和生物化学家Monod由于在病毒DNA和mRNA等方面出色的大量研究工作而共获1965年的诺贝尔生理医学奖。

1988年,美国遗传学家McClintock由于在20世纪50年代提出并发现了可移动的遗传因子而获得诺贝尔生理医学奖。

1989年,美国科学家Altman和Cech由于发现某些RNA具有酶的功能(称为核酶)而共享诺贝尔化学奖。

1993年,美国科学家Roberts和Sharp由于在断裂基因方面的工作而荣获诺贝尔生理医学奖。

1994年,美国科学家Gilman和Rodbell由于发现了G蛋白在细胞内信息传导中的作用而分享诺贝尔生理医学奖。

1995年,美国科学家Lewis、德国科学家Nusslein–Volhard和美国科学家Wieschaus由于在20世纪40~70年代先后独立鉴定了控制果蝇体节发育基因而共享诺贝尔生理医学奖。

我国生物化学界的先驱吴宪教授,20世纪20年代初,从美国回到中国,并在协和医科大学生化系与汪猷、张昌颖等人一道完成了蛋白质变性理论、血液生化检测和免疫化学等一系列具有重大影响的研究。1965年我国化学和生物化学家用化学方法首次人工合成了具有生物活性的结晶牛胰岛素,1983年又完成了酵母丙氨酸转移核糖核酸的人工合成。近年来,在酶学研究、蛋白质结构及生物膜的结构与功能等方面都取得了举世瞩目的研究成果。

由近百年来生物化学及其实验技术的发展史可以看出,该学科的发展与实验技术的发展密切相关,每一种新的生化物质的发现与研究都离不开实验技术,每一次新的实验技术的发明都大大地推动了生物化学研究的进步,因此对于每一位现代生物科学工作者,尤其是生物化学工作者,学习并掌握各种生物化学实验技术就显得极为重要。

(二)实验的准确性与误差

生物化学实验是以活的生命体为对象,对生物体内存在的主要大分子物质,如糖、脂肪、蛋白质、核酸等进行定性或定量的分析测定。定性分析可确定存在物质的种类或粗略计算物质所占的比例;而定量分析则需要确定物质的精确含量。因此分析工作者要根据实验要求对实验结果进行分析和总结,要善于分析和判断结果的准确性,认真查找可能出现误差的原因,并进一步研究减少误差的办法,从而不断提高所得结果的准确度。

一般在实验测量过程中都会有误差产生,但在懂得这些误差的可能来源的前提下,多数的误差是可以通过适当的处理来校正的。

产生误差的原因很多,一般根据误差的性质和来源可把误差分为两类,即系统误差和偶然误差。

1. 有效数字

做实验每天接触千千万万的数字,那什么是有效数字?是否小数点后数字愈多愈准确?数字1、2、3、4、5、6、7、8、9是有效数字。数字0可以是有效数,也可能不是,如果零只用来表示小数点的位置时,它就不是有效数。例如,0.070 080 kg,这个数字的前两个零都不是有效数字,它们只是用来表示小数点的位置。若改用另一个单位,即可把它们取消,如采用克为单位,就可写成70.080 g。7和8之间的两个零,是有效数字,若去除其中的两个零,数值就完全变了(0.0 708 kg或0.0 780 kg)。最后一位零也是有效数字,它指出在该项称重中,可以测定到0.000 010 kg,只不过数字正好是零。如果将最后的零去除,则意味着重量只能称到0.00 001 kg。有效数字的位数说明测定的准确度,应当符合这个测定(包括这个测定的每一个步骤)总的准确度。在作一项测定(长度、重量、容积、光密度、时间、电流、电压等)时,进行一项计算或报告一项实验结果时,在数值上都可包括一位估计的数字。例如用最小刻度为毫米的尺来量一个长度时,可以估算到刻度的1/10,就是估计到0.1 mm,如623.3 mm,0.3这个数是估计的,真实的数可能是623.1 mm或623.5 mm,最后一个数字是有误差的。计算一个乘数,如将3.625 mg/mL乘以1.26 h,在乘积中的值只能保留三位数字,因为乘积不可能比它原来的数字更为准确。又如将几个数值相加(0.410+0.1263+9.00),其和应是9.58,而不是9.5 763,因为数的和的准确度不会比它的相加各项中准确度最差的一项更好。据以上原因,在一个测定的各个环节中在可能范围内应选择准确度相类似的仪器,否则在某一环节中使用了一次准确度很低的仪器,则整个测定结果的准确度便降低了。同样,在某一个实验环节使用了一次准确度很高的仪器,这种测量也是毫无意义的。例如在滴定管的校正中,由于滴定管只能读到四位数字如32.18,水及称量瓶的重量也只需称到四位有效数字(如49.19 g),虽然分析天平可称至六位有效数字。后两位有效数也是无用的。这时可改用准确数为四位的天平即可。

2. 误差

误差即指一种被测物的测定结果与其真值的不符合性,真值往往是不能确切知道的,通常以多次测定结果的平均数来近似地代表真值。尽管实验的分析方法相当准确,仪器亦很精密,试剂纯度很高,操作者技术很熟练,然而这些都不能使某种物质的测定结果与其真值绝对相符。同一个样本多次重复测定,其结果亦不能完全相同。因此,实验中的误差是绝对的。根据误差的来源和性质,通常可分下述三大类。

(1)系统误差　系统误差是指一系列测定值存在有相同倾向的偏差,或大于真值,或小于真值,一般是恒定的。大多是由于某种确定的原因引起的,在一定条件下可以重复出现,误差的大小一般可以测出。经分析找出原因,可采取一定措施,减少或纠正。

系统误差的来源：

①方法误差　如用滤纸称量易潮解的药品；做生物实验特别是酶的实验时没有考虑温度的影响等。

②仪器误差　如量取液体时，按烧杯的指示线量取液体往往准确度降低，需要用量筒量取；在配制标准溶液时量筒同样不够精确，要选用等体积的容量瓶定容到刻度线；不同的天平其精度差别很大，如果需要称量100 g以上的物体，使用托盘天平即可，但如称量1 g的样品，选用扭力天平比较方便，称量10 mg以内的样品则必须使用感量为万分之一克的分析天平或电子天平称取。

③试剂误差　如试剂不纯或蒸馏水不合格，引入微量元素或对测定有干扰的杂质，就会造成一定的误差。

④操作误差　如在使用移液管量取液体时，由于每人的操作手法不同，可能会存在一定的操作误差。特别是在读数据时，目光是否平视，视线与液体弯月面是否相切，都可能成为生化实验中造成较大误差的主要原因。

系统误差的校正：

①仪器校正　在实验前应对使用的砝码、容量皿或其他仪器进行校正，对pH计、电接点温度计等测量仪器进行标定，以减少误差。

②空白实验　在任何测量实验中都应包括空白实验。用同体积的蒸馏水或样品中的缓冲液代替待测溶液，并严格将待测液和标准液同法处理，即得到所谓的空白溶液。在最后计算时，应从实验测得的结果中扣除从空白溶液中得到的数值，即可得到比较准确的结果。

（2）偶然误差　与系统误差不同，偶然误差的大小，正负是偶然发生的。误差时大时小，时正时负，不固定，一般不可预测。分析的步骤愈多，出现这种误差的机会愈多，所以也不易控制。如遇到这种情况时，应对仪器、试剂、方法做全面的检查。一般生物类实验的影响因素是多方面的。常常由于某些条件，如温度、光照、气流、反应时间、反应体系的微小变化都会引起较大的误差。特别是某些因素的作用机理目前仍不十分清楚，所以有些实验结果重现性较差。

偶然误差初看起来似乎没有规律性，但经过多次实验，便可发现偶然误差分布有以下规律。一是正误差和负误差出现的几率相等；二是小误差出现的频率高，而大误差出现的频率较低。因此解决偶然误差主要可通过进行多次平行实验，然后取其平均值来弥补。测试的次数越多，偶然误差的机率就越小。

（3）责任误差　这种误差是由于工作人员工作态度不严肃，责任心不强，思想不集中，操作粗枝大叶所引起的，这种误差是可以避免的。对于初做生物化学实验的工作者来说是经常发生的。如加错试剂、在配制标准溶液时固体溶质未被溶解就用容量瓶定容、在称量样品时未关升降扭就加砝码、在做电泳时点样端位置放错、在做抽滤实验时应留滤液却误留滤渣、在作图时坐标轴取反以及记录和计算上的错误等。这些失误会对分析结果产生极大的影响，致使整个实验失败。所以在实验中一定要避免操作错误，培养严谨和一丝不苟的科学实验作风，养成良好的实验习惯，减少失误的发生。

此外,在实际工作中要根据实验目的,设计好切实可行的实验方案,并根据实际需要的准确度来选择测试手段(仪器及方法),如在做定性实验时,称量及配制试剂时准确度要求相对不高,可选择台秤及量筒来称重、量取,而在做定量实验时,则必须使用分析天平及容量瓶来称量、定容,以确保实验数据真实可靠。

3. 误差的表示方法和计算

误差为一统称,严格地说应包括误差和偏差。所谓误差是指测定值与真值之差;而偏差是指测定值与测定均值之差,但通常将这两者混用,统称为误差。

(1)平均误差　平均误差是指一组测定值中,测定值与测定均值的算术平均偏差。

$$dm = \frac{\varepsilon |di|}{n}, \quad di = (X - \bar{X})$$

dm 为平均误差,X 为测定值,$\bar{X}$ 为均值,di 为离均差,n 为次数。其缺点是取绝对值,无法表示出各次测量间彼此的符合情况。

(2)标准误差(标准差)　标准误差是指一组测定值中,每一个测定值与测定平均值间的偏离程度(详见统计方法)。

(3)绝对误差　绝对误差是测定值与真值间的差数,表示准确度的一种方法。

绝对误差=测定值(X)-真值(U)

绝对误差有正值与负值,正值说明结果偏高,负值说明结果偏低。测定值与测定均值间的差异为绝对误差。所谓真值是未知的,实际上需用多次精确测定的结果(平均值)代替真值来使用,但一定要消除系统误差之后,所以,

绝对误差=测定值(X)-测定均值($\bar{X}$)

(4)相对误差　绝对误差表示误差绝对值的大小,在应用上受到一定的限制,无法比较测定中误差相互之间的大小。为了便于误差间的相互比较,常用相对误差。实践中常用的是:

$$相对误差 = \frac{测定值 - 真值}{真值} \times 100\%$$

$$相对偏差 = \frac{测定值 - 测定均值}{测定均值} \times 100\%$$

(三)实验室安全及防护知识

在生化实验室中可以说是"五毒"俱全,即着火、爆炸、中毒、触电和割伤的危险均时刻存在。因此每一位在生化实验室工作的人员都必须有充分的安全意识,严格的防范措施和丰富实用的防护救治知识,一旦发生意外能正确地进行处置,以防事故进一步扩大。

1. 着火

生化实验室经常使用大量的有机溶剂,如甲醇、乙醇、丙酮、氯仿等,而实验室又经常使用电炉等火源,因此极易发生着火事故。常用有机溶剂的易燃性列表如下。

表 1.1　常见有机液体的易燃性

名　称	沸点 / ℃	闪点 / ℃	自燃点 / ℃
乙醚	34.5	−40	180
丙酮	56	−17	538
二硫化碳	46	−30	100
苯	80	−11	−
乙醇(95%)	78	12	400

闪点:液体表面的蒸汽和空气的混合物在遇明火或火花时着火的最低温度。

自燃点:液体蒸汽在空气中自燃时的温度。

由上表可以看出:乙醚、二硫化碳、丙酮和苯的闪点都很低,因此不得保存于可能会产生电火花的普通冰箱内。低闪点液体的蒸汽只要接触红热物体的表面便会着火,其中二硫化碳尤其危险。预防火灾必须严格遵守以下操作规程:

(1)严禁在开口容器和密闭体系中用明火加热有机溶剂,只能使用加热套或水浴加热。

(2)废弃有机溶剂不得倒入废物桶,只能倒入回收瓶,以后再集中处理。量少时用水稀释后排入下水道。

(3)不得在烘箱内存放、干燥、烘焙有机物。

(4)在有明火的实验台面上不允许放置开口的有机溶剂或倾倒有机溶剂。

灭火方法:实验室中一旦发生火灾切不可惊慌失措,要保持镇静,根据具体情况正确地进行灭火或立即报火警(火警电话119):

(1)容器中的易燃物着火时,用灭火毯盖灭。因已确证石棉有致癌性,故改用玻璃纤维布做灭火毯。

(2)乙醇、丙酮等可溶于水的有机溶剂着火时可以用水灭火;汽油、乙醚、甲苯等有机溶剂着火时不能用水,只能用灭火毯或砂土盖灭。

(3)导线、电器和仪器着火时不能用水和二氧化碳灭火器灭火,应先切断电源,然后用1211灭火器(内装二氟一氯一溴甲烷)灭火。

(4)个人衣服着火时,切勿慌张奔跑,以免风助火势,应迅速脱衣,用水龙头浇水灭火,火势过大时可就地卧倒打滚压灭火焰。

2. 爆炸

生物化学实验室防止爆炸事故是极为重要的,因为一旦爆炸其毁坏力极大,后果将十分严重。生物化学实验室常用的易燃物蒸汽在空气中的爆炸极限(体积%)见表1.2。

加热时会发生爆炸的混合物有:有机化合物～氧化铜、浓硫酸～高锰酸钾、三氯甲烷～丙酮等。

常见的引起爆炸事故的原因有:(1)随意混合化学药品,并使其受热、受摩擦和撞击。(2)在密闭的体系中进行蒸馏、回流等加热操作。(3)在加压或减压实验中使用了不耐压的玻璃仪器,或反应过于激烈而失去控制。(4)易燃易爆气体大量逸入室内。(5)高压气瓶减压阀摔坏或失灵。

动物生物化学实验

表1.2　易燃物质蒸汽在空气中的爆炸极限

名　称	爆炸极限（体积百分数）	名　称	爆炸极限（体积百分数）
乙醚	1.9～36.5	丙酮	2.6～13
甲醇	6.7～36.5	乙醇	3.3～19
氢气	4.1～74.2	乙炔	3.0～82

3. 中毒

生化实验室常见的化学致癌物有石棉、砷化物、铬酸盐、溴乙啶等。剧毒物有：氰化物、砷化物、乙腈、甲醇、氯化氢、汞及其化合物等。

（1）中毒的原因　主要是由于不慎吸入、误食或由皮肤渗入。

（2）中毒的预防　①保护好眼睛最重要，使用有毒或有刺激性气体时，必须配戴防护眼镜，并应在通风橱内进行。②取用毒品时必须配戴橡皮手套。③严禁用嘴吸移液管，严禁在实验室内饮水、进食、吸烟，禁止赤膊和穿拖鞋。④不要用乙醇等有机溶剂擦洗溅洒在皮肤上的药品。

（3）中毒急救的方法　①误食了酸和碱，不要催吐，可先立即大量饮水，误食碱者再喝些牛奶，误食酸者，饮水后再服 $Mg(OH)_2$ 乳剂，最后饮些牛奶。②吸入了毒气，立即转移室外，解开衣领，休克者应施以人工呼吸，但不要用口对口法。③砷和汞中毒者应立即送医院急救。

4. 外伤

（1）化学灼伤　①眼睛灼伤或掉进异物。眼内若溅入任何化学药品，应立即用大量水冲洗15 min，不可用稀酸或稀碱冲洗。若有玻璃碎片进入眼内则十分危险，必须十分小心谨慎，不可自取，不可转动眼球，可任其流泪，若碎片不出，则用纱布轻轻包住眼睛急送医院处理。若有木屑、尘粒等异物进入，可由他人翻开眼睑，用消毒棉签轻轻取出或任其流泪，待异物排出后再滴几滴鱼肝油。②皮肤灼伤。酸灼伤先用大量水洗，再用稀 $NaHCO_3$ 或稀氨水浸洗，最后再用水洗；碱灼伤先用大量水冲洗，再用1％硼酸或2％醋酸浸洗，最后再用水洗；溴灼伤很危险，伤口不易愈合，一旦灼伤，立即用20％硫代硫酸钠冲洗，再用大量水冲洗，包上消毒纱布后就医。

（2）烫伤　使用火焰、蒸汽、红热的玻璃和金属时易发生烫伤，应立即用大量水冲洗和浸泡，若起水泡不可挑破，包上纱布后就医，轻度烫伤可涂抹鱼肝油和烫伤膏等。

（3）割伤　这是生物化学实验室常见的伤害，要特别注意预防，尤其是在向橡皮塞中插入温度计、玻璃管时一定要用水或甘油润滑，用布包住玻璃管轻轻旋入，切不可用力过猛，若发生严重割伤时要立即包扎止血，就医时务必检查伤部神经是否被切断。

实验室应准备一个完备的小药箱，专供急救时使用。药箱内备有：医用酒精、红药水、紫药水、止血粉、创可贴、烫伤油膏（或万花油）、鱼肝油、1％硼酸溶液或2％醋酸溶液、1％碳酸氢钠溶液、20％硫代硫酸钠溶液、医用镊子和剪刀、纱布、药棉、棉签、绷带等。

5. 触电

生物化学实验室要使用大量的仪器、烘箱和电炉等，因此每位实验人员都必须能熟练地安全用电，避免发生一切用电事故，当50 Hz的电流通过人体25 mA电流时呼吸会发生困难，通过100 mA以上电流时则会致死。

（1）防止触电　①不能用湿手接触电器。②电源裸露部分应绝缘。③坏的接头、插头、插座和不良导线应及时更换。④先接好线路再插接电源,反之先关电源再拆线路。⑤仪器使用前要先检查外壳是否带电。⑥如遇有人触电要先切断电源再救人。

（2）防止电器着火　①保险丝、电源线的截面积、插头和插座都要与使用的额定电流相匹配。②三条相线要平均用电。③生锈的电器、接触不良的导线接头要及时处理。④电炉、烘箱等电热设备不可过夜使用。⑤仪器长时间不用要拔下插头,并及时拉闸。⑥电器、电线着火不可用泡沫灭火器灭火。

（四）实验室基本操作

1. 常见的量器与容器的规范使用

（1）吸量管　准确的分析方法对于生物化学实验是极为重要的,在各种生物化学分析技术中,首先要熟练掌握的就是准确的移液技术。为此要用到各种形式的移液管,下边列出一些生化实验中常用的移液器具。

滴管:使用方便,可用于半定量移液,其移液量为 1 ~ 5 mL,常用 2 mL,可换不同大小的滴头。滴管有长、短两种,新出一种带刻度和缓冲泡的滴管,可以比普通滴管更准确地移液,并可防止液体吸入滴头。

移液管（吸管）:吸管使用前应洗至内壁不挂水珠,1 mL 以上的吸管,用吸管专用刷刷洗,0.1 mL、0.2 mL 和 0.5 mL 的吸管可用洗涤剂浸泡,必要时可以用超声清洗器清洗。由于铬酸洗液致癌,应尽量避免使用。若有大量成批的吸管洗后冲洗,可使用冲洗桶,将吸管尖端向上置于桶内,用自来水多次冲洗后再用蒸馏水或去离子水冲洗。

吸管分为两种,一种是无分度的,称为胖肚吸管,精确度较高,其相对误差 A 级为 0.7 % ~ 0.8 %,B 级为 0.16 % ~ 1.5 %,液体自标线流至口端（留有残液）,A 级等待 15 s,B 级等待 3 s。另一种吸管为刻度吸量管,管身为一粗细均匀的玻璃管,上面均匀刻有表示容积的分度线,其准确度低于胖肚吸管,相对误差 A 级为 0.8 % ~ 0.2 %,B 级为 1.6 % ~ 0.4 %,A 级、B 级在吸管管身上有 A、B 字样,有"快"字则为快流式,有"吹"字则为吹出式,无"吹"字的吸管不可将管尖的残留液吹出。吸、放溶液前要用吸水纸擦拭管尖。

刻度吸量管的规格有 0.1 mL、0.2 mL、0.5 mL、1 mL、2 mL、5 mL 及 10 mL 等,供量取 10 mL 以下任意体积的液体之用,其使用方法如下:

①执管　将中指和拇指拿住吸量管上口以食指控制流速;刻度数字应朝向操作者。

②取液　把吸量管插入液体内（切忌悬空,以免液体吸入洗耳球内）,用洗耳球吸取液体至取液量的刻度上端 1 ~ 2 cm 处,然后迅速用食指按紧吸量管上口,使管内液体不再流出。

③调准刻度　将已吸足液体的吸量管提出液面,用滤纸片抹干管尖外壁液体,然后垂直提起吸量管于供器内口（管尖悬离供器内液面）。用食指控制液流至所需刻度,此时液体凹面、视线和刻度应在同一水平面上,并立即按紧吸量管上口。

④放液　放松食指,让液体自然流入受器内（如移液管标有"吹"字,则应将管口残余液滴吹入受器内）此时,管尖应接触受器内壁,但不应插入受器内的原有液体之中,以免污染吸量管及试剂。

⑤洗涤　吸取血液、尿、组织样品及黏稠试剂的吸量管,用后应及时用自来水冲洗干净。吸取一般试剂的吸量管可不必马上冲洗,待实验完毕后,用自来水冲洗干净。晾干水分,再浸泡于铬酸洗液中,数小时后,再用流水冲净,最后用蒸馏水冲洗。晾干备用。用食指控制液流至需要体积。

(2)微量移液器的使用　移液器的工作原理是活塞通过弹簧的伸缩运动来实现吸液和放液。在活塞的推动下,排出部分空气,利用大气压吸入液体,再由活塞推动空气排出液体。因此,使用移液器时,配合弹簧的伸缩特性来操作,可以很好地控制移液的速度和力度。适用的液体有水、缓冲液、稀释的盐溶液和酸碱溶液。微量移液器结构示意图如图1.1。

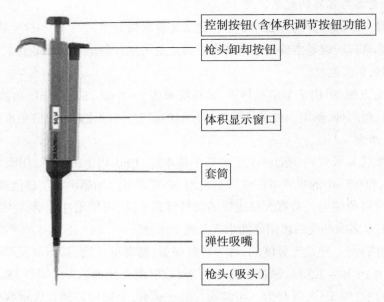

控制按钮(含体积调节按钮功能)

枪头卸却按钮

体积显示窗口

套筒

弹性吸嘴

枪头(吸头)

图1.1　微量移液器结构

标准操作:

①按到第一档,垂直进入液面几毫米。

②缓慢松开控制按钮,否则液体进入吸头过快会导致液体倒吸入移液器内部,使吸入体积减小。

③打出液体时贴壁并有一定角度,先按到第一挡,稍微停顿1 s后,待剩余液体聚集后,再按到第二挡将剩余液体全部压出。

在移取黏稠或易挥发的液体时,很容易导致体积误差较大。为了提高移液准确性,对于黏稠或易挥发液体的移取,建议采取以下方法:

①移液前先用液体预湿吸头内部,即反复吸打液体几次使吸头预湿,吸液或排出液体时最好多停留几秒。尤其对于移取体积大的液体,建议将吸头预湿后再移取。

②采用反相移液法:吸液时按到第二挡,慢慢松开控制按钮,打液时按到第二挡即可,部分液体残留在吸头内。

常见的错误操作：

①吸液时，移液器本身倾斜，导致移液不准确(应该垂直吸液，慢吸慢放)。

②装配吸头时，用力过猛，导致吸头难以脱卸(无需用力过猛，选择与移液器匹配的吸头)。

③平放带有残余液体吸头的移液器(应将移液器挂在移液器架上)。

④用大量程的移液器移取小体积样品(应该选择合适量程范围的移液器)。

⑤直接按到第二挡吸液(应该按照上述标准方法操作)。

⑥使用丙酮或强腐蚀性的液体清洗移液器(应该参照正确清洗方法操作)。

2. 玻璃仪器的清洗

(1)初用玻璃仪器的清洗　新购买的玻璃仪器表面常附着有游离的碱性物质，可先用洗涤灵稀释液、肥皂水或去污粉等洗刷后再用自来水洗净，然后浸泡在1 %～2 %盐酸溶液中过夜(不少于4 h)，再用自来水冲洗，最后用蒸馏水冲洗2～3次，在80 ℃～100 ℃烘箱内烤干备用。

(2)使用过的玻璃仪器的清洗　一般玻璃仪器：如试管、烧杯、锥形瓶等(包括量筒)，先用自来水洗刷至无污物；再选用大小合适的毛刷蘸取洗涤灵稀释液或浸入洗涤灵稀释液内，将器皿内外(特别是内壁)细心刷洗，用自来水冲洗干净后，蒸馏水冲洗2～3次，烤干或倒置在清洁处，干后备用。凡洗净的玻璃器皿，在器壁上不应带有水珠，否则表示尚未洗干净，应再按上述方法重新洗涤。若发现内壁有难以去掉的污迹，应分别试用各种洗涤剂予以清除，再重新冲洗。

(3)移液管(吸量管)的洗涤　移液管每次使用后须及时用流水冲洗或浸泡于冷水中，特别是吸取黏滞性较大的液体(全血、血浆、血清等)后应立即用流水充分冲洗，以免物质干和堵塞移液管。通常使用过的移液管经自来水冲洗后，可浸泡于0.5 %去垢剂溶液中或铬酸洗液中过夜(不少于4h)，然后分别用自来水充分冲洗和蒸馏水漂洗，晾干备用。

(4)玻璃比色皿和石英比色皿的清洗　比色皿使用后应立即用蒸馏水充分冲洗，倒置在清洁处晾干备用。所有比色皿均可用0.5 %去垢剂溶液洗涤，必须用脱脂棉小心地清洗，然后用大量蒸馏水充分漂洗干净，倒置晾干。但不能用氢氧化钾的乙醇溶液及其他强碱洗涤液清洗比色皿，因为这样会导致比色皿的严重腐蚀。

其他：具有传染性样品的容器，如病毒、传染病患者的血清等沾污过的容器，应先进行高压(或其他方法)消毒后再进行清洗。盛过各种有毒药品，特别是剧毒药品和放射性同位素等物质的容器，必须经过专门处理，确知没有残余毒物存在方可进行清洗。

上述所有玻璃器材洗净后，根据需要晾干或烘干。

晾干：不急用的玻璃仪器洗净后，可沥尽水分，倒置于无尘的干燥处，让其自然风干。

加热烘干：一般玻璃仪器洗净并沥尽水分后，可置于电烘箱中烘烤，温度控制在105 ℃～110 ℃，烘1 h左右。但带有刻度的量器不宜在高温下烘烤。有盖(塞)的玻璃仪器，如容量瓶、称量瓶等，应去盖(塞)后烘烤。

3. 常用试剂、缓冲液及洗液的配制

常用试剂及其配制：

（1）0.5 mol/L NaOH溶液   配制量1 L

配制方法：准确称取氢氧化钠20 g，用去离子水溶解并定容至1 L。

（2）0.5 mol/L HCl溶液   配制量1 L

配制方法：准确量取盐酸83.4 mL，用去离子水稀释并定容至1 L。

（3）含0.5 mol/L NaCl的0.5 mol/L NaOH溶液   配制量1 L

配制方法：准确称取氯化钠14.65 g，用0.5 mol/L NaOH溶液溶解，并定容至1 L。

（4）2 %标准葡萄糖储存液   配制量100 mL

配制方法：称取葡萄糖3 g置于称量瓶中，70 ℃干燥2 h，干燥器中冷却至室温，重复干燥，冷却至恒重后，准确称取2.000 g，用去离子水溶解并定容至100 ml，即为2 %标准葡萄糖储存液，于4 ℃冰箱保存。使用时用去离子水稀释10倍，即为工作液。

（5）2.5 mg/mL标准牛血清白蛋白储存液   配制量100 mL

配制方法：准确称取250 mg标准牛血清白蛋白，用0.03 mol/L pH 7.8的磷酸缓冲液溶解并定容至100 mL，即为2.5 mg/mL标准牛血清白蛋白储存液，4 ℃冰箱保存。使用时用去离子水稀释10倍，即为工作液。

（6）DNS试剂（3,5-二硝基水杨酸试剂）   配制量1 L

配制方法：称取3,5-二硝基水杨酸5 g，加入2 mol/L氢氧化钠溶液100 mL，将3,5-二硝基水杨酸溶解后，加入酒石酸钾钠150 g，待其完全溶解，用去离子水定容至1 L，棕色瓶封闭保存。

（7）5 %蔗糖溶液   配制量1 L

配制方法：称取蔗糖50 g，用去离子水溶解定容至1 L，4 ℃冰箱保存。

（8）0.1 mol/L蔗糖溶液   配制量1 L

配制方法：称取蔗糖34.230 g，用去离子水溶解并定容至1 L。

（9）20 %乙酸溶液   配制量1.2 mL

配制方法：量取冰乙酸300 mL，用去离子水稀释至1.2 mL。

（10）30 %（W/V）丙烯酰胺（Acrylamide）   配制量1 L

配制方法：称量丙烯酰胺290 g、N,N-亚甲双丙烯酰胺（BIS）10 g，置于1 L烧杯中，向烧杯中加入约600 mL的去离子水，充分搅拌溶解后定容至1 L，用0.45 μm滤膜滤去杂质，于棕色瓶中4 ℃保存（注意：丙烯酰胺具有很强的神经毒性，并可通过皮肤吸收，其作用有积累性，配制时应戴手套等，防止试剂粉尘吸入呼吸道。聚丙烯酰胺无毒，但也应谨慎操作，因其有可能含有少量的未聚合成分）。

（11）40 %（W/V）丙烯酰胺（Acrylamide）   配制量1 L

配制方法：称量Acrylamide 380 g、N,N-亚甲双丙烯酰胺（BIS）20 g，置于1 L烧杯中，向烧杯中加入约600 mL的去离子水，充分搅拌溶解后，去离子水定容至1 L，用0.45 μm滤膜滤去杂质，于棕色瓶中4 ℃保存。

（12）10 %（W/V）过硫酸铵　　配制量 10 mL

配制方法：称取 1g 过硫酸铵，加入 10mL 的去离子水后搅拌溶解，于 4 ℃贮存。（注意：10% 过硫酸铵溶液在 4 ℃保存可使用 2 周左右，–20 ℃保存时间可使用 1 个月左右，过期限会失去催化作用。）

（13）考马斯亮蓝 R–250 染色液　　配制量 1 L

组分浓度：0.1 %（W/V）考马斯亮蓝 R–250，25 %（V/V）异丙醇，10 %（V/V）冰醋酸

配制方法：称取 1 g 考马斯亮蓝 R–250，置于 1 L 烧杯中，量取 250 mL 的异丙醇加入烧杯中，搅拌溶解后加，再加入 100 mL 的冰乙酸，搅拌混匀。加入 650 mL 的去离子水，混匀，用滤纸去除颗粒物质后，室温保存。

（14）考马斯亮蓝染色脱色液　　配制量 2 L

组分浓度：甲醇∶水∶冰醋酸（9∶9∶2）

配制方法：900 mL 甲醇，900 mL 水和 200 mL 冰醋酸，混合均匀混合后室温保存。

（15）凝胶固定液（SDS–PAGE 银氨染色用）　　配制量 2 L

组分浓度：甲醇∶水∶冰醋酸（5∶4∶1）

配制方法：1 000 mL 甲醇，800 mL 水和 200 mL 冰醋酸，混合均匀混合后室温保存。

（16）凝胶处理液（SDS–PAGE 银氨染色用）　　配制量 2 L

组分浓度：甲醇∶水∶戊二醛（5∶4∶1）

配制方法：1 000 mL 甲醇，800 mL 水和 200 mL 戊二醛，混合均匀混合后室温保存。

（17）凝胶染色液（SDS–PAGE 银氨染色用）　　配制量 100 mL

组分浓度：0.4 %（W/V）硝酸银，1 %（V/V）浓氨水，0.04 %（W/V）氢氧化钠

配制方法：量取 20 %硝酸银 2 mL、浓氨水 1 mL、4% NaOH 1 mL，H_2O 96 mL，混匀，密闭保存。本染色液应现用现配，不宜保存（该溶液应为无色透明状，如氨水浓度过低时溶液会呈现混浊状，此时应补加浓氨水，直至溶液透明）。

（18）显影液（SDS–PAGE 银氨染色用）　　配制量 1 L

组分浓度：0.005 %（W/V）柠檬酸，0.02 %（V/V）甲醛

配制方法：称取柠檬酸 50 mg，用适量去离子水溶解后，再加入甲醛 0.2 mL，混合均匀，去离子水定容至 1 L，室温保存。

（19）45 %乙醇溶液　　配制量 1 L

配制方法：将 450 mL 无水乙醇和 450 mL 去离子水充分混匀后，再用去离子水定容至 1 L。

（20）5 %的十二烷基硫酸钠溶液（W/V）　　配制量 100 mL

配制方法：称量 10 g 十二烷基硫酸钠，加入 90 g 水中，水浴加热，玻璃棒慢慢搅拌完全溶解至溶液清亮（注意：搅拌速度不当会起很多泡沫。水温在 25 ℃以上就会完全溶解。在热水中溶解，会临时结成小凝胶块，影响溶解速度）。

（21）三氯甲烷–异戊醇混合试剂　　配制量 100 mL

组分浓度：三氯甲烷∶异戊醇（24∶1）

配制方法：取 96 mL 三氯甲烷试剂，加入 4 mL 异戊醇试剂，混匀，棕色试剂瓶保存。

(22)二苯胺试剂　　配制量100 mL

配制方法:A液:称取1.5 g二苯胺溶于100 mL冰醋酸中,再加15 mL浓硫酸,用棕色瓶保存。如冰醋酸呈结晶状态,则需加温后待其熔化后再使用。B液:体积分数为0.2 %的乙醛溶液。

将0.1 mL B液加入到10 mL A液中,现配现用(注意:配制完成后试剂应为无色)。

(23)Locke(乐氏)溶液　　配制量1 L

配制方法:称取9 g氯化钠、0.42 g氯化钾,0.24 g无水氯化钙,0.1~0.3 g碳酸氢钠,1.0~2.5 g葡萄糖,用去离子水依次溶解,调pH至7.0,最后定容至1 L。

(24)0.2 mol/L的丁酸溶液　　配制量1 L

配制方法:量取18 mL正丁酸试剂,用1 mol/L的氢氧化钠中和,再用去离子水定容至1 L。

(25)0.1 mol/L的碘溶液　　配制量1 L

配制方法:称取碘12.7 g和碘化钾25 g,用去离子水溶解并定容至1 L。

(26)酚溶液

配制方法:在大烧杯中加入80 mL去离子水,再加入300 g苯酚,在水浴中加热搅拌、混合至苯酚完全溶解。将该溶液倒入盛有200 mL去离子水的1 000 mL分液漏斗内,轻轻振荡混合,使其成为乳状液。静置7~10 h,乳状液变成两层透明溶液,下层为被水饱和的酚溶液,放出下层,贮存于棕色瓶中备用。

(27)对羟基联苯试剂　　配制量100 mL

配制方法:称取对羟基联苯1.5 g,溶于100 mL 0.5%氢氧化钠溶液中,配制成1.5%的溶液。若对羟基联苯颜色较深,应用丙酮或无水乙醇重结晶,放置时间较长后,会出现针状结晶,应摇匀后使用。

常用缓冲液的配制:

(1)0.2 mol/L pH 6.0磷酸缓冲液　　配制量1L

配制方法:称取$Na_2HPO_4 \cdot 12H_2O$ 8.82 g,$NaH_2PO_4 \cdot 2H_2O$ 27.34 g,用去离子水溶解并定容至1 L,室温保存。(注意:此为母液,使用时稀释40倍使用。)

(2)洗脱液　　配制量10 L

组分浓度:内含0.15 mol/L氯化钠的0.005 mol/L pH 6.0的磷酸缓冲液

配制方法:称取氯化钠87.66 g,用0.2 mol/L pH 6.0的磷酸缓冲液250 mL溶解后,用去离子水稀释至10 L。室温保存。

(3)0.3 mol/L pH 7.8磷酸缓冲液　　配制量1 L

配制方法:准确称取$Na_2HPO_4 \cdot 12H_2O$ 98.300 g,$NaH_2PO_4 \cdot 2H_2O$ 4.000 g,用去离子水溶解并定容至1 L。室温保存。(注意:此为母液,使用时稀释10倍使用。)

(4)0.2 mol/L pH 4.6乙酸缓冲液　　配制量2 L

配制方法:准确称取$NaAC \cdot 3H_2O$ 54.44 g,用500 mL去离子水溶解,加入23 mL冰乙酸,混匀,去离子水定容至2 L,4 ℃保存。

(5)20×SSC pH 7.0缓冲液　　配制量1 L

配制方法:准确称取175.2 g氯化钠、88.2 g柠檬酸钠,溶解于800 mL去离子水中溶解。加入数滴10 mol/L氢氧化钠溶液调节pH至7.0。加去离子水定容至1 L。(注意:按实验需要可分装后高压灭菌。)

10×SSC、5×SSC、1×SSC可由20×SSC做相应稀释得到。

(6)0.15 mol/L pH 8.0 NaCl-EDTA-2Na缓冲液　　配制量1 L

配制方法:准确称取NaCl 8.77 g、EDTA-2Na 37.2 g,加入800 mL去离子水中,用固体的氢氧化钠助溶,并调pH为8.0。加去离子水定容至1 L。

(7)5×Tris-Gly缓冲液(SDS-PAGE电泳缓冲液)　　配制量1 L

组分浓度:0.125 M Tris,1.25 M Glycine,0.5 %(W/V)SDS

配制方法:分别称取Tris15.1 g、Glycine94 g、SDS 5.0 g置于1 L烧杯中,加入约800 mL的去离子水,搅拌溶解。用去离子水定容至1 L后,室温保存。

(8)2×SDS-PAGELoadingBuffer　　配制量10 mL

组分浓度:250 mM Tris-HCl(pH 6.8),10 %(W/V)SDS,0.5%(W/V)BPB(溴酚蓝),50 %(V/V)甘油,5 %(W/V)β-巯基乙醇

配制方法:首先配制1 mol/L Tris-HCl(pH 6.8),10 %SDS溶液。然后称取0.02 g溴酚蓝于小烧杯里,依次加入1 mol/L Tris-HCl(pH 6.8)1 mL,10 %SDS溶液4 mL,甘油2 mL,去离子水2 mL,完全溶解后,加入β-巯基乙醇1 mL。混匀,分装成小份,-20 ℃保存。(需要说明的是,β-巯基乙醇是还原剂,需用前加入,以防失效。)

洗涤液的种类和配制方法:

(1)铬酸洗液(重铬酸钾-硫酸洗液,简称为洗液)广泛用于玻璃仪器的洗涤。常用的配制方法有下述四种:

①取100 mL工业浓硫酸置于烧杯内,小心加热,然后小心慢慢加入5 g重铬酸钾粉末,边加边搅拌,待全部溶解后冷却,贮于具玻璃塞的细口瓶内。

②称取5 g重铬酸钾粉末置于250 mL烧杯中,加水5 mL,尽量使其溶解。慢慢加入浓硫酸100 mL,随加随搅拌。冷却后贮存备用。

③称取80 g重铬酸钾,溶于1 000 mL自来水中,慢慢加入工业硫酸100 mL(边加边用玻璃棒搅动)。

④称取200 g重铬酸钾,溶于500 mL自来水中,慢慢加入工业硫酸500 mL(边加边搅拌)。

(2)浓盐酸(工业用):可洗去水垢或某些无机盐沉淀。

(3)5 %草酸溶液:用数滴硫酸酸化,可洗去高锰酸钾的痕迹。

(4)5 %～10 %磷酸三钠($Na_3PO_4 \cdot 12H_2O$)溶液:可洗涤油污物。

(5)30 %硝酸溶液:洗涤CO_2测定仪器及微量滴管。

(6)5 %～10 %乙二胺四乙酸二钠(EDTA-2Na)溶液:加热煮沸可洗脱玻璃仪器内壁的白色沉淀物。

(7)尿素洗涤液:为蛋白质的良好溶剂,适用于洗涤盛蛋白质制剂及血样的容器。

(8)酒精与浓硝酸混合液:最适合于洗净滴定管,在滴定管中加入3 mL酒精,然后沿管壁慢慢加入4 mL浓硝酸(比重1.4),盖住滴定管管口,利用所产生的氧化氮洗净滴定管。

(9)有机溶剂:如丙酮、乙醇、乙醚等可用于洗去油脂、脂溶性染料等污痕。二甲苯可洗脱油漆的污垢。

(10)氢氧化钾的乙醇溶液和含有高锰酸钾的氢氧化钠溶液:是两种强碱性的洗涤液,对玻璃仪器的侵蚀性很强,清除容器内壁污垢,洗涤时间不宜过长。使用时应小心慎重。上述洗涤液可多次使用,但是使用前必须将待洗涤的玻璃仪器先用水冲洗多次,除去肥皂、去污粉或各种废液。若仪器上有凡士林或羊毛脂时,应先用纸擦去,然后用乙醇或乙醚擦净后才能使用洗液,否则会使洗涤液迅速失效。例如:肥皂水,有机溶剂(乙醇、甲醛等)及少量油污都会使重铬酸钾-硫酸洗液变成绿色,降低洗涤能力。

二、生物化学实验基本要求

(一)实验室规则

为了保证实验的正常进行和培养良好的实验室作风,学生在实验时必须遵守下列实验室规则:

(1)实验前必须认真预习,明确本次实验的目的和要求,掌握实验的基本原理,懂得实验操作步骤及其意义,了解所有仪器的使用方法,做到心中有数,否则不得开始实验。

(2)自觉遵守实验室纪律,保持安静,实验室内严禁吸烟、饮水和进食。做实验时不得操作与本实验无关的仪器设备。

(3)实验过程中,遵从老师指导,严格按照实验步骤和操作规程进行实验。若有新的见解或建议需要改变实验步骤、试剂及其用量时,须征得指导教师的同意。认真做好实验记录,实验结束后及时处理数据,完成实验报告。

(4)实验台面、试剂架、水池以及各种仪器内外要保持整洁,试剂用完后及时归位,严禁将瓶盖、药勺和移液管混杂。

(5)配制的试剂和实验过程中的样品,尤其是保存在冰箱和冷室中的样品,必须贴上标签,写上品名、浓度、姓名和日期等,放在冰箱中的易挥发溶液和酸性溶液,必须严密封口。

(6)提倡节俭,杜绝浪费。所有试剂和耗材按实验实际需要使用和配制,有些试剂要按教师要求进行回收,如昂贵的Sephadex、Sepharose凝胶和DEAE纤维素等,用后必须及时回收,并存放在指定位置。

(7)废液和电泳后的凝胶、废枪头、废离心管、玻璃碎片等各种实验垃圾,按实验室要求分别处置,不得随意丢弃。

(8)仪器发生故障应立即报告代课教师,未经许可不得自己随意检修。

(9)实验完毕,及时关闭所使用仪器电源,特别是沸水浴、烘箱和电炉,用毕必须立即断电。及时洗净整理好各种玻璃仪器和小件,并按实验基本配置单清点其数量,经过老师验收后方可离开。

（10）每班次实验结束后,应安排值日生打扫卫生,并在离开实验室时,检查确认水、电、门、窗是否关好。

（二）实验记录和实验报告

1. 实验记录

详细、准确、如实地做好实验记录是极为重要的,记录如果有误,会使整个实验失败,这也是培养学生实验能力和严谨的科学作风的一个重要方面。

（1）每位同学必须准备一个实验记录本,实验前认真预习实验,看懂实验原理和操作方法,在记录本上写好实验预习报告,包括详细的实验操作步骤(可以用流程图表示)和数据记录表格等。

（2）记录本上要编好页数,不得撕缺和涂改,写错时可以划去重写。不得用铅笔记录,只能用钢笔和圆珠笔。记录本的左页作计算和草稿用,右页用作预习报告和实验记录。同组的两位同学合做同一实验时,两人必须都有相同、完整的记录。

（3）实验中应及时准确地记录所观察到的现象和测量的数据,条理清楚,字迹端正,切不可潦草以致日后无法辨认。实验记录必须公正客观,不可夹杂主观因素。

（4）实验中要记录的各种数据,都应事先在记录本上设计好各种记录格式和表格,以免实验中由于忙乱而遗漏测量和记录,造成不可挽回的损失。

（5）实验记录要注意有效数字,如吸光度值应为"0.050",而不能记成"0.05"。每个结果都要尽可能重复观测两次以上,即使观测的数据相同或偏差很大,也都应如实记录,不得涂改。

（6）实验中要详细记录实验条件,如使用的仪器型号、编号、生产厂家等;生物材料的来源、形态特征、健康状况、选用的组织及其重量等;试剂的规格、化学式、分子量、试剂的浓度等,都应记录清楚。二人一组的实验,必须每人都作记录。

2. 实验报告

实验报告是实验的总结和汇报,通过实验报告的写作可以分析总结实验的经验和问题,学会处理各种实验数据的方法,加深对有关生物化学与分子生物学原理和实验技术的理解和掌握,同时也是学习撰写科学研究论文的过程。实验报告的格式应为:

（1）实验目的;（2）实验原理;（3）仪器和试剂;（4）实验步骤;（5）实验结果;（6）分析与讨论。

每个实验报告都要按照上述要求来写,实验报告的写作水平也是衡量学生实验成绩的一个重要方面。实验报告必须独立完成,严禁抄袭。写实验报告要用实验报告专用纸,以便教师批阅,不要用练习本和其他片页纸。

为了使实验结果能够重复,必须详细记录实验现象的所有细节,例如,若实验中生成沉淀,那么沉淀的真实颜色是什么,是白色、淡黄色或是其他? 沉淀的量是多还是少,是胶状还是颗粒状? 什么时候形成沉淀,立即生成还是缓慢生成,热时生成还是冷却时生成? 在科学研究中,仔细地观察,特别注意那些未预想到的实验现象是十分重要的,这些观察常常引起意外的发现,报告并注意分析实验中的真实发现,对学生将是非常重要的科学研究训练。

实验报告使用的语言要简明清楚,抓住关键,各种实验数据都要尽可能整理成表格并作图表示之,以便比较,一目了然。实验作图尤其要严格要求,必须使用坐标纸,每个图都要有明显的标题,坐标轴的名称要清楚完整,要注明合适的单位,坐标轴的分度数字要与有效数字相符,并尽可能简明,若数字太大,可以化简,并在坐标轴的单位上乘以10的方次。实验点要使用专门设计的符号,如:○、●、□、■、△、▲等,符号的大小要与实验数据的误差相符。不要用"×、+"和"•"。有时也可用两端有小横线的垂直线段来表示实验点,其线段的长度与实验误差相符。通常横轴是自变量,往往是已知数据。纵轴是因变量,是需测量的数据。曲线要用曲线板或曲线尺画成光滑连续的曲线,各实验点均匀分布在曲线上和曲线两边,且曲线不可超越最后一个实验点。两条以上的曲线和符号应有说明。

实验结果的讨论要充分,尽可能多查阅一些有关的文献和教科书,充分运用已学过的知识和生物化学原理,进行深入的探讨,勇于提出自己独到的分析和见解,对实验提出改进意见。

第二节 动物生物化学基础实验举例

实验一 常用实验样品的处理及制备

一、实验目的

血液和组织样品是动物生物化学分析中十分重要的样品来源。尤其是血液中各成分的生化分析结果是了解机体代谢变化的重要指标。因此,本实验的目的在于掌握正确处理血液与组织样品的方法。

二、实验内容

(一)实验动物的采血方法

实验研究中,经常要采集实验动物的血液进行常规检查或某些生物化学分析,故必须掌握血液的正确采集、分离和保存的操作技术。

采血方法的选择,主要决定于实验的目的所需血量以及动物种类。凡用血量较少的检验,如红、白细胞计数、血红蛋白的测定,血液涂片以及酶活性微量分析法等,可刺破组织取毛细血管的血。当需血量较多时可作静脉采血。静脉采血时,若需反复多次,应自远离心脏端开始,以免发生栓塞而影响整条静脉。例如,研究毒物对肺功能的影响、血液酸碱平衡、水盐代谢紊乱,需要比较动、静脉血氧分压、二氧化碳分压和血液pH值以及K^+、Na^+、Cl^-离子浓度,必须采取动脉血液。

采血时要注意:①采血现场应有充足的光线;室温夏季最好保持在25 ℃ ~ 28 ℃,冬季15 ℃ ~ 20 ℃为宜。②采血用具及采血部位一般需要进行消毒。③采血用的注射器和试管必须保持清洁干燥。④若需抗凝全血,在注射器或试管内需预先加入抗凝剂。现将采血方法按动物品种和采血部位分别加以介绍。不同动物采血部位与采血量的关系可参考表1.3。

表1.3 不同动物采血部位采血量的关系

采血量	采血部位	动物品种
取少量血	尾静脉	大鼠、小鼠
	耳静脉	兔、狗、猫、猪、山羊、绵羊
	眼底静脉丛	兔、大鼠、小鼠
	舌下静脉	兔
	腹壁静脉	青蛙、蟾蜍
	冠、脚蹼皮下静脉	鸡、鸭、鹅
取中量血	后肢外侧皮下小隐静脉	狗、猴、猫
	前肢内侧皮下头静脉	狗、猴、猫
	耳中央动脉	兔

续表

采血量	采血部位	动物品种
取中量血	前腔静脉	猪、狗
	颈静脉	羊、狗、猫、兔
	心脏	豚鼠、大鼠、小鼠
	断头	大鼠、小鼠
	翼下静脉	鸡、鸭、鸽、鹅
	颈动脉	鸡、鸭、鸽、鹅
取大量血	股动脉、颈动脉	猪、狗、猴、猫、兔
	心脏	猪、狗、猴、猫、兔
	颈静脉	马、牛、山羊、绵羊
	摘眼球	大鼠、小鼠

常用实验动物的最大安全采血量与最小致死采用血量,见表1.4。

表1.4　常用实验动物的最大安全采血量与最小致死采血量

动物品种	最大安全采血量(mL)	最小致死采血量(mL)
小鼠	0.2	0.3
大鼠	1	2
豚鼠	5	10
兔	10	40
狼狗	100	500
猎狗	50	200
猴	15	60

1. 小鼠、大鼠采血法

(1)割(剪)尾采血　当所需血量很少时采用本法。固定动物并露出鼠尾。将尾部毛剪去后消毒,然后浸入45 ℃左右的温水中数分钟,使尾部血管充盈。再将尾擦干,用锐器(刀或剪刀)割去尾尖0.3～0.5 cm,让血液自由滴入盛器或用血红蛋白吸管吸取,采血结束,伤口消毒并压迫止血。也可在尾部作一横切口,割破尾动脉或静脉,收集血液的方法同上。每只鼠一般可采血10余次以上。小鼠每次可取血0.1 mL,大鼠0.3～0.5 mL。

(2)鼠尾刺血法　用血量不多时(仅做白细胞计数或血红蛋白检查),可采用本法。先将鼠尾用温水擦拭,再用酒精消毒和擦拭,使鼠尾充血。用7号或8号注射针头,刺入鼠尾静脉,拔出针头时即有血滴出,一次可采集10～50 mL。如果长期反复取血,应先靠近鼠尾末端穿刺,以后再逐渐向近心端穿刺。

(3)眼眶静脉丛采血　采血者的左手拇食两指从背部较紧地握住小鼠或大鼠的颈部(大鼠采血需带上纱手套),应防止动物窒息。当取血时左手拇指及食指轻轻压迫动物的颈部两侧,使眶后静脉丛充血。右手持续接7号针头的1 mL注射器或长颈(3～4 cm)硬质玻璃滴管(毛细管内径0.5～1.0 mm),使采血器与鼠面成45 ℃的夹角,由眼内角刺入,针头斜面先面向眼球,刺入后再转180°使斜面对着眼眶后界。刺入长度,小鼠2～3 mm,大鼠约4～5 mm。当感到有阻力时即停止推进,同时,将针退出0.1～0.5 mm,边退边抽。若穿刺适当血液能自然流入毛细管中,当得到所需的血量后,即除去加于颈部的压力,同时,将采血器拔出,以防止术后穿刺孔出血。

　　若技术熟练,用本法短期内重复采血均无多大困难。左右两眼轮换更好。体重20～25 g的小鼠每次可采血0.2～0.3 mL;体重200～300 g大鼠每次可采血0.5～1.0 mL,可适用于某些生物化学项目的检验。

　　(4)断头取血　采血者的左手拇指和食指以背部较紧地握住大(小)鼠的颈部皮肤,并作动物头朝下倾的姿势。右手用剪刀猛剪鼠颈,1/2～4/5的颈部被剪断,让血自由滴入盛器。小鼠可采用0.8～1.2 mL;大鼠5～10 mL。

　　(5)心脏采血　鼠类的心脏较小,且心率较快,心脏采血比较困难,故少用。活体采血方法与豚鼠相同。若做开胸一次死亡采血,先将动物做深麻醉,打开胸腔,暴露心脏,用针头刺入右心室,吸取血液。小鼠0.5～0.6 mL;大鼠0.8～1.2 mL。

　　(6)颈动静脉采血　先将动物仰位固定,切开颈部皮肤,分离皮下结缔组织,使颈静脉充分暴露,可用注射器吸出血液。在气管两侧分离出颈动脉,离心端结扎,向心端剪口将血滴入试管内。

　　(7)腹主动脉采血　最好先将动物麻醉,仰卧固定在手术架上,从腹正中线皮肤切开腹腔,使腹主动脉清楚暴露。用注射器吸出血液,防止溶血。或用无齿镊子剥离结缔组织,夹住动脉近心端,用尖头手术剪刀剪断动脉,使血液喷入盛器。

　　(8)股动(静)脉采血　先由助手握住动物,采血者左手拉直动物下肢,使静脉充盈。或者以搏动为指标,右手用注射器刺入血管。体重15～20 g小鼠采血0.2～0.8 mL,大鼠0.4～0.6 mL。

　　2. 豚鼠采血法

　　(1)耳缘剪口采血　将耳消毒后,用锐器(刀或刀片)割破耳缘,在切口边缘涂抹20 %柠檬酸钠溶液,阻止血凝,则血可自切口自动流出,进入盛器。操作时,使耳充血效果较好。此法能采血0.5 mL左右。

　　(2)心脏采血　取血前应探明心脏搏动最强部位,通常在胸骨左缘的正中,选心跳最明显的部位做穿刺。针头宜稍细长些,以免发生手术后穿刺孔出血,其操作手法详见兔心脏采血。因豚鼠身体较小,一般可不必将动物固定在解剖台上,而可由助手握住前后肢进行采血即可。成年豚鼠每周采血应不超过10 mL为宜。

　　(3)肌动脉采血　将动脉仰位固定在手术台上,剪去腹股沟区的毛,麻醉后,局部用碘酒消毒。切开长2～3 cm的皮肤,使股动脉暴露及分离。然后,用镊子提起股动脉,远端结扎,近端用止血钳夹住,在动脉中央剪一小孔,用无菌玻璃小导管或聚乙烯、聚四氟乙烯管插入,放开止血钳,血液即从导管口流出。一次可采血10～20 mL。

　　(4)背中足静脉取血　助手固定动物,将其右或左右膝关节伸直提到术者面前。术者将动物脚背面用酒精消毒,找出背中足静脉后,以左手的拇指和食指拉住豚鼠的趾端,右手拿的注射针刺入静脉。拔针后立即出血,呈半球状隆起。采血后,用纱布或脱脂棉压迫止血。反复采血时,两后肢交替使用。

22

3. 兔采血法

(1)耳静脉采血　本法为最常用的取血法之一,常作多次反复取血用,因此,保护耳缘静脉,防止发生栓塞特别重要。

将兔放入仅露出头部及两耳的固定盒中,或由助手以手扶住。选耳静脉清晰的耳朵,将耳静脉部位的毛拔去,用75%酒精局部消毒,待干。用手指轻轻摩擦兔耳,使静脉扩张,用连有5(1/2)号针头的注射器在耳缘静脉末端刺破血管待血液漏出取血或将针头逆血流方向刺入耳缘静脉取血,取血完毕用棉球压迫止血,此种采血法一次最多可采血5～10 mL。

(2)耳中央动脉采血　将兔置于兔固定筒内,在兔耳的中央有一条较粗、颜色较鲜红的中央动脉,用左手固定兔耳,右手取注射器,在中央动脉的末端,沿着动脉平行于向心方向刺入动脉,即可见动脉血进入针筒,取血完毕后注意止血。此法一次抽血可达15 mL。但抽血时应注意,由于兔耳中央动脉容易发生痉挛性收缩,因此抽血前,必须先让兔耳充分充血,当动脉扩张,未发生痉挛性收缩之前立即进行抽血,如果等待时间过长,动脉经常会发生较长时间的痉挛性收缩。取血用的针头一般用6号针头,不要太细。针刺部位从中央动脉末端开始。不要在近耳根部取血,因耳根部软组织厚,血管位置略深,易刺透血管造成皮下出血。

(3)心脏取血　将家兔仰卧固定,在第三肋间胸骨左缘3 mm处注射针垂直刺入心脏,血液随即进入针管。注意事项有:①动作宜迅速,以缩短在心脏内的留针时间和防止血液凝固;②如针头已进入心脏但抽不出血时,应将针头稍微后退一点;③在胸腔内针头不应左右摆动以防止伤及心、肺,一次可取血20～25 mL。

(4)后肢胫部皮下静脉取血　将兔仰卧固定于兔固定板上,或由一人将兔固定好。拔去胫部被毛,在胫部上端股部扎以橡皮管,则在胫部外侧浅表皮下,可清楚见到皮下静脉。用左手两指固定好静脉,右手取带有5(1/2)号针头的注射器顺皮下静脉平行方向刺入血管,抽一下针栓,如血进入注射器,表示针头已刺入血管,即可取血。一次可取2～5 mL。取完后必须用棉球压迫取血部位止血,时间要略长些,因为此处不易止血。如止血不妥,可造成皮下血肿,影响连续多次取血。

(5)股静脉、颈静脉取血　先作股静脉和颈静脉暴露分离手术。①股静脉取血:注射器平行于血管,从股静脉下端沿向心方向刺入,徐徐抽动针栓即可取血。抽血完毕后要注意止血。股静脉较易止血,用于纱布轻压取血部位即可。若连续多次取血,取血部位宜尽量选择靠离心端。②外颈静脉取血:注射器由近心端(距颈静脉分支2～3 cm处)向头侧端顺血管平行方向刺入,使注射针一直插入至颈静脉分支叉处,即可取血。此处血管较粗,很容易取血,取血量也较多,一次可取10 mL以上。取血完毕,拔出针头,用干纱布轻轻压迫取血部位,此部分也易止血。兔急性实验的静脉取血,用此法较方便。

4. 狗、猫采血法

(1)后肢外侧小隐静脉和前肢背侧皮下头静脉采血:后肢外侧小隐静脉在后肢胫部下1/3的外侧浅表的皮下,由前侧方向后行走。抽血前,将狗固定在狗架上或使狗侧卧,由助手将狗固定好。将抽血部位的毛剪去,碘酒(碘和酒精按1:50的比例混合)消毒皮肤。采血者左手拇指和食指握紧剪毛区上部,使下肢静脉充盈,右手用连有6号或7号针头的消毒器迅速穿刺入静脉,左手放松将针固定,以适当速度抽血(以无气泡为宜)。或将胶皮带绑在狗股部,或由助手握紧股部即可,若仅需少量血液,可以不用注射器抽取,只需用针头直接刺入静脉,待血从针孔自然滴出,放入盛器或做涂片。

前肢背侧皮下头静脉采血:前肢背侧皮下头静脉位于前脚爪的上方背侧的正前位,操作方法基本与上述相同。一只狗一般可采血10~20 mL。

(2)股动脉采血　本法为采取狗动脉血最常用的方法。将清醒状态下狗卧位固定于狗解剖台上。伸展后肢向外伸直,暴露腹肥肉沟三角动脉搏动的部位,将毛剪去,用碘酒消毒。左手中指、食指探摸股动脉跳动部位,并固定好血管,右手取连有5(1/2)号针头的注射器,针头由动脉跳动处直接刺入血管,若刺入动脉一般可见鲜红血液流入注射器,有时还需微微转动一下针头或上下移动一下针头,方见鲜血流入。有时,往往刺入静脉,必须重抽之。待抽血完毕,迅速拔出针头,用干药棉压迫止血2~3 min。

(3)心脏采血　本法最好在麻醉下进行,驯服的狗不麻醉也行。将狗固定在手术台上,前肢向背侧方向固定,暴露胸部,将左侧第3~5肋间的被毛剪去,用碘酒消毒皮肤。采血者用左手触摸左侧3~5肋间处,选择心跳最显处穿刺。一般选择胸骨左缘外1 cm第4肋间处。取连有6(1/2)号针头的注射器,由上述部位进针,并向动物背侧方向垂直刺入心脏。采血者可随针接触心跳的感觉,随时调整刺入方向和深度,应使摆动的角度尽量小,避免损伤心肌过重,或造成胸腔大出血。当针头正确刺入心脏时,血即可进入抽射器,可抽取多量血液。

(4)耳缘静脉采血　本法宜取少量血液作血常规或微量酶活力检查等。经训练的狗不必绑嘴,剪去耳尖部短毛,即可见耳缘静脉,采血手法基本与兔相同。

(5)颈静脉　狗不需麻醉,经训练的狗不需固定,未经训练的狗应予固定。取侧卧位,剪去颈部被毛约10 cm×3 cm范围,用碘酒消毒皮肤。将狗颈部拉直,头尽量后仰。用左手拇指压住颈静脉入胸部位的皮肤。使颈静脉怒张,右手取连有6(1/2)号针头的注射器。针头沿血管平行方向沿向心端刺往前血管。由于此静脉在皮下易滑动,针刺时除用左手固定好血管外,刺入还要准确。取血后注意压迫止血。采用此法一次可取较多量的血。

猫的采血法基本与狗相同。常采用前肢皮下头静脉、后肢的股静脉、耳缘静脉取血。需大量血液时可从颈静脉取血。方法见前述。

5.猴采血法

与人类的采血法相似,常用者有以下几种:

(1)毛细血管采血　需血量少时,可在猴拇指或足跟等处采血。采血方法与人的手指或耳垂处的采血法相同。

(2)静脉采血　最宜部位是后肢皮下静脉及外颈静脉。后肢皮下静脉的取血法与狗相似。用外颈静脉采血时,把猴固定在猴台上,侧卧,头部略低于台面,助手固定猴的头部与肩部。先剪去颈部的毛,用碘酒消毒,即可见位于上颌角与锁骨中点之间的怒张的外颈静脉。用左手拇指按住静脉,右手持连6(1/2)号针头的注射器,其他操作与人的静脉取血同。

也可在肘窝、腕骨、手背及足背选静脉采血。但这些静脉更细、易滑动、穿刺难,血流出速度慢。

(3)动脉采血　股动脉可触及。取血量多时常被优先选用,手法与狗股动脉采血相似。此外,肱动脉与桡动脉也可用。

6. 羊的采血方法

常采用颈静脉取血方法。也可在前后肢皮下静脉取血。颈静脉粗大,容易抽取,而且取血量较多,一般一次可抽取 50 ~ 100 mL。

将羊蹄捆缚,按倒在地,由助手用双手握住羊下颌,向上固定住头部。在颈部一侧外缘剪毛约2寸范围,碘酒消毒。用左手拇指按压颈静脉,使之怒张,右手取连用粗针头的注射器沿静脉一侧以39°倾斜由头端沿向心方向刺入血管,然后缓缓抽血至所需量。取血完毕,拔出针头,采血部位以酒精棉球压迫片刻,同时迅速将血液注入盛有玻璃珠的灭菌烧瓶内,振荡数分钟,脱去纤维蛋白,防止凝血,或将血液直接装入有抗凝剂的烧瓶内。

7. 鸡、鸽、鸭的采血方法

鸡和鸽常采用的取血方法是从其翼根静脉取血。如需抽血时,可将动物翅膀展开,露出腋窝,将羽毛拔去,即可见到明显的翼根静脉,此静脉是由翼根进入腋窝的一条较粗静脉。用碘酒消毒皮肤。抽血时用左手拇指、食指压迫此静脉向心端,血管即怒张。右手取连有5(1/2)号针头的注射器,针头由翼根向翅膀方向沿静脉平行刺入血管内,即可抽血,一般一只成年动物可抽取10 ~ 20 mL血液。也常采用右侧颈静脉取血。右侧颈静脉较左侧粗,故用右侧颈静脉。以食指和中指按住头侧,用酒精棉球消毒右侧颈静脉的部位。以拇指轻压颈根部以使静脉充血。右手持注射器刺入静脉取血。常采用取血法还有爪静脉取血和心脏取血。在爪根部与爪中所见血管尖端之间切断血管,以吸管或毛细管直接取血。亦可将注射针刺入心脏内取血。

8. 猪的采血方法

(1)耳静脉采血　适用于40 kg以上的中大猪或种猪。采用站立保定,由1名助手用猪保定器套住猪的上颌骨、收紧,用力向前方牵引,另一助手在猪耳根处用力压住耳静脉近心端,采血员左手拉伸猪耳,右手用酒精棉球反复涂擦耳静脉使血管怒张后,右手持连接9号针头的注射器,沿血管走向刺入,针头与猪耳水平面呈10° ~ 15°进针,回血后,缓慢抽取所需血液量后,用干棉球或棉签按压止血。

(2)前腔静脉采血　40 kg以下的小猪一般用仰卧保定法,由一名助手抓握两后肢,尽量向后牵引,另一助手用手将下颌骨下压,使头部贴地,并使两前肢与体中线基本垂直。此时,两侧第一对肋骨与胸骨结合处的前侧方呈两个明显的凹窝。采血员用酒精棉球消毒皮肤后,手持连接7 ~ 9号针头的一次性注射器(10 ~ 40 kg小猪,选择9 mm × 25 mm针头;10 kg以下乳猪,选择7 mm × 20 mm针头),向右侧凹窝处,由上而下,稍偏向中央及胸腔方向刺入,见有回血,即可采血,采血完毕,左手拿酒精棉球紧压针孔处,右手迅速拔出采血针管,稍压片刻止血后,解除保定。

40 kg以上的中大猪,采用站立式保定,由一名助手用猪保定器套住猪的上颌骨、收紧,用力向前上方牵引,使猪的上颌骨稍稍吊起,两前肢刚刚着地,让猪的胸前凹窝充分暴露,采血员用酒精棉球消毒皮肤后,手持连接12 mm×38 mm针头的一次性注射器,朝右侧胸前凹窝最低处,由下而上,且垂直凹窝方向进针,见回血后,标志已刺入血管,轻轻抽动注射器活塞,采取血液。采血完毕,拔出针头,术部用酒精棉球压迫片刻止血后,解除保定。

采血注意事项:猪耳静脉采血,应缓慢回抽注射器活塞,若回抽活塞过快过猛,会使血管壁紧贴针尖,而抽不出血液。

猪耳静脉采血速度慢,容易被污染,采血量少,血清少,中小猪尽量不用此方法采血。

(二)血清、全血及血浆的制备

制备血清样品时,将采取的血样在室温下至少放置30~60 min,待血液凝固后,以3 000~4 000 r/min离心10 min,分取上层澄清的血清。

若要用全血或血浆做样品,必须在血液未凝固前就用抗凝剂处理血液。将采取的血样置含有抗凝剂的试管中,缓缓转动,使抗凝剂完全溶解并分布于血样中,血液即不凝聚,可供作全血使用。制备血浆样品时,将已抗凝的全血于2 000 r/min离心10 min,沉降血细胞,所得上清液即为血浆。常用的抗凝剂有肝素,它是体内正常的生理成分,因而不会改变血样的化学组成,一般不会干扰测定。通常1 mL血液采用20个单位的肝素即可抗凝。可将配制好的肝素溶液均匀地涂布在试管壁上,于60 ℃~70 ℃烘干备用。其他抗凝剂有柠檬酸、草酸盐、EDTA等,但它们可能引起被测组分发生变化或干扰测定。

血浆和血清在采血后应及时分离。血浆和血清的差别主要是血浆比血清多含一种纤维蛋白原,其他成分基本相同。若需保存,短期保存时需置4 ℃冰箱,长期保存时则需置-20 ℃以下冰箱冷冻备用。

(三)无蛋白血滤液的制备

测定血液中的某些化学成分时,样品内蛋白质的存在常常干扰测定。因此,需要先制备无蛋白血滤液再进行测定。

无蛋白血滤液制备的基本原理是以蛋白质沉淀剂沉淀蛋白,用过滤法或离心法除去沉淀的蛋白。常用的无蛋白血滤液制备方法有福林—吴宪氏法、氢氧化锌法和三氯乙酸法,可根据不同的实验需要加以选择。

(四)组织匀浆的制备

组织匀浆系指动物组织细胞在适当的缓冲溶液中研磨,使细胞膜破裂,细胞内容物释放,悬浮于缓冲液中所形成的混悬液。制作组织匀浆是生化实验中重要的操作之一。其具体操作步骤如下:

(1)取新鲜组织块0.2~1 g,最少可到2~5 mg,在冰冷的生理盐水中漂洗,除去血液,滤纸拭干,称重,放入5 mL或10 mL的小烧杯内。

(2)用移液管量取预冷的匀浆介质(pH 7.4,0.01 mol/L Tris-HCl,0.0001 mol/L EDTA-2Na,

0.01 mol/L蔗糖,0.8 %的氯化钠溶液)或者用0.86 %冷生理盐水,匀浆介质或生理盐水的体积总量应该是组织块重量的9倍,用移液管或移液器取总量的2/3的匀浆介质或生理盐水于烧杯中,用眼科小剪尽快剪碎组织块(操作应在冰水浴中进行,将盛有组织的小烧杯放入冰水中)。

(3)匀浆的方式有多种:手工匀浆、机器匀浆、超声匀浆、反复冻融。

①手工匀浆:将剪碎的组织倒入玻璃匀浆管中,再将剩余的1/3匀浆介质或生理盐水冲洗残留在烧杯中的碎组织块,一起倒入匀浆管中进行匀浆,左手持匀浆管将下端插入盛有冰水混合物的器皿中,右手将捣杆垂直插入套管中,上下转动研磨数十次(6～8 min),充分研碎,使组织匀浆化。

②机器匀浆:用组织捣碎机10 000～15 000 r/min上下研磨制成10 %组织匀浆,也可用内切式组织匀浆机制备(匀浆时间10 s/次,间隙30 s,连续3～5次,在冰水中进行),皮肤、肌肉组织等可延长匀浆时间。

③超声匀浆:用超声粉碎机进行粉碎,可用Soniprep150型超声波发生器以振幅14 μm超声处理30 s使细胞破碎,也可用国产超声波发生仪,用400 A,5 s/次,间隔10 s,反复3～5次。

④反复冻融:培养或者分离的细胞可以用以上的方法匀浆,也可以反复冻溶3次左右(即让细胞加适量的低渗液或者双蒸水放低温冰箱中结冰,溶解,再结冰,再溶解,反复3次左右),但有部分酶活力会受影响。

取少量组织匀浆做涂片(直接涂片、染色均可),显微镜下观察细胞是否磨破,若没有破则可以延长匀浆时间或增加冻融次数。

(4)将制备好的10 %匀浆用普通离心机或低温低速离心机3 000 r/min左右离心10～15 min,将离心好的匀浆留下上清弃下面沉淀。

制备好的组织匀浆液应及时使用或置于低温做短暂贮存。

实验二　蛋白质的双缩脲反应

一、实验目的

掌握双缩脲法定量测定蛋白质含量的原理和方法。

二、实验原理

双缩脲($H_2NOC-NH-CONH_2$)是两分子尿素经180 ℃左右加热,放出一分子氨(NH_3)后得到的产物。在强碱溶液中,双缩脲与$CuSO_4$形成紫色络合物,称为双缩脲反应。其原因是含有两个及以上肽键或类似肽键的有机化合物都具有类似双缩脲反应。

蛋白质含有多个肽键,有双缩脲反应,因此在碱性溶液中蛋白质与Cu^{2+}形成紫红色络合物,其颜色的深浅与蛋白质的浓度成正比,而与蛋白质的分子量及氨基酸成分无关,故被广泛用来测定蛋白质含量。该法对样品中蛋白质含量要求相对较高,一般在1～10 mg/L蛋白质。Tris(三甲羟基氨基甲烷)、一些氨基酸、EDTA(乙二胺四乙酸)、草二酰胺、多肽等会干扰该测定。在一定浓度范围内,反应后颜色与被测样品蛋白质含量呈线性关系,即蛋白质浓度越高,体系的颜色越深。反应产物在540 nm处有最大吸收峰(吸光度)。

将未知浓度的样品溶液与一系列已知浓度的标准蛋白质溶液同时与双缩脲试剂反应,并在540 nm处比色,可通过标准浓度蛋白质(可以用结晶的牛或人血清蛋白、卵清蛋白或粉末配制)绘制的标准曲线,求得未知样品中的蛋白质含量(浓度)。由于本法操作简便、迅速、蛋白质浓度与光密度的线性关系好,因此,需要快速测定蛋白质含量,而对精度要求不高的实验可采用此法。

血清总蛋白含量关系到血液与组织间水分的分布情况,在机体脱水的情况下,血清总蛋白质含量升高,而在机体发生水肿时,血清蛋白含量下降,所以测定血清蛋白质含量具有临床意义。

三、试剂和器材

1. 器材

可见光分光光度计、水浴锅、分析天平、振荡机(器)、漏斗、试管架、具塞三角瓶(100 mL)容量瓶(250 mL、500 mL、1 000 mL)、刻度吸管(1.0 mL、2.0 mL、5.0 mL)、试管(15 mm×150 mm)。

2. 试剂

(1)双缩脲试剂:称取硫酸铜($CuSO_4 \cdot 5H_2O$)1.5 g,酒石酸钾钠($NaKC_4H_4O_6 \cdot 4H_2O$)6.0 g,分别用250 mL蒸馏水溶解后,一并转入1 000 mL容量瓶中,搅拌下(可用旋涡混合器或摇动)加入30 mL 10 %(质量分数)的NaOH溶液,然后用蒸馏水定容至1 000 mL。将该试剂贮存于塑料瓶或内壁涂以石蜡的瓶内(如无红色或黑色沉淀出现,此试剂可长期保存)。

(2)0.05 mol/L的NaOH:配制方法在生化常见试剂的配制中查找。

(3)标准酪蛋白溶液:准确称取1.0 g酪蛋白(干酪素),溶于0.05 moL/L的NaOH溶液中,并定容至100 mL,即为10 mg/mL的标准溶液。

(4)未知蛋白质溶液:浓度应在1~10 mg/L范围内。可根据条件选用家畜血清,用水稀释1~10倍,置于冰箱保存备用。

四、操作步骤

1.绘制标准曲线

取6支试管编号,按表1.5加入试剂。

表1.5 双缩脲法定量测定蛋白质含量标准曲线制作

试剂	1	2	3	4	5	6
标准蛋白(mL)	0	0.2	0.4	0.6	0.8	1.0
蒸馏水(mL)	1.0	0.8	0.6	0.8	0.2	0
蛋白质含量(mg)	0.0	2.0	4.0	6.0	8.0	10.0
双缩脲试剂(mL)	4.0	4.0	4.0	4.0	4.0	4.0

混匀,在室温下(15 ℃~25 ℃)静置30 min后,于540 nm波长下测定其吸光值。最后以吸光值为纵坐标,酪蛋白的含量为横坐标绘制标准曲线,作为定量的依据。

2.样品测定

(1)家畜血清样品的制备　动物空腹采静脉血,不加抗凝剂,在室温下自行凝固(5~10 min),血块收缩析出血清。析出血清后及时分离之,以防溶血,根据情况稀释10~20倍,置于冰箱保存。

(2)样品测定　取两支试管,分别加入血清1.0 mL,再分别加入双缩脲试剂4.0 mL,混匀,37 ℃静置20 min后,于540 nm波长比色,以空白管调零,测其吸光值,在标准曲线上查出相应的蛋白质含量,再按照稀释倍数计算出每毫升血清原液的蛋白质含量。

五、结果计算

$$血清总蛋白质（mg/100\ mL）= \frac{C_{样品1} - C_{样品2}}{2V} \times N \times 100$$

式中:$C_{样品}$:从标准曲线上查得的样品蛋白质含量(mg)

　　　V:所用样品体积(mL)

　　　N:样品稀释倍数

六、思考题

(1)如何选择未知样品的用量?

(2)为什么作为标准的蛋白质必须用凯氏定氮法测定纯度?

(3)对于作为标准的蛋白质应有何要求?

(4)为什么双缩脲法简便、快速而准确性不高?

实验三　微量凯氏定氮法测定牛奶蛋白质含量

一、实验目的

掌握微量凯氏定氮法测定蛋白质含量的原理和方法,熟悉微量凯氏定氮器的操作。

二、实验原理

凯氏定氮法是通过测出样品中的总含氮量再乘以相应的蛋白质含氮量系数16%,而求出蛋白质的含量,此法的结果称为粗蛋白质含量。微量凯氏定氮法需要的样品质量及试剂用量较少,有一套微量凯氏定氮器,和催化剂一同加热消化,使蛋白质分解。其中碳和氢被氧化为二氧化碳和水逸出,而样品中的有机氮转化为氨与硫酸结合成硫酸铵。然后取溶液加碱蒸馏,使氨蒸出,用硼酸吸收后再以标准盐酸溶液滴定。根据标准酸消耗量可计算出蛋白质的含量。包括消化、蒸馏与吸收、滴定3个步骤。

①消化:有机物与浓硫酸共热,使有机氮全部转化为无机氮–硫酸铵。为加快反应,添加硫酸铜和硫酸钾的混合物;前者为催化剂,后者可提高硫酸沸点。这一步需30 min～1 h,视样品的性质而定。

②加碱蒸馏:硫酸铵与NaOH(浓)作用生成NH_4OH,加热后生成NH_3,通过蒸馏导入过量酸中和生成NH_4Cl而被吸收。

③滴定:用过量标准HCl吸收NH_3,剩余的酸可用标准NaOH滴定,由所用HCl摩尔数减去滴定耗去的NaOH摩尔数,即为被吸收的NH_3摩尔数。此法为回滴法,采用甲基红为指示剂。

由于样品中含有少量非蛋白质含氮化合物,如核酸、生物碱、含氮类脂、卟啉以及含氮色素等非蛋白质的含氮化合物,所以凯氏定氮不能分辨蛋白质与其他含氮化合物。凯氏定氮法是测定总有机氮量较为准确、操作较为简单的方法之一,可用于所有动、植物食品及其加工的各种不同形态食品的分析,还可同时测定多个样品,故国内外应用较为普遍,被作为标准检验方法。本法适用于0.2～2.0 mg的氮量测定。

三、试剂和器材

1. 试剂

浓硫酸;30%过氧化氢溶液;10 mol/L氢氧化钠;0.1 mol/L标准盐酸;标准硫酸铵(0.3 mg氮/mL);2%硼酸溶液;0.1 mol/L盐酸标准滴定溶液。

催化剂:硫酸铜:硫酸钾 = 1:4混合,研细。

混合指示剂:0.1%甲基红乙醇溶液和0.2%甲基红酒精溶液按5:1体积混合而成,贮于棕色瓶内。

混合指示液:0.1%溴甲酚绿酒精溶液和0.2%甲基红酒精溶液按5:1体积混合而成,贮于棕色瓶内。

2. 器材

微量凯氏定氮仪;移液管1 mL、2 mL;微量滴定管5 mL;烧杯200 mL;量筒10 mL;三角烧瓶150 mL;凯氏烧瓶50 mL,吸耳球;消化炉;分析天平。

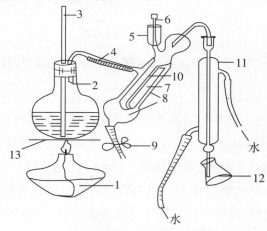

图1.2 微量凯氏蒸馏装置示意图

1. 热源　2. 烧瓶　3. 玻璃管　4. 橡皮管　5. 玻璃杯　6. 棒状玻塞　7. 反应室　8. 反应室外壳
9. 夹子　10. 反应室中插管　11. 冷凝管　12. 锥形瓶　13. 石棉网

四、操作步骤

1. 消化

取4个凯氏烧瓶,按表1.6编号,并加入试剂。

表1.6　微量凯氏定氮法消化试剂添加表

试剂	样品1	样品2	空白1	空白2
牛奶(mL)	1	1	0	0
蒸馏水(mL)	0	0	1	1
催化剂(g)	1.5	1.5	1.5	1.5
浓硫酸(mL)	5	5	5	5

混合均匀,置于通风橱中电炉上加热。在消化开始时应控制火力,不要使液体冲到瓶颈。待瓶内水汽蒸完,硫酸开始分解并放出SO_2白烟后,适当加强火力,继续消化,使瓶内液体微微沸腾,维持2～3 h。待消化液变成褐色后,为了加速完成消化,可将烧瓶取下,稍冷,将30%过氧化氢溶液1～2滴加到烧瓶底部消化液中,再继续消化,直到消化液由淡黄色变成透明淡蓝绿色或无色后,消化即完毕。冷却后将瓶中的消化液完全转入50 mL容量瓶中,定容备用。

2. 蒸馏与吸收

(1)蒸馏器的洗涤:蒸气发生器中盛有加有数滴H_2SO_4的蒸馏水和数粒沸石。加热后,产生的蒸汽经贮液管、反应室至冷凝管,冷凝液体流入接受瓶。每次使用前,需用蒸汽洗涤10 min左右(此时可用一小烧杯接冷凝水)。将一只盛有5 mL 2%硼酸液和1～2滴0.1%甲基红乙醇指示剂溶液的锥形瓶置于冷凝管下端,使冷凝管管口插入液体中,继续蒸馏1～2 min,如硼酸液颜色不变,表明仪器已洗净。

（2）消化样品及空白的蒸馏：取 50 mL 锥形瓶数个，各加 25 mL 0.01 M 标准 HCl 和 1～2 滴 0.1％甲基红乙醇指示剂溶液，用表面皿覆盖备用。取 2 mL 稀释消化液，由小漏斗加入反应室。将一个装有 0.01 M 标准 HCl 和指示剂的锥形瓶放在冷凝管下，使冷凝器管口下端浸没在液体内。

3. 滴定

（1）滴定：用小量筒量取 5 mL 10 M NaOH 溶液，倒入小漏斗，让 NaOH 溶液缓慢流入反应室。尚未完全尽时，加紧夹子，向小漏斗加入约 5 mL 蒸馏水，同样缓缓放入反应室，并留少量水在漏斗内作水封。加热水蒸气发生器，沸腾后，关闭收集器活塞。使蒸汽冲入蒸馏瓶内，反应生成的 NH_3 逸出被吸收。待氨已蒸馏完全，移动锥形瓶使液面离开冷凝管口约 1 cm，并用少量蒸馏水冷凝管口。取下锥形瓶，以 0.01 M NaOH 标准溶液滴定。记下所耗去的体积。

（2）蒸馏后蒸馏器的洗涤：蒸馏完毕后，移去热源，夹紧蒸汽发生器和收集器间的橡皮管，此时由于收集器温度突然下降，即可将反应室残液吸至收集器。

（3）标准样品的测定：在蒸馏样品及空白前，为了练习蒸馏和滴定操作，可用标准硫酸铵试做实验 2～3 次。

标准硫酸铵的含氮量是 0.3 mg/mL，每次实验取 2.0 mL。

五、结果计算

$$样品含氮量（mg/mL）= \frac{(A-B) \times 0.01 \times 14 \times N}{V}$$

若测定的蛋白质含氮部分只是蛋白质(如血清)，则：

$$样品蛋白质含量（mg/mL）= \frac{(A-B) \times 0.01 \times 14 \times 6.25 \times N}{V}$$

式中：A 为滴定空白用去的 NaOH 平均毫升数，B 为滴定样品用去的 NaOH 平均毫升数，V 为样品的毫升数，0.01 为 NaOH 的摩尔浓度，14 为氮的原子量，6.25 为系数(蛋白质的平均含氮量为 16％，由凯氏定氮法测出含氮量，再乘以系数 6.25 即为蛋白质量)，N 为样品的稀释倍数。

六、注意事项

（1）必须仔细检查凯氏定氮仪的各个连接处，保证不漏气。

（2）凯氏定氮仪必须事先反复清洗，保证洁净。

（3）小心加样，切勿使样品沾污口部、颈部。

（4）消化时，须斜放凯氏烧瓶(45°左右)。火力先小后大，避免黑色消化物溅到瓶口、瓶颈壁上。

（5）蒸馏时，小心加入消化液。加样时最好将火力拧小或撤去。蒸馏时，切记火力不稳，否则将发生倒吸现象。

（6）蒸馏后应及时清洗定氮仪。

七、思考题

（1）写出实验中应注意的主要事项。

（2）指出该法测定蛋白质含量的局限性。

（3）指出其他测定蛋白质含量的方法。

实验四　蛋白质的两性性质及等电点的测定

一、实验目的

(1)掌握蛋白质的两性解离性质；

(2)熟练掌握测定蛋白质等电点的基本方法。

二、实验原理

蛋白质是由氨基酸组成的高分子化合物。虽然大多数的α-氨基和α-羧基成肽键结合，但仍有N-末端的氨基和C-末端的羧基存在，同时侧链上还有一些可解离基团。因此，蛋白质和氨基酸一样是两性电解质。调节蛋白质溶液的pH，可使蛋白质带上正电荷或负电荷；在某一pH时，其分子中所带的正电荷和负电荷相等，此时溶液中蛋白质以兼性离子形式存在。在外加电场中蛋白质分子既不向正极移动也不向负极移动，此时溶液的pH称为该蛋白质的等电点(pI)，蛋白质的溶解度最小。不同的蛋白质，因氨基酸的组成不同有不同的等电点。

三、试剂和器材

1. 试剂

(1)0.5 %酪蛋白溶液：0.5 g酪蛋白，先加入几滴1 mol/L的NaOH使其湿润，用玻璃棒搅拌研磨使成糨糊状，逐滴加入0.01 mol/L的NaOH使其完全溶解后定容到100 mL；

(2)酪蛋白-乙酸钠溶液：将0.25 g酪蛋白加5 mL 1 mol/L的NaOH溶解，加20 mL水温热使其完全溶解后，再加入5 mL 1 mol/L的乙酸，混合后转入50 mL的容量瓶内，加水定容，混匀备用(pH应为8~8.5)；

(3)0.01 %的溴甲酚绿溶液：将0.01 g溴甲酚绿溶解于100 mL含有0.57 mL 0.1 mol/L NaOH的水中。该指示剂的变色范围是：酸性(pH 3.8为黄色，pH 5.4为蓝色)；

(4)0.02 mol/L HCl溶液：将0.8 mL浓盐酸用蒸馏水稀释到480 mL即可；

(5)0.02 mol/L NaOH溶液：将0.8 g NaOH溶解于100 mL水中，最终定容至1 000 mL；

(6)0.1 mol/L乙酸溶液：将1 mL冰醋酸用水稀释到170 mL；

(7)0.01 mol/L乙酸溶液：将0.1 mL冰醋酸用水稀释到170 mL；

(8)1 mol/L乙酸溶液：1 mL冰醋酸(17 mol/L)加水到17 mL即可。

2. 器材

试管、滴管、移液管、pH试纸等。

四、操作步骤

1. 蛋白质的两性反应

（1）取一支干净的试管，加入20滴0.5%的酪蛋白溶液，逐滴加入0.01%的溴甲酚绿溶液（5~7滴），充分混合，观察溶液的颜色并解释(蓝色)。

（2）逐滴加入0.02 mol/L HCl，随加随摇动试管，直到出现明显的沉淀为止，用精密pH试纸测溶液的pH，观察溶液的颜色变化。

（3）继续加入0.02 mol/L HCl，观察沉淀的变化和溶液颜色的变化。

（4）逐滴加入0.02 mol/L NaOH到上面的溶液中，使溶液的pH接近中性，观察沉淀是否形成。

（5）继续滴加0.02 mol/L NaOH，观察沉淀的变化。

2. 酪蛋白等电点的测定

取9只试管分别编号1~9，然后按表1.7向每管中加入试剂。

表1.7 酪蛋白等电点测定操作表

试剂	试管号								
	1	2	3	4	5	6	7	8	9
H_2O(mL)	2.4	3.2	—	2.0	3.0	3.5	1.5	2.75	3.38
1 mol/L HAc(mL)	1.6	0.8	—	—	—	—	—	—	—
0.1mol/L HAc(mL)	—	—	4.0	2.0	1.0	0.5	—	—	—
0.01 mol/L HAc(mL)	—	—	—	—	—	—	2.5	1.25	0.62
酪蛋白醋酸钠溶液(mL)	1.0	1.0	1.0	1.0	1.0	1.0	1.0	1.0	1.0
溶液最终的pH	3.5	3.8	4.1	4.4	4.7	5.0	5.3	5.6	5.9
管内溶液的混浊度									

注意：每种试剂加完后，振荡混匀，静置20 min。观察每管内溶液的混浊度，用"–"、"+"、"++"、"+++"表示沉淀的多少，并判断酪蛋白的pI是多少。

五、思考题

（1）何谓蛋白质的等电点？在等电点时蛋白质的溶解度最低，为什么？

（2）本实验中，根据蛋白质的何种性质测定其等电点？

（3）测定蛋白质等电点为什么应在缓冲液中进行？

实验五　唾液淀粉酶活性的观察

一、实验目的

（1）通过实验了解酶的基本性质及影响酶活性的各种因素；

（2）学习测定酶的最适温度、最适 pH 值的方法。

二、实验原理

酶具有催化效率高、专一性强、反应条件温和等优点，目前在科学研究、食品加工、饲料生产、医疗卫生等领域具有广泛的应用。但是酶的活性很容易受到环境条件的影响，例如温度、pH 值、激活剂、抑制剂等，因此在实际应用之前，必须首先考虑酶的动力学性质，以及影响酶活性的各种因素。本实验以唾液淀粉酶为对象观察影响酶活性的各种因素，是酶学研究和应用的基本实验。

唾液淀粉酶能将淀粉水解为糊精、极限糊精、麦芽糖等，这些产物与碘反应产生不同的颜色，因此可以根据显色的差异，判断化学反应速度的大小，从而确定酶活性的高低。本实验通过改变影响唾液淀粉酶活性的一种因素，控制酶促反应体系中的其他因素，使其保持一致，观测酶促反应速度，以分析单个因素对唾液淀粉酶活性的影响。

三、试剂和器材

1. 试剂

（1）0.5 %（W/V）淀粉液：称取 0.5 g 可溶性淀粉，加少量的蒸馏水，在研钵中调成糊状，再徐徐倒入 90 mL 沸水，同时不断搅拌，冷却后用蒸馏水定容至 100 mL。

（2）1 %（W/V）NaCl：称取氯化钠 1 g，加少量蒸馏水将之溶解后，定容至 100 mL。

（3）1 %（W/V）$CuSO_4$：称取无水硫酸铜 1 g，加少量蒸馏水将之溶解后，定容至 100 mL。

（4）0.2 mol/L pH5~8 缓冲液：分别配制下列二液，再按要求混合。

①A 液（0.2 mol/L Na_2HPO_4 溶液）：称取 $Na_2HPO_4 \cdot 12H_2O$ 35.62 g，加少量蒸馏水将之溶解后，定容至 1000 mL。

②B 液（0.1 mol/L 柠檬酸溶液）：称取无水柠檬酸 19.212 g，加少量蒸馏水将之溶解后，定容至 1000 mL。

不同 pH 缓冲液按表 1.8 配制。

表 1.8　不同 pH 缓冲液配制

pH	0.2 mol/L Na_2HPO_4溶液（mL）	0.1 mol/L 柠檬酸溶液（mL）
5	10.30	9.70
6.8	14.55	5.45
8	19.45	0.55

（5）稀碘液：碘化钾1 g加少许水溶解后，再加碘0.5 g，溶解后加水至100 mL，混匀。用时加水稀释10倍。

（6）0.5 %蔗糖液：称取蔗糖0.5 g，加少量蒸馏水将之溶解后，定容至100 mL。

（7）斑氏试剂：柠檬酸钠173 g和碳酸钠100 g溶于约700 mL水中，另将硫酸铜17.3 g溶于100 mL水中，分别加热助溶，冷却后将两液混合，再加水至1 000 mL混匀。

2. 器材

37 ℃恒温水浴箱、100 ℃恒温水浴箱、白色比色板。

四、操作步骤

1. 唾液淀粉酶的制备

每人用自来水漱口3次，然后取20 mL蒸馏水含于口中，做咀嚼动作，3 min后，吐入烧杯中，纱布过滤，取滤液10 mL，稀释至20 mL，获得稀释唾液。

2. 酶活性影响因素的观察

（1）温度对酶活性的影响

①取3支试管，编号后按表1.9加入试剂，混匀，置于相应温度下反应。

表1.9　温度对酶活性的影响

试管号	0.5 %淀粉溶液（mL）	pH6.8缓冲液（mL）	稀释唾液（mL）	温度（℃）
1	3	0.5	1	0
2	3	0.5	1	37
3	3	0.5	1	100

②取碘液2滴于白色比色板的各反应孔中，自试管放入水浴箱后，每隔1 min从2号管中取反应液1滴，与其中一个反应孔内的碘液混合，观察颜色变化。

③待2号管中的反应液遇碘液不发生颜色变化（即呈碘色）时，向各管中加入碘液2滴，摇匀，观察并记录各管颜色（注意：第3管需自来水冷却，否则不显蓝色），根据观察结果分析温度对酶活性的影响，并确定唾液淀粉酶的最适温度。

（2）pH对酶活性的影响

①取3支试管，编号后按表1.10加入试剂。

表1.10　pH对酶活性的影响

试管号	0.5 %的淀粉溶液（mL）	pH5.0缓冲液（mL）	pH6.8缓冲液（mL）	pH8.0缓冲液（mL）	稀释唾液（mL）
1	2	2	0	0	1
2	2	0	2	0	1
3	2	0	0	2	1

②摇匀，置于37 ℃水浴箱保温。取碘液2滴于白色比色板的各反应孔中，自试管放入水浴箱后，每隔1 min，从2号管中取反应液1滴，与其中一个反应孔内的碘液混合，观察颜色变化，直至呈碘色。

③取出3个试管,立即各自加入碘液2滴,充分摇匀,观察各管呈现的颜色,判断不同pH值中淀粉水解的程度,并确定最适pH。

(3)酶的激活剂及抑制剂对酶活性的影响

①取3支试管,编号后按表1.11加入试剂。

表1.11　激活剂及抑制剂对酶活性的影响

试管号	0.5％的淀粉溶液(mL)	1％NaCl(mL)	蒸馏水(mL)	1％CuSO₄(mL)	稀释唾液(mL)
1	2	0	0	1	1
2	2	1	0	0	1
3	2	0	1	0	1

②将3支试管混匀,放入37℃水浴中,并在白色比色板上用碘液检查2号管,待碘液不变色时,向各管加碘液1滴,观察水解情况,记录并解释结果。

(4)酶专一性观察

①取2支试管,编号后按表1.12加入试剂。

表1.12　酶作用专一性观察

试管号	0.5％淀粉溶液(mL)	0.5％蔗糖液(mL)	pH 6.8缓冲液(mL)	稀释唾液(mL)
1	2	–	0.5	1
2	–	2	0.5	1

②将2支试管混匀,37℃保温10 min。

③取出试管,分别加入斑氏试剂2 mL,混匀,于沸水中加热3 min,观察各管颜色,记录实验结果,确定酶的底物,分析酶作用的专一性。

五、注意事项

该实验最关键的环节是酶促反应终点的判断,既不能过早又不能过晚;温度对酶活性影响实验中,试管从沸水中取出后,先用流动水冷却,再滴加碘液;加碘液时,应逐滴加,直到3管颜色不同为止。

六、思考题

(1)酶促反应具有哪些特点?

(2)影响酶活性的因素有哪些?

实验六　脂肪酸的 β-氧化—酮体测定

一、实验目的

通过本实验理解脂肪酸β-氧化的酮体测定法,并掌握本方法的原理及基本实验步骤。

二、实验原理

酮体包括乙酰乙酸、β-羟丁酸和丙酮三种物质。在肝脏中,脂肪酸经β-氧化作用生成乙酰CoA。生成的乙酰CoA可经代谢缩合成乙酰乙酸,而乙酰乙酸既可脱羧生成丙酮,又可经β-羟丁酸脱氢酶作用被还原生成β-羟丁酸,三种物质统称酮体。酮体为机体代谢的正常中间产物,在肝脏中生成后须被运往肝外组织才能被机体所利用。在正常情况下,动物体内含量甚微;患糖尿或食用高脂肪膳食时,血中酮体含量增高,尿中也能出现酮体。

本实验用丁酸做底物,将之与新鲜的肝匀浆一起保温后,再测定其中酮体的生成量。

因为在碱性溶液中碘可以将丙酮氧化为碘仿(CHI_3),所以通过用硫代硫酸钠($Na_2S_2O_3$)滴定反应中剩余的碘就可以计算出所消耗的碘量,进而可以求出以丙酮为代表的酮体含量。有关的反应式如下:

$$CH_3COCH_3 + 4NaOH + 3I_2 \rightarrow CHI_3 + CH_3COONa + 3NaI + 3H_2O$$

$$I_2 + 2Na_2S_2O_3 = Na_2S_4O_6 + 2NaI$$

根据滴定样品与滴定对照所消耗的硫代酸钠溶液体积之差,可以计算由丁酸氧化生成丙酮的量。

三、试剂和器材

1. 试剂

(1)10 %(W/V)氢氧化钠溶液:称取10 g氢氧化钠,在烧杯中用少量蒸馏水将之溶解后,定容至100 mL。

(2)0.1 mol/L正丁酸溶液:称取13 g碘和约40 g碘化钾,放置于研钵中。加入少量蒸馏水后,将之研磨至溶解。用蒸馏水定容到1 000 mL,在棕色瓶中保存。此时可用标准硫代硫酸钠溶液标定其浓度。

(3)0.5 mol/L正丁酸:取0.05 mL正丁酸,用100 mL 0.5 mol/L氢氧化钠溶液溶解即成。

(4)0.1 mol/L碘酸钾(KIO$_3$)溶液:称取0.8918 g干燥的碘酸钾,用少量蒸馏水将之溶解,最后定容至250 mL。

(5)0.1 mol/L硫代硫酸钠($Na_2S_2O_3$)溶液:称取25 g硫代硫酸钠,将它溶解于适量煮沸的蒸馏水中,并继续煮沸5 min。冷却后,用冷却的已煮沸过的蒸馏水定容到1 000 mL。此时即可用0.1 mol/L碘酸钾溶液标定其浓度。

（6）硫代硫酸钠溶液的标定：将蒸馏水 25 mL、碘化钾 2 g、碳酸氢钠 0.5 g、10 %盐酸溶液 20 mL加入一支锥形瓶内。另取 0.1 mol/L碘酸钾溶液 25 mL加入其中，然后用硫代硫酸钠溶液将之滴定至浅黄色。再加入 0.1 %淀粉溶液 2 mL,然后继续用硫代硫酸钠溶液将之滴定至蓝色消褪为止。

另设一空白，其中仅以蒸馏水代替碘酸钾，其余操作相同。计算硫代硫酸钠溶液的浓度所依据的反应式如下：

$$5KI + KIO_3 + 6HCl = 3I_2 + 6KCl + 3H_2O$$

$$I_2 + 2Na_2S_2O_3 = Na_2S_4O_6 + 2NaI$$

（7）10 %(V/V)盐酸溶液：取 10 ml盐酸，用蒸馏水稀释到 100 mL。

（8）0.1 %(W/V)淀粉溶液：称取 0.1 g可溶性淀粉，置于研钵中。加入少量预冷的蒸馏水，将淀粉调成糊状。再慢慢倒入煮沸的蒸馏水 90 mL,搅匀后，再用蒸馏水定容至 100 mL。

（9）0.9 %(W/V)氯化钠：

（10）1/15 mol/L、pH 7.7磷酸缓冲液：分别配制下列二液，再按要求混合

A液：1/15 mol/L Na_2HPO_4溶液：称取 Na_2HPO_4·2H_2O 1.187 g,将之溶解于 100 mL蒸馏水中即成。

B液：1/15 mol/L KH_2PO_4溶液：称取 KH_2PO_4 0.9078 g,将之溶解于 100 mL蒸馏水将之溶解，最后定容至 100 mL。

取 A液 90 mL、B液 10 mL,将两者混合即可。

2. 器材

匀浆器(或搅拌机)、碘量瓶。

3. 实验材料

动物活体肝组织。

四、操作步骤

1. 肝糜(肝匀浆)的制备

（1）将动物(如鸡、家兔、大鼠或豚鼠等)放血处死，取出肝脏。

（2）用 0.9 %氯化钠溶液洗去肝脏上的污血，然后用滤纸吸去表面的水分。

（3）称取 8 g肝组织，置玻璃皿上剪碎，导入匀浆器搅碎成匀浆。再加 0.9 %氯化钠溶液至总体积为 10 mL。

2. 酮体生成

（1）取两个锥形瓶，编号 A、B,按表 1.13操作。

表 1.13　酮体生成反应的试剂

试剂(mL)	A	B
新鲜肝糜	—	2.0
预先煮沸的肝糜	2.0	—
pH 7.7磷酸缓冲液	3.0	3.0
0.5 mol/L正丁酸溶液	2.0	2.0

（2）将加好试剂的2个锥形瓶摇匀,放入43 ℃恒温水浴锅中保温40 min后取出。

（3）向两个锥形瓶分别加入20 %三氯乙酸溶液3 mL,摇匀后,于室温放置10 min。

（4）将锥形瓶中的混合物分别用滤纸在漏斗上过滤,收集无蛋白滤液于事先编号A、B的试管中。

3. 酮体的测定

（1）取碘量瓶2个,根据表1.14操作。

表1.14　酮体的测定

试剂(mL)	A	B
无蛋白滤液	5.0	5.0
0.1 mol/L碘液	3.0	3.0
10 % 氢氧化钠溶液	3.0	3.0

（2）加完试剂后摇匀,将碘量瓶于室温放置10 min。

（3）于各碘量瓶分别滴加10 %盐酸溶液,使各瓶中溶液中和到中性或微酸性(可用pH试纸进行检测)。

（4）用0.02 mol/L硫代硫酸钠($Na_2S_2O_3$)溶液滴定到碘量瓶中的溶液呈浅黄色时,往瓶中滴加数滴0.1 %淀粉溶液,使瓶中溶液呈蓝色。

（5）继续用0.02 mol/L硫代硫酸钠溶液滴定到碘量瓶中溶液的蓝色消褪为止。

（6）记录下滴定时所用去的硫代硫酸钠溶液毫升数,按下式计算样品中丙酮的生成量。

五、结果计算

根据滴定样品与对照所消耗的硫代硫酸钠溶液体积之差,可以计算由丁酸氧化生成丙酮的量。

$$实验中所用肝糜中生成丙酮的量(mol)=(A-B)\times C\times 1/6$$

式中:A为滴定样品A所消耗的0.02 mol/L硫代硫酸钠溶液的毫升数,

　　　B为不滴定样品B(对照)所消耗的0.02 mol/L硫代硫酸钠溶液的毫升数,

　　　C为硫代硫酸钠溶液的浓度(mol/L)。

六、注意事项

（1）肝匀浆必须新鲜,放置久则失去氧化脂肪酸的能力。

（2）三氯乙酸作用是使肝匀浆的蛋白质、酶变性,发生沉淀。

（3）碘量瓶作用是防止碘液挥发,不能用锥形瓶代替。

七、思考题

（1）为什么说脂肪酸β-氧化实验的关键是制备新鲜的肝糜？

（2）什么叫酮体？为什么正常状况下产生的酮体量很少？

实验七　蛋白质的盐析和透析

一、实验目的

(1)了解蛋白质盐析和透析的原理;

(2)熟悉分离纯化蛋白质的方法及实用意义。

二、实验原理

蛋白质是亲水胶体,借助水化膜和同性电荷(在 pH 7.0 的溶液中一般蛋白质带负电荷)相互排斥作用维持胶体的稳定性。向蛋白质溶液中加入某种碱金属或碱土金属的中性盐类(如 $(NH_4)_2SO_4$、Na_2SO_4、$NaCl$ 或 $MgSO_4$ 等),则发生电荷中和现象(丢失电荷)。当盐类的浓度足够大时,蛋白质胶粒脱水而沉淀,称为盐析。由盐析所得的蛋白质沉淀,经过透析或用水稀释以减低或除去盐后,能再溶解并恢复其分子原有结构及生物活性,因此,由盐析生产的沉淀是可逆性沉淀。各种蛋白质分子颗粒大小、亲水程度不同,故盐析所需要的盐浓度也不一样。调节混合蛋白质溶液中的盐浓度,可使各种蛋白质分段沉淀。球蛋白在半饱和硫酸铵溶液中即可析出,白蛋白则需在饱和硫酸铵溶液中才能析出,此法是蛋白质分离纯化中的常用方法。

蛋白质的分子很大,其颗粒在胶体颗粒范围(直径 1 ~ 100 nm)内,所以不能通过半透膜。选用孔径合宜的半透膜,由于小分子物质能够透过,而蛋白质颗粒不能透过,因此可使蛋白质和小分子物质分开。这种方法可除去和蛋白质混合的中性盐及其他小分子物质。这种技术叫做透析,是常用来纯化蛋白质的方法。由盐析所得的蛋白质沉淀,通过透析可恢复其故有的结构与生物活性。

三、试剂和器材

1. 试剂

(1)饱和 $(NH_4)_2SO_4$ 溶液:称取固体硫酸铵 850 g 加入 1 000 mL 蒸馏水中,在 70 ℃ ~ 80 ℃下搅拌溶解,室温放置过夜,杯底析出白色晶体,上清液即为饱和 $(NH_4)_2SO_4$ 溶液。

(2)$(NH_4)_2SO_4$ 粉末。

(3)20 % NaOH 溶液:称取固体氢氧化钠 20 g 加入 100 mL 蒸馏水中,搅拌至完全溶解,密闭保存。

(4)0.1 % $CuSO_4$ 溶液:称取固体硫酸铜 0.1 g 加入 100 mL 蒸馏水中,搅拌至完全溶解。

(5)Nessler 试剂:称取 60 g 氢氧化钾,溶于约 250 mL 无氨水中,冷却至室温。另外称取 20 g 碘化钾溶于 100 mL 无氨水中,边搅拌边逐步加入二氯化汞结晶粉末(约 10 g),至出现朱红色沉淀时,改为滴加饱和二氯化汞溶液,保持搅拌,到出现少量朱红色沉淀时,停止滴加饱和二氯化汞溶液。

然后把该溶液缓慢注入上述已冷却的氢氧化钾溶液中,边注入边充分搅拌,并用无氨水稀释至 400 mL,然后静置过夜。最后将该溶液的上清液转移至聚乙烯塑料瓶中,常温避光保存。(注意:纳氏(Nessler)试剂中的汞有毒,使用时要小心,皮肤触碰时要及时清洗;纳氏试剂的使用寿命比较短,配制后保存期通常只有 3 个星期,随着沉淀增加会影响测定结果;配制溶液时所有的用水都要用无氨水,而且不可以用普通的滤纸过滤,否则容易污染纳氏试剂。)

2. 器材

离心机,离心管,10 mm × 100 mm 试管,1 mL 刻度移液管,150 mL 烧杯,玻璃纸或透析袋等。

3. 实验材料

动物血清或血浆。

四、操作步骤

1. 透析袋的预处理

为防干裂,新透析袋出厂时都用 10 % 的甘油处理过,并含有极微量的硫化物、重金属和一些具有紫外吸收的杂质,它们对蛋白质和其他生物活性物质有害,用前必须除去。将透析袋剪成 100 ~ 120 mm 小段,先用 50 % 乙醇煮沸 1 h,再依次用 50 % 乙醇、0.01 mol/L 碳酸氢钠和 0.001 mol/L EDTA 溶液洗涤,最后用蒸馏水冲洗 3 ~ 5 次(新透析袋如不作如上的特殊处理,也可用沸水煮 5~10 min,再用蒸馏水洗净,即可使用)。一端用橡皮筋或线绳扎紧,也可以使用特制的透析袋夹夹紧,由另一端灌满水,用手指稍加压,检查不漏,方可使用。处理好的透析袋保存于蒸馏水中待用。

2. 蛋白质的盐析

于洁净离心管中加入血清或血浆 1 mL,饱和 $(NH_4)_2SO_4$ 溶液 1 mL,用玻棒搅匀,此时球蛋白沉淀。静置 5 min 后,3 000 rpm 离心 10 min,上清液移入另一洁净离心管中,分次缓慢加入少量 $(NH_4)_2SO_4$ 粉末,边加边搅拌,至有少量 $(NH_4)_2SO_4$ 不再溶解为止。此时白蛋白自饱和 $(NH_4)_2SO_4$ 溶液中析出,静置 5 min 后,3 000 rpm 离心 10 min,吸出上清液,沉淀即为白蛋白。

3. 蛋白质的透析

在上面制得的蛋白质沉淀中,分别加水 3 mL,用玻棒搅起,观察沉淀是否溶解。取一处理好的透析袋,倒去残余水,将蛋白质溶液完全转入透析袋,不超过袋内空间的 2/3。置于盛有 50 mL 水的小烧杯中,使袋内外液面处于同一水面上,透析 15 min,此时可使盐类通过半透膜进入水中。

4. 透析结果的检查

(1)取 10 mm × 100 mm 试管 2 支,一管加水 10 滴,另一管加袋外液 10 滴,两管各加 Nessler 试剂 2 滴,摇匀。有黄色或黄褐色沉淀生成,表示有铵盐存在。

(2)取 10 mm × 100 mm 试管 3 支,1 号管加入饱和 $(NH_4)_2SO_4$ 上清液 10 滴,2 号管加袋外液 10 滴,3 袋内液 10 滴,3 个管中各加 20 % NaOH 溶液 10 滴,摇匀。再分别各加入 0.1 % $CuSO_4$ 溶液 3~5 滴,混匀。有紫红色物质生成,表示有蛋白质存在。

五、注意事项

　　蛋白质溶液用透析法去盐时，正负离子透过半透膜的速度不同，以$(NH_4)_2SO_4$为例，NH_4^+的透出较快，在透析过程中膜内SO_4^{2-}剩余而生成H_2SO_4，致使膜内蛋白质溶液呈酸性，足以达到使蛋白质变性的酸度，因此在用盐析法纯化蛋白质透析去盐时，开始应用0.1 M的NH_4OH透析。

六、思考题

　　(1)透析时怎样才能尽量达到去除盐类并防止蛋白质变性的目的？

　　(2)透析时可否维持蛋白质溶液体积不变？

第 二 章　离心技术

第一节　离心技术原理

一、离心机的原理

当含有细小颗粒的悬浮液静置不动时,重力场的作用使得悬浮的颗粒逐渐下沉。粒子越重,下沉越快,反之密度比液体小的粒子就会上浮。微粒在重力场下移动的速度与微粒的大小、形态和密度有关,并且又与重力场强度及液体黏度有关。像红细胞大小的颗粒,直径为数微米,就可以在通常重力作用下观察到它们的沉降过程。

此外,颗粒在介质中沉降时还伴随有扩散现象。扩散是无条件的绝对的。扩散与物质的质量成反比,颗粒越小扩散越严重。而沉降是相对的有条件的,要受到外力才能运动。

沉降与物体重量成正比,颗粒越大沉降越快。对小于几微米的微粒如病毒或蛋白质等,它们在溶液中成胶体或半胶体状态,仅仅利用重力是不可能观察到沉降过程的。因为颗粒越小沉降越慢,而扩散现象则越严重。所以需要利用离心机产生强大的离心力,才能迫使这些微粒克服扩散产生沉降运动。

离心就是利用离心机转子高速旋转产生的强大离心力,加快液体中颗粒的沉降速度,把样品中不同沉降系数和浮力密度的物质分离开。

1. 沉降现象

任何物体受地引力的作用都具有下沉作用,称之为沉降现象。如雪花从空中轻轻往下飘、水中的泥沙会下沉等。物体下沉的速度 v 可以用公式表示为:

$$v = gt$$

式中: g ——重力加速度,单位980 cm/s²。

物体在沉降过程中,其下沉的力在某个时刻总会与摩擦力和浮力达到平衡,使物体的所受合力为0,这时物体在做匀速运动,该速度称之为临界速度。

2. 颗粒在重力场的运动

物体在重力场中,靠近地球表面的所有支点,都会受到重力的作用。所受的力为重力加速度。一个球形颗粒在具有重力场中的液体介质内,受到地球引力、溶液浮力和溶液黏滞力的作用,出现不同运动。各种作用力的方向如下:

黏滞力↑●↑浮力
↓
重力

重力 F_g 可以用公式表示为：

$$F_g = 1/6\pi d^3 \rho_p g \tag{1-1}$$

式中：d——颗粒直径大小；

　　　ρ_p——颗粒密度；

　　　g——重力加速度，单位是 $980\ cm/s^2$。

颗粒在外力 F_g 的作用下，不管它原始状如何，它将在重力场的方向加速，但是这种加速只能持续一个极短的时间，大约是 $10^{-9}\ s$。这是由于颗粒在做加速运动的同时，受到摩擦阻力也越来越大，从而阻止它在介质中的运动。根据Stokes定律，对于球形颗粒在介质中沉降所受的黏滞力 F_f 表示为：

$$F_f = -3\pi\eta dV \tag{1-2}$$

式中：η——介质黏度；

　　　d——颗粒直径；

　　　V——颗粒的沉降速度；

　　　负号——表示阻力的方向与颗粒的加速度方向相反。

除此之外，由于颗粒是在液体的介质中，还会受到液体的浮力作用。浮力 F_b 可以表示为：

$$F_b = -1/6\pi d^3 \rho_m g \tag{1-3}$$

式中：d——颗粒直径；

　　　ρ_m——介质黏度；

　　　g——重力加速度；

负号——表示浮力的方向与颗粒的加速度方向相反。

当作用在颗粒上的总力为0时，颗粒将会做匀速运动，也就是达到临界速度，作用力的关系式为：

$$F_g - F_b = F_f \tag{1-4}$$

将式(1-2)，式(1-3)，式(1-4)带入式(1-5)中，可以得到方程：

$$\frac{1}{6}\pi d^3 \rho_p g - \frac{1}{6}\pi d^3 \rho_m g = 3\pi\eta dV$$

由此可以推出颗粒在介质中的沉降速度。

$$V = d^2(\rho_p - \rho_m)g/18\eta \tag{1-5}$$

该方程称之为Stokes方程，由此可以判断颗粒与沉降速度之间的关系为：

(1)颗粒沉降速度与颗粒直径的平方(d^2)的大小成正比，颗粒大沉降快。

(2)颗粒的沉降速度与颗粒和介质密度差($\rho_p - \rho_m$)成正比，密度之差越大沉降越快。

（3）当 $\rho_p > \rho_m$ 时颗粒沉降速度为正值，即颗粒在介质中往下沉；当 $\rho_p = \rho_m$ 时颗粒沉降速度为0，颗粒在介质中做不定向运动；当 $\rho_p < \rho_m$ 时颗粒沉降速度为负值，即颗粒在介质中往上浮。

（4）颗粒沉降速度与重力加速度 g 成正比，速度随着引力增加而增加。

（5）颗粒的沉降速度与黏度 η 之差成反比，速度随着黏度的增加而降低。

3. 颗粒在离心场中的沉降

（1）颗粒在离心场的受力

颗粒在离心场中受到5种作用力作用，即：离心力、与离心力方向相反的向心力、重力、与重力方向相反的浮力、介质摩擦力（黏滞力）。

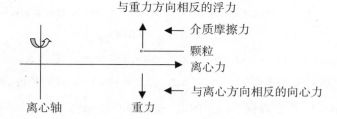

（2）离心力的产生

地球表面重力加速度几乎是一个常数。依靠重力的作用使细微颗粒在液体介质中沉降是不够的。从理论上讲，只要颗粒的比重大于液体就会发生沉降。但是，对于分离生物材料的样品，如细胞、细胞器、细菌、病毒、蛋白质和核酸等生物大分子来说，由于颗粒非常细，依靠自然沉降是不能达到完全分离的，只能通过离心力的作用才能使它们沉降下来。

物体在围绕旋转轴以角速度旋转时，就产生了离心场，物体在离心场中受到离心力的作用，所以离心场是角速度 ω 和旋转半径 r 的函数，离心场的受力用 G 来表示。

$$G = \omega^2 r \qquad\qquad (1-6)$$

式中：ω ——角速度，单位是弧度/s；

　　　　r ——旋转力臂半径，单位是cm。

由于离心机的驱动系统一般都使用电机为动力，而电机的速度常常不以角速度 ω^2 表示，而是以每分钟的转数 r/min 来表示的，由此可以将公式（1-6）写成

$$G = \omega^2 r = 4\pi^2 N^2 r / 3\,600 \qquad\qquad (1-7)$$

式中：N ——每分钟转数，单位是 r/min。

从以上公式可以看出离心力 G 的单位是 cm/s^2，正好与重力加速度 g 的单位一致。

（3）相对离心力（RCF）

在实践中，离心力可以用重力加速度的倍数 G/g 来表示，通常称之为相对离心力。用 RCF 表示，可以将公式写成：

$$RCF = G/g \qquad\qquad (1-8)$$

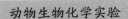

通过计算可以得出：

$$RCF = \frac{G}{g} = \frac{4\pi^2 N^2 r}{980 \times 3\,600}$$

$$= 1.12 \times 10^{-5} N^2 r \tag{1-9}$$

由上式可见，只要给出旋转半径 r，则 RCF 和 r/min 之间可以相互换算。离心力的大小与转速的平方及旋转半径成正比。在转速一定的条件下，颗粒离轴心越远，其所收的离心力越大。在离心过程中，随着颗粒在离心管中移动，其所受的离心力也随着变化。在实际工作中，离心力的数据是指其平均值，即在离心溶液中点处颗粒所受的离心力。

例如：已知一个离心机转头的半径 $r = 25.4\ cm$，转速 $N = 4200\ r/min$，求 RCF 和 G。

根据公式（1-9）可得出：

$$RCF = 1.12 \times 10^{-5} N^2 r = 1.12 \times 10^{-5} \times 4\,200^2 \times 25.4 = 5\,018$$

$$G = RCF \times g = 5\,018 \times g$$

一般情况低速离心转速以 r/min 表示，高速离心以重力加速度 g 表示。在计算颗粒的相对离心力时，应注意离心管与中心轴之间的距离，即离心半径 r(cm) 的长度，离心管所处的位置不同，沉降颗粒所承受的离心力也不同。因此，超速离心常用重力加速度的倍数($\times g$)代替转速(r/min)，这样可以真正反映颗粒在离心管中所受到的离心力。离心力的数据通常是指相对离心力的平均值，也就是指离心管中点的离心力。

（3）沉降方程

颗粒在离心力场中的行为或者在离心力场中的沉降，与颗粒在重力场中的作用是十分相似的，它会受许多制约因素的影响。为了讨论问题的方便，在考虑颗粒在离心力场的作用时，不考虑扩散作用和布朗运动的影响，只考虑一个球形颗粒的沉降运动。

在离心力场中，颗粒的沉降是一个动力学问题，而动力学的基础是牛顿第二定律。在研究这一力学现象时，以做匀角速转动的转头的参照系时，比以地球为参照系更方便。但以匀角速转动为参照系是一个非惯性体系，因此，要使用牛顿定律就必须假设一个非惯性体系为参照系，使其相对于惯性角速转动的参照系的惯性力。二物体还要有附加的加速度以及与其相关联的惯性力。为了说明匀角速转动的转头参照系中的惯性力，假设有一转头以匀角速 ω 转动，质量为 m 的球形颗粒处于离心管中的液体介质中，旋转的转头通过介质旋转的动量传输给颗粒，是以同样的匀角速 ω 转动，站在地面的观察者来看，颗粒以匀角速 ω 随转头一起转动，此时转头给颗粒提供一种拉力，同时也提供了颗粒做圆周运动的向心力。但颗粒并未因此而向轴心运动，除了向心力外，颗粒还受到另一种力的作用，这种力就是与向心力大小相等方向相反的一种惯性力，也称之为惯性离心力，通常简称为离心力。其方向是由轴心向外的一种力。用公式表示为：

$$F_c = m\omega^2 r \tag{1-10}$$

式中：$\omega^2 r$ ——离心加速度，离心力的大小取决于转头的转速和转头的半径。

这就是颗粒在离心场中受到的一种力。目前离心机的转速从数千转到近10万转,转速可以精确控制,相对离心力最高可以达到80万g,即重力加速达到80万倍。因此在重力场中不能沉降的小颗粒可以在离心场中沉降。而且可以通过精确控制RCF大小来控制颗粒沉降的行为,从而达到有目的的沉降。转头在重力场中旋转,颗粒不可避免地要受到垂直于地面的重力场影响,重力F_g表示为:

$$F_g = mg \qquad (1-11)$$

由于颗粒是处于液体介质中,根据Archimedes原理,它必须会受到浮力的作用。

$$F_b = -mv\rho_m\omega^2 r \qquad (1-12)$$

式中:v——偏微比容,$v = 1/\rho_m$。

浮力与离心力方向相反,与向心力同向。

颗粒在离心场中,受到离心力的作用不断发生下沉。也就是说,颗粒还要相对于转动参照系做相对运动。除了惯性离心力外,颗粒还要受到一种惯性力的作用,这就是Coriolis力。这种力的大小和方向决定于颗粒相对于转动参照系的运动速度及参照系的转动角速度,用公式表示为:

$$F\omega = 2mv'\omega \qquad (1-13)$$

颗粒在转头内,除了受到沿转轴方向力作用以外,还将受到与运动方向垂直的Coriolis力作用。

当颗粒受到离心力的作用后,将在力的方向产生加速度,这种加速度的作用只能持续一个很短的时间,因为当颗粒随着加速度增加时,受到的摩擦阻力也越来越大。这个摩擦阻力由Stokes定律给出,力的方向与离心力的方向相反。用公式表示为:

$$F_f = -fv \qquad (1-14)$$

式中:v——颗粒的速度;

f——摩擦系数,它依赖于分子的大小和形状。

综合上述,颗粒在离心力场中的介质中受到来自多方面的力,其中有离心力、浮力、重力的作用,颗粒一开始运动就受到摩擦力及Coriolis力的作用。由于重力远远小于离心力,一般在800 r/min以上时可以忽略不计。而Coriolis力只在颗粒沉降极快时才有意义,而在通常实验中也可以被忽略。因此,下面的沉降方程忽略了重力和Coriolis力。即可将这种力的关系写成方程式:

$$F_c + F_b + F_f = 0 \qquad (1-15)$$

将式(1-13),式(1-15),式(1-17)代入方程式(1-18)经整理:

$$v = m\omega^2 r(1 - v\rho_m)/f \qquad (1-16)$$

从方程式中可以看出,沉降速度与颗粒大小、离心力成正比,与摩擦力成反比。式中的$(1 - v\rho_m)$为浮因子。颗粒在离心场中的行为与重力场十分相似,取决于离心场的强度、颗粒的大小、形状、密度及介质的黏度和密度。它们之间最大的差别是离心场的强度比重力强度大几十万倍,离心力可以精确控制。通过控制离心力使不同的颗粒以不同的速度沉降,从而达到分离的目的。

(5)沉降系数

颗粒在单位离心力作用下的沉降速度称为该颗粒的沉降系数(Sedimentation coefficient, s)。把10^{-13}秒作为一个单位,称为斯维得贝格单位(Svedberg unit),或称沉降系数单位,用S表示。

$$A = \varepsilon cl \ s = v/\omega^2 r = \frac{dr/dt}{\omega^2 r} = \frac{(p_p - p_m) \ d^2}{8\eta} \qquad\qquad v = \frac{(p_p - p_m) \ d^2 \omega^2 r}{18\eta}$$

式中: s ——沉降系数;

V ——沉降速度;

r ——旋转半径;

dr/dt ——单位时间颗粒在半径方向移动的距离;

η ——介质的黏度。

在流体的介质中,如果已知球形颗粒的黏度和密度,理想的沉降速度就能从上述方程中求出。如果已知密度和沉降密度,也可以计算出颗粒的直径。计算公式如下。

$$d = \left[8\eta s/(\rho_p - \rho_m) \right]^{1/2} \qquad\qquad (1-17)$$

式中: d ——颗粒直径,单位是nm。

沉降系数是生物大分子的特征常数,它除了与颗粒的密度、形状和大小有关以外,还与介质的密度、黏度有关,因此它与温度及浓度有密切的依赖关系。同一样品在不同的温度、浓度和介质中,所测得的 s 值是不同的。为了便于比较在不同的条件下所测得的沉降系数,通常规定温度为20 ℃,以水为介质的条件下,测得的 s 值为标准状态 s 值。非标准状态的 s 值,可以通过其他公式校正。对于生物材料而言,绝大多数样品是以水为介质,所以非标准状态的 s 值的校正公式在此不做详细介绍。

沉降系数用 s 来表示,是为了纪念Svedberg对离心技术的贡献,人们把沉降系数确定为 s ,单位是S, 1 S$= 10^{-13}$ s(秒)。例如某物质沉降系数是10^{-12} s(秒),就可以写成10×10^{-13} s,表示为10 S。

(6)Svedberg方程

根据沉降方程,当颗粒在离心力场中受的总力为0时,就可以得到下列方程:

$$m\omega^2 r(1 - v\rho_m) = fdr/dt$$

若是1g分子,则应乘以 Avogadro 常数 $N(N = 6.02 \times 10^{23})$

$$Nm\omega^2 r(1 - v\rho_m) = Nfdr/dt$$

$M = Nm$,代入上式:

$$M\omega^2 r(1 - v\rho_m) = Nfdr/dt$$

$N_f = RT/D$,代入上式:

$$M = RTs/D(1 - v\rho_m) \qquad\qquad (1-18)$$

式中: R ——气体常数(8.32×10^7);

T ——绝对温度;

D ——扩散系数。

方程式(1–18)就是Svedberg方程。根据这个方程可以求出分子量,通常称之为$s-D$法或沉降速度法。但是此法需要测定D和s,并要校正到标准条件下的s和D值。

(7)离心时间的计算

由于颗粒在离心力场中的沉降过程需要一定的时间,与诸多因素有关联。由沉降系数可以引出方程:

$$s = \frac{1}{\omega^2 r} \times \frac{dr}{dt} = \int_{r_m}^{r_b} dr/\omega^2 rt = (\ln r_b - \ln r_m)/\omega^2 t$$

$$t = (\ln r_b - \ln r_m)/\omega^2 s$$

式中:r_b——旋转轴到管底的距离;

r_m——旋转轴到离心管液面的距离

s——颗粒的沉降系数。

就可以通过转速计算出从离心管表面沉降到离心管底所需要的时间(s)。

$$t = (10^{13}/3\,600)(\ln r_b - \ln r_m)/\omega^2 s$$

设$K = \left[(\ln r_b - \ln r_m)/\omega^2\right] \times 10^{13}/3\,600$,则可以将公式简化为:

$$t = K/s \qquad\qquad (1-19)$$

式中:K——实际转头的参数。

如果知道了球形颗粒的平均半径$d\,(cm)$和密度η,则可以下公式计算出沉降的时间。

$$t = 18\eta/\omega^2 rd^2(\rho_p - \rho_m)\ln(r_b/r_m) \qquad\qquad (1-20)$$

(8)沉降系数与沉降时间及K因子的关系

$$s = 2.533 \times 10^{11} \ln\frac{(r_{max}/r_{min})}{N^2 t}$$

式中:s——表示颗粒的沉降系数,S;

r_{max}——转头最大半径,单位cm;

r_{min}——转头最小半径,单位cm;

N——转头的允许速度,单位r/min;

t——时间,单位h。

令$K = 2.53 \times 10^{11} \ln\frac{(r_{max}/r_{min})}{(rp_m)^2}$

所以,$s = \dfrac{K}{t}$或$t = \dfrac{K}{s}$

由此可计算出离心时间。K值表示沉降系数为s的颗粒,在转头的最大速度下离心时,颗粒转头从小半径沉降到大半径所需要的时间短。

(9)沉降与相关因素

①离心速度 离心速度大小决定了颗粒沉降的快慢,不同大小的颗粒使用不同的离心速度。大颗粒,质量大,在离心场中沉降速度快,只需要低速离心;与此相反颗粒小,质量小,在离心场中沉降速度慢,需高速离心。

②温度 不同温度下,离心介质的黏度不同,多数离心介质的黏度都会随着温度的变化

而变化。因此,在离心时要求温度要恒定,尤其梯度离心对温度比较敏感,对离心环境的温度要求比较严格。

③离心时间　通过离心机设定和记录一个精确的时间并不难,但如何控制达到最大速度离心所需要的时间是很重要的。有的离心机提速很快,有的离心机提速较慢。如果设定一个同样的离心时间,提速快的离心机就会最先到达离心的所需的最大速度。提速较慢的离心机就会后到达离心的所需的最大速度。对于离心时间较短的样品与离心真正所需要的时间相差比较大,对于离心时间较长的样品影响不大。

④离心半径　对转头来说,设定离心机转头的半径有两个目的:一是有一定的离心体积,二是根据转头大小半径决定颗粒下沉的距离。尤其是在梯度离心时,转头半径小是不易把物质分开的。

二、离心机的分类

由于离心机的用途广泛,机型种类繁多。各生产厂家的离心机都有自己的特色。因此,对离心机的分类没有一个严格的分类标准或规定,但目前通常采用的分类方法有以离心机的离心速度分类、按离心机的用途分类等方法。

1. 按离心机的离心速度分类

(1)低速离心机　最大转速(V_{max})一般在6 000 r/min左右。主要用于分离细胞、细胞碎片以及培养基残渣等固形物和粗结晶等较大颗粒。一般低速离心机多在常温下操作。

(2)高速离心机　最大转速(V_{max})一般在25 000 r/min左右。主要用于分离各种沉淀物、细胞碎片、较大的细胞器等。为了防止高速离心过程中温度升高而使酶等生物分子失活,有些高速离心机装设了冷冻装置,称高速冷冻离心机。

(3)超速离心机　最大转速(V_{max})一般在100 000 r/min左右。超速离心机的精密度相当高。为了防止样品液溅出,一般附有离心管帽;为防止温度升高,均有冷冻装置和温度控制系统;为了减少空气阻力和摩擦,设置有真空系统。此外还有一系列安全保护系统、制动系统、各种指示仪表等。

2. 按离心机的用途分类

(1)小型离心机　小型离心机一般是指体积较小的台式离心机,转速可以从每分钟数千转到每分钟数万转,相对离心力由数千g到数十万g,离心管的容量由数百微升到数十毫升。小型离心机多用于小量快速的离心。为适应目前分子生物学研究的需要,有的厂商又推出了带有制冷装置的小型离心机。

(2)制备型大容量低速离心机　制备离心机一般是离心的体积较多,机型体积较大的落地式离心机。最大转速为6 000 r/min左右,最大离心力在6 000×g左右,最大容量可达500 mL×6。大多数离心机均设有制冷系统。

(3)高速冷冻离心机　高速冷冻离心机与大容量低速离心机相近,二者之间的主要差异在于前者的离心速度比后者高,并设有制冷系统。高速冷冻离心机的最大速度在18 000～21 000 r/min,最大离心力在50 000×g左右,离心容量可以更换转头离心不同体积。主要适用于细胞及亚细胞机构的分离。

（4）超速离心机　超速离心机具有很大的离心力，最大速度可达 1 000 000 r/min，最大离心力可达 800 000×g，超速离心机可以进行小量制备，最大容量可达 500 mL。适用于蛋白质、核酸和多糖等生物大分子的制备。

（5）分析型离心机　分析型离心机主要用于生物大分子定性、定量、分析的超速离心机。最大转速在 80 000 r/min，最大离心力可达 800 000×g 以上。

（6）连续流离心机　连续流离心机主要用于处理类似于发酵液等特大体积，浓度较稀的样液。最大离心速度与高速冷冻离心机相似。

三、离心方法

根据实验目的和分离对象来选定离心方法。离心分离方法可分为 4 类：沉降离心、差速离心、密度梯度离心和等密度离心。

1. 沉降离心（Pelleting）

沉淀离心技术是目前应用最广的一种离心方法。一般是指介质密度约为 1g/mL，选用一种离心速度，使悬浮溶液中的悬浮颗粒在离心的作用下完全沉淀下来，这种离心方式称之为沉降离心，主要适用于细菌等微生物、细胞和细胞器等生物材料。沉降速度与颗粒大小和离心力有关。

2. 差速离心（Differential pelleting）

差速离心是建立在颗粒大小、密度和形状有明显不同，沉降系数(s)存在较大差异的基础上进行分离的方法。若混合中颗粒间沉降系数差异小，此法难以达到分离目的。操作时，对混合液进行离心，选择好离心力和离心时间，使大颗粒先沉降，取出上清液，再加大离心力的条件下再进行离心，分离较小的颗粒。如此多次离心，使不同大小的颗粒分批分离。差速离心所得到的沉淀物含有较多杂质，需经过重新悬浮和再离心若干次，才能获得较纯的分离产物。

3. 密度梯离心（Density gradient centrifugation）

凡是使用密度梯度介质离心的方法均称之为密度梯度离心或区带离心。该法用于分离沉降系数(s)很接近的物质。颗粒在离心场中的沉降，除与自身分子大小、形状、密度有关外，还受介质的密度、摩擦系数等影响。

密度梯度离心法是在介质中加入第 3 种溶剂成分，它含有两种不同的密度，其中一种溶质的密度大于沉降颗粒，另一种密度小于沉降颗粒，当离心后，沉降颗粒则会停留在两种密度溶剂的界面上。为了适合于沉降系数很接近的多种物质的分离，可将加入的溶剂密度制成连续增高的梯度系统，当离心后各种不同的沉降颗粒物质即可按照其各自的密度平衡在相应的密度溶剂中，形成一个区带。因而，此方法又称区带离心。离心结束后，分别收集各个区带，便可获得不同的沉降组分。

在密度梯度离心过程中，区带的位置和宽度随离心时间的不同而改变。随离心时间的加长，区带会因颗粒扩散而越来越宽。为此，适当增大离心力而缩短离心时间，可以减少区带扩宽。

为了保证离心过程中最大限度地保持生物大分子物质的生物活性，选用密度溶剂均是不会引起大分子物质凝集、失活、变性等的物质。常用的有蔗糖、聚蔗糖、甘油和氯化铯、氯化锂等盐类。其中蔗糖最为常用,它易溶于水,对蛋白质和核酸具有化学惰性,梯度范围5％～20％。

4. 等密度梯度离心

等密度梯度离心是密度梯度法的一种,主要利用氯化铯($CsCl$)能在离心力作用下自动形成密度梯度,并在一定时间内保持梯度稳定的特性,将其作为密度溶剂。样品中的各组分,经过离心后,最终将停留在与其浮力密度相等的区域内,从而得到分离。

等密度离心对颗粒的分离完全是由颗粒密度所决定的,当颗粒密度与介质密度达到平衡时,所形成的颗粒区带就停止运动,延长离心时间,离心效果无明显影响。

当铯盐浓度过高或离心力过大时,铯盐就会沉淀至管底。因而,等密度梯度离心应严格计算铯盐浓度和离心机转速和离心时间。此外铯盐对铝合金转子有很强的腐蚀性,最好使用钛合金转子,转子使用后要仔细清洗并干燥。

四、离心机的使用方法及注意事项

1. 使用前

必须将离心机放置在平稳、坚固的地面(台面)。

2. 选择合适的转头和离心管

根据所要分离物质的特点选择合适的转头。准确的组装转头,不使用带伤转头,不使用过期转头。转换转头时应注意使离心机转轴和转头的卡口卡牢。根据待离心液体的性质及体积选用适合的离心管,离心时离心管所盛液体不能超过总容量的2/3,否则液体易于溢出,造成转头不平衡、生锈或被腐蚀。而制备性超速离心机的离心管,则常常要求必须将液体装满,以免离心时塑料离心管的上部凹陷变形。在使用玻璃离心管时,需要垫橡胶垫,离心力不可过大,否则容易破裂。

3. 平衡

使用各种离心机时,必须事先在天平上精密地平衡离心管和其内容物,平衡时重量之差不得超过各个离心机说明书上所规定的范围,每个离心机不同的转头有各自的允许差值,转头中绝对不能装载单数的管子,当转头只是部分装载时,管子必须互相对称地放在转头中,以便使负载均匀地分布在转头的周围。若在非对称的情况下负载运行,就会使轴承产生离心偏差,引起离心力剧烈振动,严重的会使轴承断裂。转子在每次使用后,必须仔细检查转头,及时清洗、擦干。

4. 起始离心

离心管平衡后,对称放入转头内,转头与轴承固定于一体。防止转头在高速运转时与轴承发生松动,导致转头飞溅出来。设置并确定离心参数后按下并锁住离心机盖门,起始离心。

离心过程中不能随意打开离心机盖门,一旦发现离心机有异常(如不平衡而导致机器明显震动,或噪音很大),应立即停机检查,及时排除故障。

5. 结束离心

在确定离心机完全停止转动后,方可打开离心机盖,取出样品。使用结束后清洗转头和离心机腔。

6. 其他

每个转头各有其最高允许转速和使用累积限时,使用转头时要查阅说明书,不得过速使用。注意防潮、防止过冷和过热,尤其要注意防止腐蚀性试剂的污染。

第二节　离心技术实验举例

实验一　牛乳蛋白质的提取与鉴定

一、实验目的

(1)通过实验观察,认识蛋白质等电点沉淀的现象及原理;

(2)掌握牛乳蛋白粗分离及部分性质鉴定的基本方法。

二、实验原理

乳是哺乳动物特有的提供给新生后代的营养源,其中含有丰富的蛋白质、乳脂、乳糖、矿物质等营养物质。牛乳中的蛋白种类丰富,包括酪蛋白(Casein)和乳清蛋白(Whey proteins)两大类,前者包括α-酪蛋白、β-酪蛋白、κ-酪蛋白等;后者包括α-乳清蛋白、β-乳球蛋白、血清白蛋白、免疫球蛋白、乳铁蛋白以及其他很多微量的蛋白质、酶等。乳蛋白的分离纯化是研究其组成、结构、性质和生物学功能的基础。酪蛋白在牛乳中约占总蛋白量的5/6。酪蛋白是一种含磷蛋白的不均一混合物。

蛋白质是含羧基和氨基的两性电解质,在某一pH值溶液中,蛋白质分子所带的正电荷和负电荷相等,蛋白质以两性离子状态存在,这时溶液的pH值,称为该蛋白质的等电点(pI)。在等电点时,蛋白质所带净电荷为零,溶解度最小,蛋白质沉淀析出,利用蛋白质的这个特点,通过调节蛋白质溶液的酸碱度至pH为4.6,可将酪蛋白提取出来。

由于粗提出的酪蛋白中还含有脂肪,可用乙醇和乙醚洗涤除去。

酪蛋白中含有酪氨酸残基,酪氨酸残基的R基团为:含酚羟基,可与米伦试剂起阳性反应,生成红色沉淀。

三、材料、试剂与器材

1. 材料　新鲜牛乳

2. 器材　离心机、离心管、沸水浴锅、40 ℃恒温水浴箱、天平等。

3. 试剂

(1)醋酸钠缓冲液(0.2 M pH 4.6)。

(2)米伦(Millon)试剂:将汞100 g溶于140 mL(比重1.42)的浓硝酸中(在通风橱内进行)。然后加两倍量的蒸馏水稀释。

(3)95 %乙醇。

(4)10 % NaCl。

(5)0.5 % NaCl。

(6)0.1 mol/L NaOH。

(7)0.1 mol/L HCl。

(8)饱和氢氧化钙。

(9)5 %醋酸铅。

四、操作步骤

1.酪蛋白和乳清的制备

酪蛋白的制备取新鲜牛乳5 mL,放入250 mL烧杯中加热至40 ℃;加入5 mL加热至同样温度的醋酸缓冲液,一边加一边摇动,并用pH计调整混合液的pH为4.6。室温放置10 min,将混合液转移至10mL的离心管中,2 000 r/min离心5 min,将乳清(上清液)转移到另一试管中备用,用于鉴定;沉淀加入5 mL 95 %的乙醇,搅拌均匀,再2000 r/min离心5 min,去掉上清液,沉淀即为酪蛋白粗品。

2.酪蛋白性质的鉴定

(1)溶解度:取试管6支,分别加水、10 %氯化钠、0.5 %氯化钠,0.1 mol/L氢氧化钠、0.1 mol/L盐酸及饱和氢氧化钙溶液各2 mL。于每管中加入少量酪蛋白。不断摇荡,观察并记录各管中的酪蛋白溶解度。

(2)米伦反应:取酪蛋白少许,放置于试管中。加入1 mL蒸馏水,再加入米伦试剂10滴,振摇,并徐徐加热。观察其颜色变化。

(3)含硫(胱氨酸、半胱氨酸和蛋氨酸)测定:取少量酪蛋白溶于1 mL 0.1 mol/L NaOH溶液中,再加入1~3滴5 %醋酸铅,加热煮沸,溶液变为黑色。

3.乳清中可凝固性蛋白质的鉴定

取部分实验制备的乳清放在试管中,缓慢加热,比较加热乳清和不加热乳清溶液中的变化,并解释其原因。

五、注意事项

(1)使用离心机时应该严格遵守操作规程,务必平衡离心管并对称放置于离心机转子中。

(2)在加热溶液时需小心,将试管口朝向没人的方向,防止烫伤。

六、思考题

(1)等电点沉淀蛋白质的机制是什么?

(2)用本实验方法获得的蛋白质是否具有生物活性?

(3)查阅资料,了解如何从乳清中分离纯化蛋白质。

实验二　肝糖原的提取与鉴定

一、实验目的

(1)了解糖原的结构、性质及其在动物体内的作用;

(2)掌握肝糖原提取、鉴定的原理和方法。

二、实验原理

糖原(Glycogen)又称动物淀粉,是由α-D-葡萄糖聚合而成的一种多糖类高分子化合物,与支链淀粉的结构相似,但分支程度比支链淀粉更高,相对分子质量约为400万。糖原是动物体在葡萄糖供应不充足的情况下,一种极易被动员的贮存形式的糖,存在于动物的肝脏和骨骼肌中,分别称为肝糖原和肌糖原。肝糖原约占肝脏湿重的7%,肌糖原约占骨骼肌湿重的1.5%,虽然肝糖原比例高于肌糖原,但是肌肉在体内分布广,所以肌糖原贮存量要比肝糖原大。在肝脏中,有效葡萄糖过量时,即转化为肝糖原贮存;为维持血糖正常水平,肝糖原又可降解为葡萄糖。肝糖原的合成和分解对动物维持血糖浓度的恒定起至关重要的作用。

糖原微溶于水,无还原性,与碘作用呈红色。提取糖原时,将新鲜肝脏组织与石英砂及三氯乙酸共同研磨。当肝脏组织被充分磨碎后,其中的蛋白质被三氯乙酸沉淀,而糖原仍留在溶液中;离心除去沉淀,上清液中的肝糖原可通过加入乙醇而沉淀下来;再次离心后,取沉淀并溶于水,即得肝糖原的水溶液。

糖原遇I_2-KI溶液呈红色。糖原虽无还原性,但糖原被酸水解而生成的葡萄糖具有还原性,葡萄糖可与斑氏试剂发生氧化还原反应,生成砖红色的Cu_2O沉淀。因此,可用糖原与I_2-KI溶液的呈色反应以及糖原酸水解液与斑氏试剂的反应来鉴定所提取的肝糖原。

三、材料、试剂与器材

1. 材料　饱食家兔(或其他动物)的肝脏组织。

2. 试剂

(1)10%(m/V)三氯乙酸溶液:称取三氯乙酸10 g,用蒸馏水溶解后稀释到100 mL。

(2)5%(m/V)三氯乙酸溶液:称取三氯乙酸5 g,用蒸馏水溶解后稀释到100 mL。

(3)95%(V/V)乙醇:量取无水乙醇95 mL,加蒸馏水稀释到100 mL。

(4)浓盐酸。

(5)10%(m/V)NaOH溶液:称取NaOH 10 g,用蒸馏水溶解后稀释到100 mL。

(6)碘液:称取碘1 g、碘化钾2 g,用500 mL蒸馏水溶解即可。

(7)斑氏试剂:硫酸铜17.3 g溶于100 mL温蒸馏水中;另溶解柠檬酸纳173 g和无水碳酸钠100 g于700 mL温蒸馏水中,待冷却后,将硫酸铜溶液缓缓(不断搅拌)加到柠檬酸钠和碳酸钠的混合溶液内,最后用蒸馏水稀释至1 000 mL。

(8)洗净的石英砂。

3. 器材

天平,离心机,研钵,白比色陶瓷,离心管,pH试纸等。

五、实验步骤

1.肝糖原的提取

(1)将饱食的家兔(或其他动物)打昏,放血处死,立即取出肝脏,用滤纸吸去附着的血液,并迅速用10%三氯乙酸溶液浸泡5~10 min。

(2)称取肝组织约1 g置研钵中,加少许洗净的石英砂及10%三氯乙酸1 mL,研磨2 min后,再加入5%三氯乙酸溶液2 mL,继续研磨至肝组织已充分磨成肉糜状为止,将肝组织糜转移至离心管,2 500 r/min离心10 min,取上清液,并量取体积。

(3)将上清液转入另一离心管中,加入等体积95%乙醇溶液,此时可见糖原呈絮状析出,混匀后静置10 min。将此混合物2 500 r/min离心10 min,弃去上清液,并将离心管倒置于滤纸上1~2 min,随后向沉淀中加入蒸馏水1 mL,用玻璃棒搅拌至溶解,即得肝糖原溶液。

2.肝糖原的鉴定

(1)糖原与I_2–KI溶液的呈色反应:在白瓷板的两个凹槽内,一个滴加3滴肝糖原溶液,一个滴加3滴蒸馏水,然后各加1滴I_2–KI溶液,在桌面上来回晃动白瓷板,比较两凹槽内溶液颜色有何不同,并解释原因。

(2)糖原水解液与斑氏试剂的反应:将剩余的糖原溶液转移至1支试管中,加浓盐酸3滴,摇匀后,将该试管放入沸水浴中加热10 min,取出冷却;然后,以10% NaOH溶液中和至中性(用pH试纸检测);随后,在上述溶液中加斑氏试剂2 mL,再置于沸水浴中加热5 min,观察沉淀的生成情况,并解释原因。

六、注意事项

(1)实验用动物在实验前必须饱食,因为在饥饿时肝糖原的含量大大降低。

(2)肝脏离体后,肝糖原会迅速分解,所以处死动物后,所得肝脏必须迅速用三氯乙酸溶液处理,使分解糖原相关的酶失活。

(3)用10% NaOH溶液中和糖原水解液至中性的过程中,加NaOH溶液时一定要边滴加边混匀,并随时用pH试纸检测,以防止所加NaOH溶液过量,导致pH过高。

七、思考题

(1)实验过程中,加入三氯乙酸有什么作用?

(2)如果未提取到糖原,请分析可能是什么原因造成的?

(3)糖原水解液与斑氏试剂反应的实验现象是什么? 试分析其原因。

(4)如果用10% NaOH溶液中和糖原水解液时,加入NaOH溶液过量,用pH试纸检测,结果pH在10~11之间,随后加入斑氏试剂2 mL,置于沸水浴中加热5 min,请问会出现什么现象? 为什么?

实验三　琥珀酸脱氢酶的作用及其竞争性抑制的观察

一、实验目的
(1)掌握琥珀酸脱氢酶的催化作用及其意义;
(2)掌握酶的竞争性抑制作用及特点。

二、实验原理

琥珀酸脱氢酶(Succinic dehydrogenase,SDH)(EC1.3.5.1)是位于动物细胞线粒体内膜上的一种氧化酶,它直接与电子传递链相连,是呼吸链的标志酶,亦即线粒体或细胞内三羧酸循环的一种标志酶。其活性高低反映出机体细胞呼吸机能状况以及细胞能量的代谢状况。

琥珀酸脱氢酶能使琥珀酸脱氢而生成延胡索酸,并将脱下的氢传递给受氢体。在体内,该酶可使琥珀酸脱下的氢进入 $FADH_2$ 呼吸链,通过一系列传递体最后传递给氧而生成水。在体外缺氧的条件下,可用甲烯蓝(美蓝,蓝色物质)作为受氢体,蓝色的甲烯蓝接受氢还原成无色的甲烯白(美白,无色物质),其反应如下:

$$\begin{array}{ccc} \text{HOOC} - \text{CH}_2 & & \text{HOOC} - \text{CH} \\ | & +MB \longrightarrow & \| & +MB \cdot 2H \\ \text{HOOC} - \text{CH}_2 & & \text{HOOC} - \text{CH} \end{array}$$

$\quad\quad$琥珀酸$\quad\quad$甲烯蓝$\quad\quad\quad\quad\quad\quad\quad$延胡索酸$\quad\quad\quad\quad$甲烯白

通过观察蓝色变成无色的变化过程,便可判断出琥珀酸脱氢酶起了催化作用。

丙二酸的化学结构与琥珀酸相似,可与琥珀酸竞争性地结合琥珀酸脱氢酶的活性中心,从而抑制该酶的活性,是琥珀酸脱氢酶的竞争性抑制剂。这种抑制作用即属于酶的竞争性抑制作用。酶的竞争性抑制作用可以通过加大底物浓度的方法来消除。在本实验中,可以通过增加琥珀酸的浓度来减弱甚至消除丙二酸的抑制作用。

由于甲烯白容易被空气中氧所氧化,所以本实验用液体石蜡油封闭反应液,以造成无氧环境。

三、材料、试剂与器材

1. 材料　新鲜的羊心脏。

2. 试剂

(1)1.5 %(m/V)琥珀酸钠溶液:称取琥珀酸钠1.5 g,用蒸馏水溶解并稀释至100 mL。

(2)1 %(m/V)丙二酸钠溶液:称取丙二酸钠1 g,用蒸馏水溶解并稀释至100 mL。

(3)0.02 %(m/V)甲烯蓝溶液。

(4)1/15 mol/L Na_2HPO_4溶液:取$Na_2HPO_4 \cdot 2H_2O$ 11.8 g,用蒸馏水溶解并稀释至1 000 mL。

(5)液体石蜡油,洗净的石英砂。

3. 器材

天平,离心机,恒温水浴箱,研钵,离心管,剪刀等。

四、操作步骤

1. 羊心脏提取液的制备(琥珀酸脱氢酶溶液)

称取 1.5~2 g 新鲜的羊心脏组织,置于研钵中并充分剪碎,加入等体积的石英砂和 1/15 mol/L Na_2HPO_4 溶液 3~4 mL,研磨成匀浆,再加入 6~7 mL 1/15 mol/L Na_2HPO_4 溶液,放置 30 min(需要不时的摇动),然后以 2 000 r/min 离心 10 min,取上清液(琥珀酸脱氢酶溶液)备用。

2. 羊心肌细胞琥珀酸脱氢酶的酶促化学反应的观察

取4支试管,按照表2.1操作。

表2.1　琥珀酸脱氢酶的酶促化学反应　　　　　　　单位:滴

试管号	心脏提取液	1.5%琥珀酸钠	1%丙二酸钠	蒸馏水	0.02%甲烯蓝
1	5	5	—	25	2
2	5(煮沸)	5	—	25	2
3	10	5	5	15	2
4	10	20	5	—	2

各试管加好试剂后,混匀,立即在各试管的液面上轻轻地覆盖一层(5~10滴)液体石蜡油;然后,将各试管置于37 ℃恒温水浴中保温,并记录时间,观察并记录各试管颜色变化快慢及程度,记录其变色时间,并分析其原因。然后将第1支试管用力摇匀,观察有何变化。记录并解释原因。

五、注意事项

(1)各试管覆盖液体石蜡油前,一定要将其中的反应液充分混匀;覆盖液体石蜡油后,观察实验现象时,切勿摇动试管,以免氧气漏入而影响管内溶液颜色变化。

(2)在评定牛奶等级时,可用此法测定牛奶中杂菌含量。细菌越多,其脱氢酶活性越高,甲烯蓝脱色时间越短。因此,可用甲烯蓝脱色时间表示酶的活性或者细菌生长的情况。根据上述原理,可用甲烯蓝脱色法来测定脱氢酶或细菌含量。脱色越快,细菌含量越高,牛奶质量越差。

六、思考题

(1)实验过程中,加液体石蜡油的目的是什么?

(2)各试管颜色变化快慢及程度有何不同?为什么?

(3)当第1支试管由蓝色变成无色时,再用力摇动,观察有何变化?为什么?

第 ③ 章 光谱技术

第一节 分光光度技术的原理

分光光度法是利用物质所特有的吸收光谱来鉴别物质或测定其含量的分析检测技术，灵敏、精确、快速和简便，在复杂组分系统中，不需要分离，即能检测出其中所含的极少量物质。该技术是生物化学研究中广泛使用的方法之一，广泛用于糖、蛋白质、核酸、酶等的快速定量检测。

一、分光光度计技术的原理

（一）分光光度计的分类

分光光度计一般根据其测定的波长范围分为以下3类：

(1)红外分光光度计　测定波长范围为大于760 nm的红外光区。

(2)可见光分光光度计　测定波长范围为400～760 nm的可见光区。

(3)紫外分光光度计　测定波长范围为200～400 nm的紫外光区。

（二）分光光度计工作原理

人眼可见的光只占电磁波谱的很小一部分(400～760 nm)，它是一种频率较大的电磁波。电磁波按频率大小，从频率最小的无线电波到频率最大的γ-射线排成一列，即组成电磁波的波谱，如下图3.1(来自互动百科图片《电磁波谱》)所示。

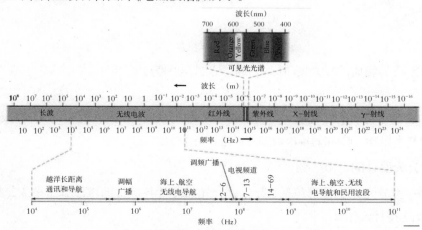

图3.1　电磁波波谱的光谱分区示意图

1. 分光光度计的光谱范围

包括波长范围为400~760 nm的可见光区和波长范围大于760 nm的红外光区以及波长范围为200~400 nm的紫外光区。

不同的光源都有其特有的发射光谱,因此可采用不同的发光体作为仪器的光源。例如,钨灯光源所发出的400~760 nm波长的光谱,光通过三棱镜折射后,可得到由红、橙、黄、绿、蓝、靛、紫组成的连续色谱,该色谱可作为可见光分光光度计的光源;氢灯能发出185~400 nm波长的光谱,可作为紫外光光度计的光源。

2. 物质的吸收光谱

如果在光源和棱镜之间放上某种物质的溶液,此时在屏上所显示的光谱已不再是光源的光谱,它出现了几条暗线,即光源发射光谱中某些波长的光因溶液吸收而消失,这种被溶液吸收后的光谱称为该溶液的吸收光谱。

不同物质的吸收光谱是不同的,因此根据吸收光谱,可以鉴别溶液中所含的物质。当光线通过某种物质的溶液时,一部分光在溶液的表面反射或分散,一部分光被组成此溶液的物质所吸收,只有一部分光可透过溶液,因此透过的光的强度减弱。即:

入射光=反射光+分散光+吸收光+透过光

如果我们用蒸馏水(或组成此溶液的溶剂)作为"空白"去校正反射、分散等因素造成的入射光的损失,则:入射光=吸收光+透过光

3. 物质吸光度(A)与透射比(T)的关系

设I_0为经过空白校正后入射光的强度,I为透过光的强度。

根据实验得知:

$$I = I_0 \cdot 10^{-\varepsilon cl} \qquad ①$$

式①中,c表示吸收物质的摩尔浓度;l表示吸收物质的光径,用cm表示;ε表示吸收物质的摩尔消光系数,即物质对光的吸收特性,不同物质的ε数值不同。

令透射比$T = I/I_0$,则:

$$T = 10^{-\varepsilon cl} \qquad ②$$

由式②可得,

$$\lg(1/T) = \varepsilon cl \qquad ③$$

其中$\lg(1/T)$为物质的吸光度(Absorption,A),式③则为:

$$A = \varepsilon cl \qquad ④$$

上式④说明了物质的吸光度A与吸收物质的摩尔浓度c和吸收物质的光径l成正比,这就是光吸收的基本定律—Lambert-Beer(朗伯-比耳)定律。

(三)分光光度计的基本结构

无论哪一类分光光度计都包括5部分。分光光度计各部件的次序如下图3.2(来自网络维信百科《分光光度计》)所示。

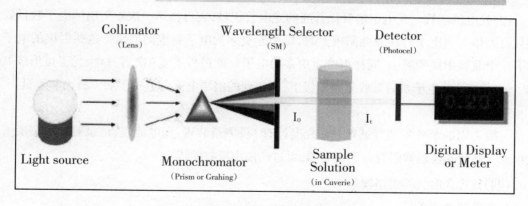

图3.2　分光光度计各部件原理图

1. 光源

分光光度计上常用的光源有钨丝灯或氢灯两种。在可见光区,近紫外光区和近红外光区常用钨丝灯作为光源;在紫外光区多使用氢弧灯。

2. 单色器

单色器是把混合光波分解为单一波长光的一种装置,在分光光度计中多作为色散元件。现代的分光光度计中主要使用棱镜与光栅来分出所需要的波长光。光源照到棱镜(或光栅)以前,先要经过一个入射狭缝,再通过平行光镜使成为平行光束投到棱镜上。透过棱镜的光再经另一聚光镜,在此聚光镜的焦面内可得一清楚的光谱图。如在焦线处放一出射狭缝,转动棱镜使光谱移动,就可以从出射狭缝射出所需要的单色光。

3. 吸收池

吸收池也称比色皿,一般由玻璃、石英或熔凝石英制成,用来盛被测溶液。在低于350 nm的紫外光区工作时,必须采用石英池或熔凝石英池,且必须与光束方向垂直。此外,每套比色皿的质料,厚度应完全相同,以免产生误差。比色皿上的指纹、油污或壁上的沉积物都会显著地影响其透光性,因此在使用前务必彻底清洗。

4. 检测器

常用的检测器有光电池、光电管和光电倍增管3种。

(1)光电池　光电池装在一个特制的匣子里面(由3层物质组成的圆形或长方形薄片)。第一层是一种导电性良好的金属,这是光电池的负极;中间极薄的一层是半导体硅;第3层是铁,这是光电池的正极。当光电池受光照射以后,半导体硅的表面逸出电子,这些电子只向负极方向移动,而不向正极移动,因此在上下两金属片间产生一个电位差,线路连通时即产生电流。

(2)光电管　光电管是由封装在真空透明封套里的一个半圆柱型阴极和一个丝状阳极组成。阴极的凹面上有一层光电发射材料,此种物质经光照射可发射电子。当在两极间加有电位时,发射出来的电子就流向丝状阳极而产生光电流。对于相同的辐射强度,它所产生的电流约为光电池所产生电流的1/4。由于光电管具有很高的电阻,所以产生的电流容易放大。

(3)光电倍增管　光电倍增管比普通的光电管优越,它可将第一次发射出的电子数目放大到数百万倍。当电子打在兼性阳极上时,能引起更多的电子自表面射出。这些射出的电子又被第二个兼性阳极所吸引,同样再产生更多的电子。此过程重复9次后,每个光子可形成$10^6 \sim 10^7$个电子。这些电子最后被收集在阳极上,所得到的倍增电流可进一步加以放大和测量。

5.测量仪表

一般常用的紫外光和可见光分光光度计有3种测量装置,即电流表,记录器和数字示值读数单元。现代的仪器常附有自动记录器,可自动描出吸收曲线。

(四)分光光度法的测量误差

1.仪器测量误差

由朗伯－比尔定律可知,只有在一定的浓度范围内,即一定的吸光度范围内,由分光光度计测量所引起的测定结果的相对误差才是较小的;当透光率接近0或1.0时,其相对误差趋于无限大;一般在百分透光率在10％～80％的范围内(即吸光度在$0.1 \sim 1$),浓度测量相对误差较小;对于精密度高的仪器,当吸光度$A = 0.2 \sim 0.7$时(透光率为20％～60％),测量误差约为1％。

2.测量条件选择

(1)选择适宜波长的入射光。由于会色物质对光有选择性吸收,为了使测定结果有较高的灵敏度,必须选择溶液最大吸收波长的入射光。

(2)控制吸光度A的准确读数范围。由朗伯－比耳定律可知,吸光度只有控制在$0.2 \sim 0.7$读数范围内时,测量的准确度才较高。

(3)选择参比溶液。参比溶液是用来调节仪器工作零点的。若样品溶液、试剂、显色剂为无色时可用蒸馏水作参比溶液;反之应采用不加显色剂的样品液作参比溶液。

(五)显色反应及其影响因素

1.显色反应一般要求

(1)选择性好。显色剂最好只与一种被测组分起显色反应。

(2)灵敏度高。灵敏度高有利于微量组分的测定。

(3)有色化合物性质稳定,确保前后测定准确。

(4)显色剂与有色物颜色反差大,两者最大吸收波长之差应大于60 nm。

(5)显色反应要易于控制,确保实验再现性。

2.影响显色反应的主要因素

(1)显色剂用量。通过实验来确定最适用量。

(2)反应液的酸碱度(pH)。溶液酸碱度直接影响金属离子与显色剂存在形式以及有色化合物组成的稳定性。

(3)反应温度。不同的显色反应需要不同的反应温度,一般显色反应可在室温下完成。

(4)显色反应时间。显色反应的速度有快有慢。

(5)干扰离子的影响。应采用适当方法消除其影响。

二、常见分光光度计及其使用方法

(一)722型分光光度计

1. 仪器结构与工作原理

(1)722型分光光度计仪器结构　722型光栅分光光度计由光源、单色器、试样室、光电管、线性运算放大器、对数运算放大器及数字显示器等部件组成,基本结构如下图3.3(选自东北师范大学网络教育学院网络课程《仪器分析》)所示。

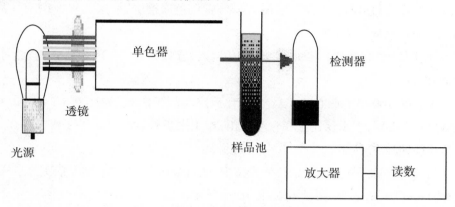

图3.3　722型分光光度计基本结构

(2)722型分光光度计工作原理　由光源灯发出连续辐射光线,经滤光片和球面反射镜至单色器的入射狭缝聚焦成像,光束通过入射狭缝经平面反射镜到准直镜产生平行光,射至光栅上色散后又以准直镜聚焦在出射狭缝上形成一连续光谱,由出射狭缝选择射出一定波长的单色光,经聚光镜聚光后,通过试样室中的测试溶液部分吸收后,光经光门再照射到光电管上。调整仪器,使透光度为100％,再移动试样架拉手,使同一单色光通过测试溶液后照射到光电管上。如果被测样品有光吸收现象,光量减弱,由光电转换元件将变化的光信号转变为电信号,经线性运算放大器和对数运算放大器处理,将光能的变化程度通过数字显示器显示出来。可根据需要直接在数字显示器上读取透光度(T),吸光度(A)或浓度(C)。

(3)722型分光光度计特点

①具有低杂色光,高分辨率的单光束光路结构的单色器。

②具有良好的稳定性,重现性和精确的测量读数。

③明亮清晰的数字显示器可显示透射比、吸光度、浓度和所设置的波长,提高了仪器的读数准确性。

④采用最新微机处理技术,仪器具有自动设置0％T和100％T等控制功能。

⑤仪器配有标准的RS-232双向通讯接口,不仅可向计算机发送测试参数,还可接收计算机发出的指令。

⑥在已知标准溶液浓度前提下,测定未知样品浓度。

⑦在已知标准溶液浓度斜率前提下,测定未知样品浓度。

2.722型分光光度计使用方法

(1)基本操作步骤。

①通电——仪器自检——预热20 min。

②用键设置测试方式。透射比(T),吸光度(A),已知标样浓度方式(C)和已知标样浓度斜率(K)方式。

③波长选择。用波长调节旋钮设置所需的单色光波长。

④放样顺序。打开样品室盖,在1~4号放置比色皿槽中,依次放入%T校具(黑体),参比液,样品液1和样品液2。

⑤校具(黑体)校"0.000"。将%T校具(黑体)置入光路,在T方式下按"%T"键,此时仪器自动校正后显示"0.000"。

⑥参比液校"100"%T或"0.000"A。将参比液拉入光路中,按"0A/100%T"键调0A/100%T,此时仪器显示"BLA",表示仪器正在自动校正,校正完毕后显示"100"%T或"0.000"A后,表示校正完毕,可以进行样品测定。

⑦样品测定。将两样品液分别拉入光路中,此时若在"T"方式下则可依次显示样品的透射比(透光度);若在"A"方式下,则显示测得的样品吸光度。

(2)应用722型分光光度计测定物质浓度。722型分光光度计不仅可以测定未知样品的透射比(T)和吸光度(A)这两项基本操作,还可进行未知样品浓度测定。

①在已知标准溶液浓度前提下,测定未知样品浓度。

②在已知标准溶液浓度斜率前提下,测定未知样品浓度。

3.722型光栅分光光度计的使用注意事项

(1)预热是保证仪器准确稳定的重要步骤。

(2)比色皿的清洁程度,直接影响实验结果。因此,特别要将比色皿清洗干净。先用自来水将用过的比色皿反复冲洗,然后用蒸馏水淋洗,倒立于滤纸片上,待干后再收回比色皿盒中。必要时,还要对比色皿进行更精细的处理,如用浓硝酸或铬酸洗液浸泡,冲洗。

(3)比色皿与分光光度计应配套使用,不能单个调换,否则会引起较大的实验误差。

(4)比色皿内盛液应为其容量的2/3~3/4,过少会影响实验结果,过多易在测量过程中外溢,污染仪器。

(5)拿放比色皿时,应持其"毛面",杜绝接触光路通过的"光面"。如比色皿外表面有液体,应用绸布拭干,以保证光路通过时不受影响。

(6)若待测液浓度过大,应选用短光径的比色皿,一般应使吸光度读数处于0.1~0.8范围内为宜。由于测定空白、标准和待测溶液时使用同样光径的比色皿,故不必考虑因光径变化而引起的影响。

(二)UV-754型紫外可见分光光度计

1. UV-754型分光光度计的结构和工作原理

(1)仪器结构　UV-754型分光光度计由光源(钨灯或氚灯)、单色器、试样室、接受器(光电管)、微电流放大器、A/C转换器、打印机、键盘和显示器等部件组成。微处理机(CPU)通过输入,输出口(I/O)对微电流放大器、显示器和打印机等部件进行控制,实现仪器的整体功能。

(2)工作原理　由光源氚灯或钨灯发出连续辐射光线经滤光镜和聚光镜至单色器入射狭缝处聚焦成像,再经平面反射镜反射至准直镜产生平行光射至光栅。在光栅上色散后,又经准直镜聚焦在出射狭缝上成一连续光谱,经出射狭缝射出的光在聚光镜聚光后分别通过试样室中的空白溶液(或对照溶液)、标准溶液或样品溶液,被部分吸收后光经光门再照射到光电管上。被光电管接收的光信号再被转换成电信号,后者通过输入,输出口(I/O)。进入微处理机进行调零、变换对数、浓度计算以及打印数据等处理,将检测结果通过显示器和打印系统显示出来。

(3)UV-754型分光光度计外观和键盘功能　UV-754型紫外可见分光光度计的外观图如下图3.4(天津冠泽科技有限公司UV-754紫外可见分光光度计)所示。

图3.4　UV-754型紫外可见分光光度计的外观

UV-754型分光光度计键盘功能如下:

①功能键　F1 ~ F8,暂无功能,备扩展使用。

②T键　具有三种透光度状态调节功能。

③A/C键　吸光度/浓度转换键,按此键可分别表示"吸光度0 ~ 3 A","吸光度0 ~ 0.1 A","吸光度0 ~ 0.1 A"和"浓度"四种状态。

④送入键　只在"A/C"键处于"浓度"状态时才起作用。

⑤打印键　手动方式时有效,每按一次,便打印一次数据。

⑥控制键　在分别使用"设定+","设定","倍率","显示方式"和"打印方式"各键时,需与控制键分别联合使用才起作用。

⑦设定+键　在"A/C键"处于"浓度"状态时才能设定"标准浓度值","斜率K值"或"斜率B值"等数据。其功能是将设定数值增加。

⑧设定－键　是使设定数值减小,操作与"设定+键"类同。

⑨倍率键　用来设定标准溶液浓度的放大倍数。有"1","0.1"和"0.01"三挡,与"控制键"同时按下,倍率便发生相应的变化。

⑩显示方式键　可表示"积分","浓度"和"样品号"三种状态。

⑪打印方式键　存在"自动"(每移动一次试样架,仪器自动打印一次数据),"方式1"(手动方式,每按一次此键,仪器打印一次数据)和"方式2"(每分钟定时打印一次数据)三种状态。每与"控制键"同时按一次此键便改变一个状态。

⑫送纸键　每按一次此键,仪器移动一次打印纸。

⑬TAC　数字显示器显示测定结果或输入的数据。

2. UV-754型紫外可见分光光度计使用方法

(1)测试准备

①将盛有"空白"或"对照"溶液的比色皿处于试样室光路位置。

②选择波长　旋动波长手轮选定所需波长。

③确定光源　波长在200~290 nm时,选择氘灯为光源;波长在290~360 nm时,同时以氘灯和钨灯为光源;波长在360~850 nm时,选择钨灯为光源;若使用氘灯,需按氘灯触发按钮启动。

④仪器自检　显示器显示"754"后,数字显示出现"100.0",表明仪器通过自检程序,此时仪器进入"0%~100%","连续"和"自动"状态(打印系统处于自动打印状态)。

⑤仪器预热30 min后方可进行测试。

(2)测试过程

①数字显示透光度"100.0"(或吸光度"0.00")2~3 s后,将盛有标准溶液的比色皿移至光路,打印系统便自动打印出所得数据;

②将盛有样品溶液的比色皿移至光路,打印系统即自动打印出该样品的数据。待第一个样品数据打印完毕后,将第二个样品置于试样室光路,若有多个样品,操作以此类推。

(3)打印方式。

采用"自动"方式打印,依所选定表达方式可打印出以下数据:No(编号)%T(透光度)或ABS(吸光度)或CONC(浓度)。

3. UV-754型紫外可见分光光度计注意事项

(1)预热是保证实验结果准确可靠的必要步骤,不可忽略。

(2)在波长320 nm以下的实验范围一定要选用石英比色皿,绝不可以玻璃比色皿替代。

(3)比色皿需保持清洁,拿放时要符合要求。

(4)对不同型号和类型的仪器要严格按照使用说明操作。

(5)UV-754型紫外可见分光光度计还可开展"以校正线进行浓度演算"和"用已知斜率K值与B值进行浓度测定"等多种测试方法。

(6)不同蛋白质所含酪氨酸、色氨酸和苯丙氨酸的数量有所差异,此法对不同蛋白质样品的测定结果有所影响。

第二节 光谱技术实验举例

光谱技术实验章节主要以分光光度技术的实验方法和手段进行设计,共有11个实验可供选择,实验具有一定的代表性,是生物化学技术中基础性和实用性较强的分析技术方法。学生通过实验操作和训练,培养自己独立思考问题的能力和技术创新能力。

实验一 血清总脂测定

一、实验目的

(1)掌握血清总脂的测定原理与方法;

(2)掌握分光光度计的构造及使用方法。

二、实验原理

血清中脂类,尤其是不饱和脂类与浓硫酸作用,并经水解后生成碳正离子。试剂中香草醛与浓磷酸的羟基作用生成芳香族的磷酸酯,由于改变了香草醛分子中的电子分配,使醛基变成活泼的羰基。此羰基即与碳正离子起反应,生成红色的醌化合物。其强度与碳正离子成正比。

三、器械和试剂

1. 器械

天平、量筒、容量瓶、玻棒、试剂瓶、移液管与移液管架、烧杯、硬质大试管与试管架、刻度吸管、电炉、水浴锅、分光光度计。

2. 试剂

(1)胆固醇标准液(6 m/mL) 精确称取纯胆固醇600 mg,溶于无水乙醇并定容至100 mL。

(2)显色剂 先配制0.6 %的香草醛水溶液200 mL,再加入浓磷酸800 mL。贮存于棕色瓶可保存6个月。

(3)浓硫酸(分析纯,比重1.84,含量95 %以上)。

(4)浓磷酸(分析纯,比重1.71,含量85 %以上)。

四、操作步骤

1. 测定

取3支洁净试管,按表3.1操作。

表3.1 血清总脂测定表　　　　　　　　　　单位:mL

	空白管	标准管	测定管
血清	—	—	0.02
胆固醇标液	—	0.02	—
浓硫酸	1.0	1.0	1.0
充分混匀,放置沸水浴10 min,使脂类水解,冷水冷却			
显色剂	4.0	4.0	4.0

用玻棒充分搅匀,放置20 min,在525 nm波长处或用绿色滤光板比色,空白管调节"0"点,分别读取各管光密度值。

2. 计算

$$血清总脂(mg/100mL)=\frac{OD_{测}}{OD_{标}}\times 600$$

五、注意事项

(1)总脂是血清脂类的总和,包括饱和及不饱和的脂类。本实验中的呈色反应,不饱和脂类比饱和脂类呈色强。血清中饱和脂与不饱和脂类的比例约为3:7。因此要测定血清的标准总脂含量最好选用称量法。仅本实验中采用胆固醇(或橄榄油)作标准的测定法其结果比较接近实际情况,而且方法简易,所以目前多用此法作血清总脂的测定。

(2)本法试剂多系浓酸,黏稠度大,取量时吸管内试剂要慢放。避免因放液过快试剂附着于管壁过多而造成误差。并且应注意安全。

(3)血清中脂质含量过多时,可用生理盐水稀释后再行测定,将结果乘以稀释倍数。

六、思考题

(1)叙述血清总脂的测定原理与方法。

(2)测定动物血清总脂的临床意义。

实验二　血液中葡萄糖的测定(邻甲苯胺法)

一、实验目的

(1)掌握邻甲苯胺法测定血液中葡萄糖的原理和方法;

(2)了解721B、722型可见分光光度计的使用方法。

二、实验原理

血清样品中的葡萄糖在酸性环境中与邻甲苯胺共热时,葡萄糖脱水转化为5-羟甲基-α-呋喃甲醛,后者与邻甲苯胺结合为蓝绿色的醛亚胺(Schiff碱)。血清中的蛋白质则溶解在冰醋酸和硼酸中不发生混浊。将标准葡萄糖溶液与样品按相同方法处理,在630 nm波长处比色,即可测得样品中葡萄糖含量。其反应式如下:

邻甲苯胺法对葡萄糖特异性高,测定结果为真糖值,为临床上常用的血糖测定方法。此方法不受血液中其他还原物质的干扰,测定时也无需去除血浆或血清中的蛋白质。邻甲苯胺法测得人正常空腹血糖值为3.9~6.11 mmol/L(即100 mL血清中葡萄糖的正常值为70~100 mg),各种动物每100 mL血清中葡萄糖的正常值在40~200 mg。

由于血液葡萄糖在进食后明显升高,所以必须采取空腹血做血液葡萄糖测定,血细胞糖酵解作用会降低血液葡萄糖浓度,所以血液抽出后应及时测定,或用含氟化钠的抗凝剂抑制糖酵解,可稳定24h。

三、器械和试剂

1. 器械

(1)天平,量筒,容量瓶,玻棒,试剂瓶,移液管与移液管架,烧杯,硬质大试管与试管架,刻度吸管,电炉,钢筋锅,水浴锅,721B、722型分光光度计。

2. 试剂

(1)邻甲苯胺试剂:称取硫脲(A.R.1.5 g,溶于883.2 mL冰醋酸A.R.级)中,加邻甲苯胺76.3 mL,混合后加入饱和硼酸溶液40 mL,置棕色瓶中至少可用两个月。此试剂腐蚀性极强,应避免接触皮肤。

(2)饱和硼酸溶液:称取硼酸6.0 g,溶于100 mL蒸馏水中放置一夜后过滤即可。

(3)葡萄糖标准储存液(1 mL=10 mg):称取无水葡萄糖(烘箱80 ℃烘干至恒重,干燥器中保存)1.0 g,加蒸馏水定容到100 mL。

(4)葡萄糖标准应用液(1 mL=1 mg):将葡萄糖标准储存液用蒸馏水稀释10倍即可,存于冰箱内备用。

四、操作

1. 离心处理

采得待测血样(抗凝)后立即离心以分离血浆(3 000转离心15 min)。

2. 测定

(1)取干燥试管3支,分别标出号码,按下表3.2添加试剂。

表3.2   邻甲苯胺法测血糖操作表   单位:mL

试剂	测定管	标准管	空白管
血清	0.1	—	—
葡萄糖标准液	—	0.1	—
蒸馏水	—	—	0.1
邻甲苯胺试剂	5	5	5

(2)混匀各管内容物置沸水浴中加热8 min后取出用流水冷却。在30 min内用630 nm或红色滤光板进行比色。以空白管调零,迅速读取各管630 nm处吸光度值。

3. 计算

$$血糖(mg/100mL)=\frac{测定管吸光值}{标准管吸光值}\times 0.1\times\frac{100}{0.1}=\frac{测定管吸光值}{标准管吸光值}\times 100$$

五、注意事项

(1)正常畜禽在饲喂前采血,病畜禽要在补糖前采血,否则结果偏高。

(2)采血后最好在2~4 h内测定完毕。若放置过久,由于红细胞的酵解作用,会使结果偏低。

临床意义:各种动物每100 mL血清中血糖含量大致在40~200 mg之间,各地报告的正常值如下:马72~113 mg,奶牛58~90 mg,猪59~63 mg,羊60~90 mg。血糖含量增高,见于酸中毒,脑脊髓炎。血糖含量减少,见于肝脏疾病,毒物中毒,营养不良与饥饿,乳牛生产瘫痪等。新生仔猪的低血糖症时,血糖可显著降低。

六、思考题

(1)简述邻甲苯胺法测定血液中葡萄糖的原理和方法。

(2)动物血液中葡萄糖的浓度偏高和偏低会出现什么症状?

(3)血糖有哪些来源和去路? 机体是如何调节血糖浓度恒定的?

实验三 血液中葡萄糖浓度的测定(福林—吴宪(Folin-wu)氏法)

一、实验目的

(1)掌握福林–吴宪(Folin-wu)氏法测定血液中葡萄糖的原理和方法；

(2)了解721B、722型可见分光光度计的使用方法。

二、实验原理

无蛋白血滤液中的葡萄糖醛基具有还原性,与碱性铜试剂混合加热后,被氧化成羧基,而碱性铜试剂中的二价铜(Cu^{2+})则被还原成红黄色的氧化亚铜(Cu_2O)沉淀。氧化亚铜又可使磷钼酸还原生成钼蓝,蓝色深浅与滤液中葡萄糖的浓度成正比,再与同样处理的标准管比色,即可求出血糖的含量。

三、器械和试剂

1. 器械

天平,量筒,容量瓶,玻棒,试剂瓶,移液管与移液管架,烧杯,血糖管与试管架,刻度吸管,电炉,钢筋锅,水浴锅,721B、722型分光光度计。

2. 试剂

(1)10%钨酸钠溶液。

(2)$\frac{1}{3}$ mol/L硫酸溶液。

(3)碱性铜试剂:在400 mL水中加入无水碳酸钠40 g;在300 mL水中加入酒石酸7.5 g;在200 mL水中加入结晶硫酸铜4.5 g。以上分别加热溶解,冷却后将酒石酸溶液倾入碳酸钠溶液中,再将硫酸铜溶液倾入,并加水至1 000 mL,混匀,贮存于棕色瓶中。

(4)磷钼酸试剂:取钼酸35 g和钨酸钠10 g,加入10% NaOH溶液400 mL及蒸馏水400 mL,混合后煮沸20~40 min,以除去钼酸中存在的氨(直至无氨味为止),冷却后加入浓磷酸(80%)250 mL,混匀,最后以蒸馏水稀释至1 000 mL。

(5)0.25%苯甲酸溶液。

(6)葡萄糖贮存标准溶液(10 mg/mL):将少量无水葡萄糖(A.R.)置于硫酸干燥器内一夜后,精确称取此葡萄糖1.000 g,以0.25%苯甲酸溶液溶解并移入100 mL容量瓶内,再以0.25%苯甲酸溶液稀释至100 mL刻度,置冰箱中可长期保存。

(7)葡萄糖应用标准液(0.1 mg/mL):准确吸取葡萄糖贮存标准液1.0 mL,置100 mL容量瓶内,以0.25%苯甲酸溶液稀释至l00 mL刻度。

(8)1:4磷钼酸稀释液:取磷钼酸试剂1份,加蒸馏水4份,混匀即可。

四、操作步骤

1. 制备1:10全血无蛋白滤液

(1)量取蒸馏水7份加入锥形瓶或大试管内。

(2)用吸管吸取抗凝血1份,擦去管尖外周血液,插入蒸馏水底层,缓缓将抗凝血加于水层之下,吸取上层水洗涤吸管数次,直至抗凝血全部洗净为止,充分混合,使细胞完全溶解。

(3)加入1/3 mol/L硫酸溶液1份,随加随摇。

(4)加入10 %钨酸钠溶液1份,随加随摇。

(5)放置约5 min后,如振摇不再发生泡沫,说明蛋白质完全变性沉淀,2 500 r/min 10 min除去沉淀,即得稀释10倍且完全澄清无色的无蛋白滤液。

2. 测定

(1)取3支血糖管按表3.3操作。

表3.3　福林-吴宪(Folin-wu)氏法血糖测定表　　　　　单位:mL

试剂	测定管	标准管	空白管
无蛋白血滤液	1.0	—	—
葡萄糖应用准液	—	1.0	—
蒸馏水	1.0	1.0	2.0
碱性铜试剂	2.0	2.0	2.0

(2)充分摇匀,置沸水浴准确煮沸8 min,取出切勿摇动,置冷水浴冷却3 min,且勿摇动血糖管。然后向各管中分别加入磷钼酸试剂2.0 mL,混匀后放置3 min。按下表操作。

磷钼酸试剂	2.0	2.0	2.0

(3)混匀后放置2 min(使二氧化碳逸出)。使形成的Cu_2O完全溶解,CO_2气体逸出为止。再向各管中分别加蒸馏水至刻度(25 mL)。

蒸馏水	25	25	25

(4)将各管混匀后,用分光光度计在620 nm波长处以空白管调节"0"点比色,读取各管吸光度值。

3. 计算

$$血糖(mg/100mL) = \frac{测定管吸光值}{标准管吸光值} \times 0.1 \times \frac{100}{0.1} = \frac{测定管吸光值}{标准管吸光值} \times 100$$

五、注意事项

(1)正常畜禽在饲喂前采血,病畜禽要在补糖前采血,否则结果偏高。

(2)采血后最好在2～4 h内测定完毕。若放置过久,由于红细胞的酵解作用,会使结果偏低;如果不能及时测定,应制成无蛋白血滤液置于冰箱内保存。

(3)在本法的无蛋白血滤液中,除含有葡萄糖外,尚有微量的其他还原物质,故测定结果比实际血糖含量高约10 %。

(4)严格掌握煮沸的温度和时间。必须是沸水时放入血糖管,并开始计算时间,在取放过程中切勿摇动血糖管,以免Cu_2O被氧化而使结果偏低。

(5)磷铅酸试剂如出现蓝色,表示试剂本身已被还原,不能再用,应重新配制。

(6)碱性铜试剂如出现红黄沉淀,则不宜使用,应重新配制。

六、思考题

(1)简述福林–吴宪氏法测定血液中葡萄糖的原理和方法。

(2)动物血液中葡萄糖的浓度偏高和偏低会出现什么症状?

(3)血糖有哪些来源和去路? 机体是如何调节血糖浓度恒定的?

(4)血糖管沸水浴煮沸 8 min 时,为什么取出切勿摇动?

实验四　血液非蛋白氮(NPN)的测定

一、实验目的

(1)熟悉血液无蛋白滤液的制备方法;

(2)掌握无蛋白滤液中的非蛋白氮含量的测定原理和一般操作步骤。

二、实验原理

血液中除蛋白质以外的含氮物质称为非蛋白氮(Non-protein nitrogen,NPN)或非蛋白含氮物,主要包括尿素、尿酸、肌酸、肌酐、谷胱甘肽、氨基酸、核苷酸等蛋白质与核酸的代谢物及代谢产物。血液中非蛋白氮含氮物的多少用NPN的含量表示。血液中NPN含量的变化反映了机体的代谢情况,是诊断疾病的重要指标。另外,利用微量凯氏定氮法测定血液或其他样品蛋白质含量时,所测得的数值包括蛋白氮和非蛋白氮两部分,如要得到蛋白质的确切含量,应减去非蛋白氮的部分,再求得蛋白质的含量。非蛋白氮物质不被蛋白质沉淀剂所沉淀。因此,以蛋白质沉淀剂除去蛋白质后,所制得的无蛋白滤液用来测定非蛋白氮物质。钨酸是重要的蛋白质沉淀剂。无蛋白滤液内的非蛋白氮物质,经强酸消化后会转变为硫酸铵,加入奈氏试剂后呈现棕黄色,其含量可与经同样加入奈氏试剂的标准铵盐溶液比色测定之。有关的反应如下:

$$含氮化合物+2H_2SO_4 \longrightarrow CO_2\uparrow +2H_2O+(NH_4)_2SO_4+SO_2$$

$$(NH_4)_2SO_4+2NaOH \longrightarrow 2NH_4OH+Na_2SO_4$$

$$NH_4OH \longrightarrow NH_3\uparrow +H_2O$$

$$3NH_3+H_3BO_3 \longrightarrow (NH_4)_3BO_3$$

$$(NH_4)_3BO_3+3HCl \longrightarrow 3NH_4Cl+H_3BO_3$$

以上测定为样品中的总氮量,由总氮量减去非蛋白氮,即为蛋白质含氮量,再乘以6.25即为血清蛋白质含量。

三、器材与试剂

1. 器材

天平、量筒、容量瓶、玻棒、试剂瓶、移液管与移液管架、烧杯、硬质大试管与试管架、刻度吸管、电炉、分光光度计、离心机。

2. 试剂

(1)消化液(50 %V/V硫酸)。取蒸馏水45 mL,置于250 mL烧杯中,加5 %硫酸铜5 mL,再缓缓加入浓硫酸(A.R.)50 mL,边加边搅,混匀,冷却后使用。

(2)硫酸铵标准液。

①贮存液(1 mg/mL)。精确称取于110 ℃干燥的硫酸铵4.716 g,用少量蒸馏水溶解后,转入1 000 mL容量瓶中。加入浓盐酸1 mL(防止溶液生霉),再加入蒸馏水到1 000 mL。硫酸铵

的相对分子质量为132.06,而其中氮占28,故132.06:28=4.716:1,即4.716 g硫酸铵中氮占1 g,将4.716 g硫酸铵溶于1 000 mL水中,即可使每毫升蒸馏水中含氮1 mg。

②应用液(0.03 mg/mL)。取上述贮存液3 mL,置于100 mL的容量瓶中,加入浓盐酸0.1 mL,加蒸馏水稀释到刻度即成。

(3)10 %(W/V)NaOH溶液。称取10 g NaOH,在烧杯中用少量蒸馏水溶解后,定容至100 mL。

(4)奈氏试剂(贮存液及应用液)。

①贮存液(1 mg/mL)。于500 mL锥形瓶内加入碘化钾150 g,碘110 g,汞150 g及蒸馏水100 mL。用力振荡7～15 min,待碘的颜色开始转变时,此混合液即发生高温,随即将此瓶浸于冷水中继续振荡,直至棕红色的碘转变为带绿色的碘化钾汞溶液为止。将上清液倾入2 000 mL的量筒内,加蒸馏水到2 000 mL刻度后,混匀即成。

②应用液。取10 % NaOH溶液700 mL,奈氏试剂贮存液150 mL及蒸馏水150 mL,混匀即成。如果此溶剂呈现浑浊,则可静止1 d后,倾取上层清液使用。此混合液的酸碱度颇为重要,用强酸消化液1mL,则用此试剂9～9.5 mL可中和。

(5)0.9 % NaCl。

(6)30 % H_2O_2。

四、操作

1. 测定

(1)以草酸钾抗凝全血,钨酸法制备1:10的无蛋白血滤液(参见实验3)。

(2)取三只硬质大试管,编号后按表3.4操作。

表3.4　血液非蛋白氮(NPN)的测定表　　　　　　　　　　　单位:mL

试剂	空白管	标准管	测定管
血滤液	—	—	0.5
标准应用液	—	0.5	—
消化液	0.1	0.1	0.1

混匀后将各管加热(电炉)消化10 min,管中充满白烟,管底液体由黑色转为透明时即结束,等待各管冷却后按下表操作。

蒸馏水	3.5	3.0	3.0
奈氏试剂	1.5	1.5	1.5

混匀后,在420 nm波长处进行比色,以空白管调整光密度为"0",读取各管的光密度值。

2. 计算

每100mL全血含非蛋白氮的毫克数为:

$$血液非蛋白氮(mg/100 \text{ mL}) = \frac{测定管吸光值}{标准管吸光值} \times 0.015 \times \frac{100}{0.5}$$

动物正常血液非蛋白氮(NPN)在全血中含量为14.3～25 mmol/L或20.0～35.0 mg/dL。血浆:14.3～21.4 mmol/L或20.0～35.0 mg/dL。换算成SI单位的系数:0.714。

临床意义:

(1)血液非蛋白氮增高:肾产前性肾炎(脱水,心功能不全,腹水,休克),肾性肾炎(各种肾病),肾后性肾炎(尿阻塞等疾病),蛋白分解过多(消化道出血,严重烧伤)。

(2)血液非蛋白氮降低:重症肝病。

五、注意事项

(1)空腹采血2 mL,抗凝。

(2)加入样品不要黏附在凯氏烧瓶瓶颈。

(3)消化开始时不要用强火,要控制好热源,并注意不时转动凯氏烧瓶,以便利用冷凝酸液将附在瓶壁上的固体残渣洗下并促进其消化完全。

(4)样品中若含脂肪或糖较多,在消化前应加入少量辛醇或液体石蜡或硅油做消泡剂,以防消化过程中产生大量泡沫。

(5)消化完全后要冷至室温才能稀释或定容。所用试剂溶液应用无氨蒸馏水配制。

六、思考题

(1)用于测定非蛋白氮的全血为什么不能用草酸铵做抗凝剂?

(2)分析加入奈氏试剂时出现浑浊的原因。

(3)某份无蛋白血滤液的非蛋白氮含量明显偏高,试解释可能的原因。

实验五　考马斯亮蓝染色法(Bradford法)测定蛋白质浓度

一、实验目的

掌握考马斯亮蓝染色法(Bradford法)测定蛋白质浓度的原理、方法和一般操作步骤。

二、实验原理

1976年由Bradford建立的考马斯亮蓝法(Bradford法),是根据蛋白质与染料相结合的原理设计的。这种蛋白质测定法具有超过其他几种方法的突出优点,是灵敏度较高的蛋白质测定法,因而得到广泛应用。

考马斯亮蓝G-250染料,在酸性溶液中与蛋白质结合,使染料的最大吸收峰的位置(lmax)由465 nm变为595 nm,溶液的颜色也由棕黑色变为蓝色。经研究认为,染料主要是与蛋白质中的碱性氨基酸(特别是精氨酸)和芳香族氨基酸残基相结合。在一定浓度范围内,蛋白质的颜色符合比尔定律,与蛋白质浓度成正比。

Bradford法的突出优点是:

(1)灵敏度高,据估计比Lowry法灵敏度约高四倍,其最低蛋白质检测量可达1 mg。这是因为蛋白质与染料结合后产生的颜色变化很大,蛋白质－染料复合物有更高的消光系数,因而其光吸收值随蛋白质浓度的变化比Lowry法要大得多。

(2)测定快速、简便,只需加一种试剂。完成一个样品的测定,只需要5 min左右。由于染料与蛋白质结合的过程,大约只要2 min即可完成,其颜色可以在1 h内保持稳定,且在5~20 min之间,颜色的稳定性最好。因而完全不用像Lowry法那样费时和严格地控制时间。

(3)干扰物质少。如干扰Lowry法的K^+、Na^+、Mg^{2+}离子、Tris缓冲液、糖和蔗糖、甘油、硫基乙醇、EDTA等均不干扰此测定法。

此法的缺点是:

(1)由于各种蛋白质中的精氨酸和芳香族氨基酸的含量不同,因此Bradford法用于不同蛋白质测定时有较大的偏差,在制作标准曲线时通常选用g-球蛋白为标准蛋白质,以减少这方面的偏差。

(2)仍有一些物质干扰此法的测定,主要的干扰物质有:去污剂、TritonX-100、十二烷基硫酸钠(SDS)和0.1 N的NaOH。(如同0.1 N的酸干扰Lowary法一样)。

(3)标准曲线也有轻微的非线性,因而不能用Beer定律进行计算,而只能用标准曲线来测定未知蛋白质的浓度。

三、器材与试剂

1. 器材

可见光分光光度计、旋涡混合器、试管16支。

2. 试剂

(1)标准蛋白质溶液。用γ-球蛋白或牛血清白蛋白(BSA),配制成1.0 mg/mL和0.1 mg/mL的标准蛋白质溶液。

(2)考马斯亮蓝G-250染料试剂。称100 mg考马斯亮蓝G-250,溶于50 mL 95 %的乙醇后,再加入120 mL 85 %的磷酸,用水稀释至1 L。

四、操作

1. 标准方法

(1)取10支试管,1支作空白,3支留作未知样品,其余试管为标准管按表中顺序分别加入样品、水和试剂,即向各试管分别加入1.0 mg/mL的标准蛋白质溶液:0 mL、0.01 mL、0.02 mL、0.04 mL、0.06 mL、0.08 mL、0.1 mL,然后用无离子水补充到0.1 mL。最后各试管中分别加入5.0 mL考马斯亮兰G-250试剂,每加完一管,立即在旋涡混合器上混合(注意不要太剧烈,以免产生大量气泡而难于消除)。未知样品的加样量见表3.5中的第8、9、10管。

表3.5 考马斯亮蓝法实验操作表格 单位:mL

管 号	1	2	3	4	5	6	7	8	9	10
标准蛋白质(1.0 mg/mL)	0	0.01	0.02	0.04	0.06	0.08	0.10	—	—	—
未知蛋白质(约1.0 mg/mL)	—	—	—	—	—	—	—	0.02	0.04	0.06
ddH_2O	0.1	0.09	0.08	0.06	0.04	0.02	0	0.08	0.06	0.04
考马斯亮蓝G-250试剂	5.0	5.0	5.0	5.0	5.0	5.0	5.0	5.0	5.0	5.0
蛋白质量(mg)										
光吸收值(A_{595})										

(2)加完试剂2~5 min后,即可开始用比色皿在分光光度计上测定各样品在595 nm处的光吸收值A_{595},空白对照为第1号试管,即0.1 mL H_2O加5.0 mL G-250试剂。

(3)以标准蛋白质量(mg)为横坐标,用吸光度值A_{595}为纵坐标,作图,即得到一条标准曲线。由此标准曲线,根据测出的未知样品的A_{595}值,即可查出未知样品的蛋白质含量。

0.5 mg牛血清蛋白每毫升溶液的A_{595}约为0.50。

2. 微量法

当样品中蛋白质浓度较稀时(10~100 mg/mL),可将取样量(包括补加的水)加大到0.5 mL或1.0 mL,空白对照则分别为0.5 mL或1.0 mL H_2O,考马斯亮蓝G-250试剂仍加5.0 mL,同时作相应的标准曲线,测定595 nm的光吸收值。

0.05 mg牛血清蛋白每毫升溶液的A_{595}约为0.29。

五、注意事项

不可使用石英比色皿(因不易洗去染色),可用塑料或玻璃比色皿,使用后立即用少量95%的乙醇荡洗,以洗去染色。塑料比色皿决不可用乙醇或丙酮长时间浸泡。

六、思考题

(1)叙述考马斯亮蓝染色法(Bradford法)测定蛋白质浓度的原理和方法。

(2)简述测定动物血液中蛋白质浓度的临床意义。

(3)说明考马斯亮蓝染色法的优缺点。

实验六　血清谷丙转氨酶(GPT、GOT)活性的测定——赖氏法

一、实验目的

了解转氨酶的性质及临床意义;掌握谷丙转氨酶活力的测定方法;掌握用赖氏法测定兔血清转氨酶活力的原理。

二、实验原理

转氨酶是体内重要的一类酶。转氨酶催化α-氨基酸的α-氨基与α-酮酸的α-酮基之间的相互转化,从而生成一种新的氨基酸与一种新的酮酸,这种作用称为转氨基作用。它在生物体内蛋白质的合成、分解等中间代谢过程中,以及糖、脂、蛋白质三大物质代谢的相互联系、相互制约及相互转变上都起着很重要的作用。

在动物机体中活力最强、分布最广的转氨酶有两种:一种为谷氨酸丙酮酸转氨酶(简称GPT),另一种为谷氨酸草酰乙酸转氨酶(简称GOT)。它们的催化反应如下:

$$\text{丙氨酸} + \alpha\text{-酮戊二酸} \underset{37℃}{\overset{GPT}{\rightleftharpoons}} \text{谷氨酸} + \text{丙酮酸}$$

$$\text{天门冬氨酸} + \alpha\text{-酮戊二酸} \underset{37℃}{\overset{GOT}{\rightleftharpoons}} \text{草酰乙酸} + \text{谷氨酸}$$

GOT催化生成的草酰乙酸在柠檬酸苯胺的作用下转变为丙酮酸与二氧化碳。由上可见此反应最终产物都是丙酮酸。测定单位时间内丙酮酸的产量即可得知转氨酶的活性。

丙酮酸可与2,4-二硝基苯肼反应,形成丙酮酸二硝基苯腙,在碱性溶液中显棕红色,反应式如下。再与同样处理的丙酮酸标准液进行比色,计算出其含量,以此测定转氨酶的活性。

$$\text{丙酮酸} + 2,4\text{-二硝基苯肼} \longrightarrow \text{丙酮酸二硝基苯腙(棕红色)}$$

GPT、GOT测定的反应最终产物都是丙酮酸。测定单位时间内丙酮酸的产量即可得知转氨酶的活性。

赖氏法活力单位每毫升血清与基质在37℃保温30 min生成1毫微克丙酮酸为1个单位。

金(King)氏法转氨酶的活性单位为:每毫升血清与基质在37℃下作用60 min,生成1毫微克丙酮酸为1个单位。

三、试剂

1. 磷酸盐缓冲液(pH7.4)

甲液:M/15磷酸氢二钠溶液。称取磷酸氢二钠Na_2HPO_4 9.147 g(或$Na_2HPO_4\cdot12H_2O$ 23.87 g)溶于蒸馏水,定容至1 000 mL。

乙液:M/15磷酸二氢钾溶液。称取磷酸二氢钾KH_2PO_4 9.078 g,溶于蒸馏水,定容至1 000 mL。

取甲液825 mL,乙液175 mL,混合,测其pH为7.4即可使用。

2. GPT基质(谷丙基质)液

称取α-酮戊二酸29.2 mg及DL-丙氨酸1.78 g,溶于约20 mL pH 7.4的缓冲液、再加入1 N的

NaOH溶液0.5 mL,使之溶解。移入100 mL容量瓶内,再以pH 7.4的磷酸缓冲液定容至100 mL(pH应为7.4)。贮存于冰箱备用,可用1周。

3. GOT基质(谷草基质)液

称取DL-天门冬氨酸2.66 g及α-酮戊二酸29.2 mg,加入pH 7.4磷酸缓冲液约30 mL,再加1 N氢氧化钠20.5 mL,溶解后,移入100 mL容量瓶,用pH 7.4磷酸缓冲液定容至100 mL(此液pH应为7.4)。

4. 2,4—二硝基苯肼溶液

称取2,4-二硝基苯肼20 mg,先溶于10 mL浓盐酸中(可加热助溶),再以蒸馏水稀释至100 mL(有沉渣可过滤),棕色瓶内保存。

5. 柠檬酸苯胺溶液

取柠檬酸50 g溶于50 mL蒸馏水再加苯胺50 mL充分混合即成。低温出观结晶时,可置37 ℃水中,待溶解后使用。

6. 丙酮酸标准液(1 mL＝2 mol)

精确称取丙酮酸钠22 mg溶解后转入100 mL容量瓶中,用磷酸缓冲液(1/15 M,PH 7.4)稀释至刻度。

7. 0.4 N氢氧化钠溶液

四、操作步骤

1. GPT测定

取3支洁净的试管按表3.6操作。

表3.6　血清谷丙转氨酶(GPT)活性的测定表　　　　　单位:mL

试剂	空白管	标准管	测定管
血清	—	—	0.1
基质液	—	0.4	0.4
丙酮酸标准液	—	0.1	—

混匀37 ℃保温30 min,按下表添加试剂。

基质液	0.1		
2,4-二硝基苯肼	0.5	0.5	0.5

混匀37 ℃保温20 min,按下表添加试剂。

0.4N NaOH	5.0	5.0	5.0

混匀,放置5 min,在波长520 nm处测定,以空白调"0"点,读取光密度。

2. 计算

$$GPT = \frac{测定管吸光值}{标准管吸光值} \times 200 \times 0.1 \times \frac{100}{0.1} = \frac{测定管吸光值}{标准管吸光值} \times 200$$

五、注意事项

（1）测定血清中转氨酶活性主要有金氏（King）法、赖氏法和改良穆氏法。这三种方法的原理、试剂和操作方法包括血清和试剂的用量及作用温度均相同，不同之处是金氏法酶作用时间为60 min，而其他二法为30 min。因此活性单位定义不同。

（2）转氨酶只作用于L-型氨基酸，对D-型氨基酸无催化能力。实验中所用的是D-型L-型的混旋氨基酸。若采用L-型氨基酸时，则用量比D-型L-型少一半。

六、思考题

（1）测定GPT的临床意义？

（2）测定GPT的方法有几种？

实验七　兔肝转氨酶活力测定

一、实验目的

(1)了解转氨酶的性质及临床意义；

(2)掌握谷丙转氨酶活力的测定方法。

二、实验原理

测定转氨酶活力的方法很多,本实验采用分光光度法。GOT催化生成的草酰乙酸在柠檬酸苯胺的作用下转变为丙酮酸与二氧化碳；GPT在转氨基过程中可直接生成丙酮酸,因此可通过测定单位时间内丙酮酸的产量即可得知转氨酶的活性。

丙酮酸与2,4-二硝基苯肼作用生成丙酮酸丙酸二硝基苯腙,后者加碱处理后呈棕色,其吸收光谱的峰为439～530 nm,因此在波长520 nm处吸光度增加的程度与反应体系中丙酮酸与 α-酮戊二酸的摩尔比基本呈线性关系,故可用分光光度法测定。从丙酮酸-2,4二硝基苯腙的生成量,可计算酶的活力。

谷丙转氨酶在37 ℃与底物作用30 min后,能产生2.5 μg的丙酮酸则为一个谷丙转氨酶活力单位,它们的催化反应如下：

$$\text{丙氨酸} + \alpha - \text{酮戊二酸} \underset{37℃}{\overset{GPT}{\rightleftharpoons}} \text{谷氨酸} + \text{丙酮酸}$$

$$\text{天门冬氨酸} + \alpha - \text{酮戊二酸} \underset{37℃}{\overset{GOT}{\rightleftharpoons}} \text{草酰乙酸} + \text{谷氨酸}$$

正常人血清中只含有少量转氨酶。当发生肝炎,心肌梗死等病患时,血清中转氨酶活力常显著增加,所以在临床诊断上转氨酶活力的测定有重要意义。

三、器材与试剂

1. 器材

试管及试管架、吸管、恒温水浴、分光光度计、移液管、电子天平、研钵、容量瓶、冰箱。

2. 试剂

(1)标准丙酮酸溶液(500 μg/mL):准确称取纯化的丙酮酸钠62.5 mg,溶于pH 7.4 0.1 mol/L的PBS中,定容到100 mL,现用现配。

(2)底物溶液

①GPT底物:0.89 g L-丙氨酸,29.2 mg α-酮戊二酸,先溶于PBS缓冲液中。然后用1 mol/L NaOH调节pH至7.4,再用pH 7.4 0.1 mol/L的PBS缓冲液定容到100 mL,贮存于冰箱中,可使用1周。

②GOT底物:1.33 g L-天门冬氨酸及29.2 mg α-酮戊二酸,先溶于PBS缓冲液,再加

1 mol/LNaOH 调节 pH 至 7.4,再用 pH 7.4 0.1 mol/L PBS 缓冲液定容至 100 mL,贮存于冰箱中,可使用1周。

（3）0.1 mol/L pH 7.4 PBS:称取 13.97 g K_2HPO_4 和 2.69 g KH_2PO_4 溶于蒸馏水中,定容到 1 000 mL。

（4）0.02 % 2,4-二硝基苯肼溶液:称取 20 mg 2,4-二硝基苯肼溶于少量的 1 mol/L HCl 中。把锥形瓶放在暗处并不时摇动（或加热溶解）,待 2,4-二硝基苯肼全部溶解后,用 1 mol/L HCl 定容到 100 mL。滤入棕色玻璃瓶内保存。

（5）0.4 mol/L NaOH:称取 16 g NaOH 定容到 1 000 mL。

（6）0.9 %生理盐水:称取 0.9 g NaCl,定容到 100 mL。

（7）柠檬酸苯胺溶液:取柠檬酸 50 g 溶于 50 mL 蒸馏水,再加苯胺 50 mL 充分混合即成。低温出现结晶时,可置 37 ℃水中,待溶解后使用。

四、操作

1. 标准曲线制作

（1）取 6 支试管,分别标上 0,1,2,3,4,5 六个号。按表 3.7 所列的次序添加各试剂。

表 3.7　兔肝转氨酶活力测定表　　　　　　　单位:mL

试剂	试管号					
	0	1	2	3	4	5
PBS	0.1	0.1	0.1	0.1	0.1	0.1
底物溶液	0.5	0.45	0.4	0.35	0.3	0.25
丙酮酸标准液	0	0.05	0.1	0.15	0.2	0.25
各管摇匀,37 ℃水浴箱预热 10 min						
2,4-二硝基苯肼溶液	0.5	0.5	0.5	0.5	0.5	0.5
各管摇匀,37 ℃水浴箱预热 20 min						
0.4M NaOH	5	5	5	5	0.5	5
充分摇匀,在 30 min 内,520 nm 处比色						
相当于丙酮酸(μmol/L)	0	0.1	0.2	0.3	0.4	0.5
相当于酶活力（单位）	0	100	200	300	400	500
A_{520}						
测定管 A_{520} 减空白管 A_{520}						

（2）混匀后,在 520 nm 波长处,以空白调“0”点,读取各管光密度。以丙酮酸的微摩尔数为横坐标,光吸收值为纵坐标,作标准曲线。

2. 转氨酶活力的测定

（1）样品的制备　将兔处死,取肝脏后用生理盐水冲洗,滤纸吸干后,称取0.5 g肝脏,剪成小块,加入预冷(冰水或冰箱中)的pH 7.4的PBS 4.5 mL,在冰水浴中制成10 %的匀浆,4 000 rpm冷冻离心10 min后保存在冰水中备用。

（2）转氨酶活力的测定　分别取4支试管,按表3.8操作。

表3.8　兔肝转氨酶活力测定操作表　　　　　　　　单位:mL

试剂	测定管(A)	标准管(S)	对照管(B)	空白管
底物溶液	0.5	0.5	—	—
37 ℃水浴5 min				
肝匀浆	0.1	0.1 mL丙酮酸	0.1	
其他	—	0.1 mL丙酮酸	—	0.1 mL H₂O
混匀后,37 ℃水浴准确保温30 min				
2,4-二硝基苯肼	0.5	0.5	0.5	0.5
谷丙转氨酶底物	—	—	0.5	0.5
混匀后,37 ℃水浴准确保温20 min				
NaOH	5.0	5.0	5.0	5.0
混匀后,静置10 min				
A₅₂₀				

（3）混匀,放置5 min,在波长520 nm处测定,以空白调"0"点,读取光密度。GOT测定需加柠檬酸苯胺溶液,其他操作方法同GPT测定法。

3. 计算

每毫升肝脏匀浆转氨酶活力单位:$D = (A-B) \times 500 / S \times 2.5 = (A-B) \times 200 / S$

式中:D为每毫升肝脏匀浆谷丙转氨酶活力单位(U/mL);A为样品管吸光度;B为对照管吸光度值;S为标准管吸光度值;500为标准丙酮酸溶液;2.5为浓度转氨酶的换算单位系数。

五、注意事项

（1）在测定转氨酶吸光值时,应事先将底物、血清在37 ℃水浴中保温,然后在血清管中加入底物,准确计时。

（2）标准曲线上数值在20~500 U是准确可靠的,超过500 U时,需将样品稀释。

（3）转氨酶只能作用于α-L-氨基酸,对D-氨基酸无作用。实验室多用α-DL-氨基酸(较L-氨基酸价廉),若用L-氨基酸,则用量减半。

（4）溶血标本不宜使用,因血细胞中转氨酶活力较高,会影响测定效果。

（5）血清样品的测定需在显色后30 min内完成。

（6）酶在37 ℃下与底物作用30 min后，以能产生2.5 μg的丙酮酸为一个活力单位。

（7）α–酮戊二酸也能与2,4–二硝基苯肼结合，生成相应的苯腙（在520 nm波长下远较丙酮酸的吸光度低），但后者在碱性溶液中吸收光谱与丙酸–2,4–二硝基苯腙的吸光度有差别，在520 nm波长比色时，丙酸–2,4–二硝基苯腙吸光度高出3倍。因此，在制作标准曲线时，需加入一定量的底物（内含α–酮戊二酸）以抵消由α–酮戊二酸产生的消光影响。

六、思考题

（1）测定GPT的临床意义。

（2）测定GPT的原理与方法。

实验八　血清游离脂肪酸的测定

一、实验目的

掌握动物血清游离脂肪酸(FFA)测定的原理与方法。

二、实验原理

血液中的FFA能与Cu^{2+}结合形成脂肪酸的铜盐,其量与FFA含量成正比,若用铜试剂测定其中Cu^{2+}的含量,则可推算出FFA的含量。该方法测定血清游离脂肪酸的灵敏度较高,且不受血清胆红素的干扰。

三、器材和试剂

1. 器材

试管、离心管、离心机、振荡器、721型分光光度计和快速混合器等。

2. 试剂

(1)提取液:可由氯仿、正庚烷和甲醇三者按49∶49∶2的体积比例混合而成。

(2)磷酸盐缓冲液:可由0.034 mol/L磷酸二氢钾(KH_2PO_4)溶液200 mL与0.034 mol/L磷酸氢二钠(Na_2HPO_4)溶液100 mL混合而成,pH调至6.4。

(3)铜试剂:于0.5 mol/LCu(NO_3)$_2$溶液10 mL中加入2 mol/L的三乙醇胺溶液50 mL,用饱和NaCl溶液稀释至100 mL后,再用10%NaOH溶液将pH调至8.1,室温下可保存一周。

(4)0.1 mol/L的三乙醇胺乙醇液:可由2 mol/L的三乙醇胺水溶液以无水乙醇稀释20倍配备而成。

(5)显色剂:称取二苯卡巴肼:$C_{13}H_{14}N_4O([C_6H_5(NH)_2]_2CO)$40 mg溶于10 mL乙醇内,再加入0.1 mol/L三乙醇胺乙醇液0.2 mL即可,注意显色剂需新鲜配制。

(6)棕榈酸贮存标准液(2 000 mol/L):精确称取棕榈酸51.3 mg后,将其溶于提取液中,并定容至100mL。

(7)棕榈酸应用标准液(500 mol/L):由棕榈酸贮存标准液用提取液稀释4倍而成。

四、操作步骤

(1)取3支试管,分别为空白管、标准管、测定管,按表3.9添加试剂。

表3.9　血清游离脂肪酸测定表　　　　　　　　　　　　单位:mL

试剂	空白管	标准管	测定管
样品	—	—	0.1
棕榈酸应用液	—	0.1	—
蒸馏水	0.1	0.1	—
pH 6.4磷酸缓冲液	1.0	1.0	1.0
提取液	6.0	5.9	6.0

(2)添加完毕后将试管加塞,置于振荡器上振荡3 min,静置15 min,离心(3 500 r/min,5 min),仔细吸去上层液体与蛋白凝块后,将下层提取液分别转移至相对应的干净试管中,并按表3.10添加铜试剂。

表3.10　血清游离脂肪酸的测定表　　　　　　　单位:mL

试剂	空白管	标准管	测定管
下层提取液	5.0	5.0	5.0
铜试剂	2.0	2.0	2.0

(3)完成上述准备工作后,再次将试管加塞,振荡5 min,离心5 min,吸出上层提取液用滤纸滤入另外3支相对应的干净试管后,按表3.11添加显色剂。

表3.11　血清游离脂肪酸的测定表　　　　　　　单位:mL

试剂	空白管	标准管	测定管
上层提取液	3.0	3.0	3.0
显色剂	0.5	0.5	0.5

(4)将以上试管在快速混合器上混匀,放置15 min,用550 nm波长比色,空白管为零。

(5)计算

$$FFA(\mu mol/L) = \frac{测定管吸光值}{标准管吸光值} \times 500$$

正常动物血清游离脂肪的正常参考范围为100~660 μmol/L。

五、注意事项

(1)铜试剂中加入饱和氯化钠,或提取液中加入庚烷均可使铜试剂停留于下层,故减少了吸取提取液时的沾染机会。

(2)因某些金属离子均可显色,故对试剂纯度要求高,且玻璃仪器应用稀HNO_3浸泡和蒸馏水冲洗。

(3)本法呈色于15 min时最深,30 min后可缓慢褪色,故应予以注意。

(4)如血清游离脂肪酸水平 > 1 000 μmol/L时,宜取0.05 mL血清重新进行测定。

六、思考题

(1)简述动物血清游离脂肪酸的测定原理与方法。

(2)测定动物血清游离脂肪酸的临床意义。

实验九 Folin–酚试剂法(Lowry法)测定蛋白质浓度

一、实验目的

掌握Folin–酚试剂法(Lowry法)测定蛋白质浓度的原理与方法。

二、实验原理

此法是在双缩脲反应的基础上发展起来的,Folin–酚试剂法最早由Lowry建立。此法的显色原理与双缩脲方法相同,只是加入了第2种试剂,即Folin–酚试剂,以增加显色量,从而提高了检测蛋白质的灵敏度,是目前教学、科研常用的蛋白质含量测定方法。

显色反应产生深蓝色的原因是:

(1)在碱性条件下,蛋白质中的肽键与铜结合生成复合物。

(2)Folin–酚试剂中的磷钼酸盐–磷钨酸盐被蛋白质中的酪氨酸和苯丙氨酸残基还原,产生深蓝色(钼蓝和钨蓝的混合物)。在一定的条件下,蓝色深度与蛋白的量成正比。

三、器材与试剂

1. 器材

可见光分光光度计、721B、旋涡混合器、秒表、16支试管等。

2. 试剂

(1)试剂甲

A液:10 g Na_2CO_3,2 g NaOH和0.25 g酒石酸钾钠($KNaC_4H_4O_6 \cdot 4H_2O$)溶解于500 mL蒸馏水中。

B液:0.5 g硫酸铜($CuSO_4 \cdot 5H_2O$)溶解于100 mL蒸馏水中。

每次使用前,将50份A液与1份B液混合,即为试剂甲。

(2)试剂乙

在2 L磨口回流瓶中,加入100 g钨酸钠($Na_2WO_4 \cdot 2H_2O$),25 g钼酸钠($Na_2MoO_4 \cdot 2H_2O$)及700 mL蒸馏水,再加50 mL 85%磷酸,100 mL浓盐酸,充分混合,接上回流管,以小火回流10 h,回流结束时,加入150 g硫酸锂(Li_2SO_4),50 mL蒸馏水及数滴液体溴,开口继续沸腾15 min,以便驱除过量的溴。冷却后溶液呈黄色(如仍呈绿色,需再重复滴加液体溴的步骤)。稀释至1 L,过滤,滤液置于棕色试剂瓶中保存。使用时用标准NaOH滴定,酚酞作指示剂,然后适当稀释,约加水1倍,使最终的酸浓度为1 M左右。

(3)标准蛋白质溶液

精确称取结晶牛血清白蛋白或g–球蛋白,溶于蒸馏水,浓度为250 mg/mL左右。牛血清白蛋白溶于水若混浊,可改用0.9 % NaCl溶液。

四、操作方法

1. 标准曲线的测定

(1)取10支大试管,1支作空白,3支留作未知样品,其余试管分成两组,按表3.12进行操作。

表3.12　Folin-酚试剂法测定蛋白质浓度操作表　　　单位:mL

管号	1	2	3	4	5	6	7	8	9	10
标准蛋白质 (250 mg/mL)	0	0.1	0.2	0.4	0.6	0.8	1.0	—	—	—
未知蛋白质 (约250 mg/mL)	—	—	—	—	—	—	—	0.2	0.4	0.6
ddH$_2$O(mL)	1.0	0.9	0.8	0.6	0.4	0.2	0	0.8	0.6	0.4
试剂甲(mL)	5.0	5.0	5.0	5.0	5.0	5.0	5.0	5.0	5.0	5.0

在旋涡混合器上迅速混合,于室温(20 ℃~25 ℃)放置10 min。

从1号管开始,依次间隔2 min,加试剂乙,快速混匀。按下表添加试剂。

试剂乙(mL)	5.0	5.0	5.0	5.0	5.0	5.0	5.0	5.0	5.0	5.0

室温放置30 min,依次每间隔1 min测各管吸光值

蛋白质含量(mg)										
光吸收值(A$_{700}$)										

(2)以第一支试管作为空白对照,于700 nm处测定各管中溶液的吸光度值。以蛋白质的量为横坐标,吸光度值为纵坐标,绘制出标准曲线。

2. 样品的测定

取1 mL样品溶液(其中含蛋白质20 ~ 250 μg),按上述方法进行操作,取1 mL蒸馏水代替样品作为空白对照。通常样品的测定也可与标准曲线的测定放在一起,同时进行。即在标准曲线测定的各试管后面,再增加3个试管。如表3.12中的8、9、10试管。

根据所测样品的吸光度值,在标准曲线上查出相应的蛋白质量,从而计算出样品溶液的蛋白质浓度。

五、注意事项

由于各种蛋白质含有不同量的酪氨酸和苯丙氨酸,显色的深浅往往随不同的蛋白质而变化。因而本测定法通常只适用于测定蛋白质的相对浓度(相对于标准蛋白质)。

六、思考题

(1)简述Folin-酚试剂法(Lowry法)测定蛋白质浓度的原理与方法。

(2)Folin-酚试剂法(Lowry法)测定蛋白质浓度的临床意义。

实验十　　紫外吸收法测定牛血清白蛋白含量

一、实验目的

掌握紫外吸收法测定牛血清白蛋白含量的原理和方法。

二、实验原理

蛋白质分子中,酪氨酸、苯丙氨酸和色氨酸残基的苯环含有共轭双键,使蛋白质具有吸收紫外光的性质。吸收高峰在280 nm处,其吸光度(即光密度值)与蛋白质含量成正比。此外,蛋白质溶液在238 nm的光吸收值与肽键含量成正比。利用一定波长下,蛋白质溶液的光吸收值与蛋白质浓度的正比关系,可以进行蛋白质含量的测定。

紫外吸收法简便、灵敏、快速,不消耗样品,测定后仍能回收使用。低浓度的盐,例如生化制备中常用的$(NH_4)_2SO_4$等和大多数缓冲液不干扰测定。特别适用于柱层析洗脱液的快速连续检测,因为此时只需测定蛋白质浓度的变化,而不需知道其绝对值。

此法的特点是测定蛋白质含量的准确度较差,干扰物质多,在用标准曲线法测定蛋白质含量时,对那些与标准蛋白质中酪氨酸和色氨酸含量差异大的蛋白质而言,有一定的误差。故该法适于测定与标准蛋白质氨基酸组成相似的蛋白质。若样品中含有嘌呤、嘧啶及核酸等吸收紫外光的物质,会出现较大的干扰。核酸的干扰可以通过查校正表,再进行计算的方法,加以适当的校正。但是因为不同的蛋白质和核酸的紫外吸收是不相同的,虽然经过校正,测定的结果还是存在一定的误差。

此外,进行紫外吸收法测定时,由于蛋白质吸收高峰常因pH的改变而有变化,因此要注意溶液的pH值,测定样品时的pH要与测定标准曲线的pH相一致。

下面介绍四种紫外吸收法:

1. 280 nm 的光吸收法

因蛋白质分子中的酪氨酸、苯丙氨酸和色氨酸在280 nm处具有最大吸收值,且各种蛋白质的这3种氨基酸的含量差别不大,因此测定蛋白质溶液在280 nm处的吸光度值是最常用的紫外吸收法。测定时,将待测蛋白质溶液倒入石英比色皿中,用配制蛋白质溶液的溶剂(水或缓冲液)作空白对照,在紫外分光度计上直接读取280 nm的吸光度值A_{280}。蛋白质浓度可控制在0.1 ~ 1.0 mg/mL。通常用1 cm光径的标准石英比色皿,盛有浓度为1 mg/mL的蛋白质溶液时,A_{280}约为1.0左右。由此可立即计算出蛋白质的大致浓度。

许多蛋白质在一定浓度和一定波长下的光吸收值($A^{1\%}_{1cm}$)有文献数据可查,根据此光吸收值可以较准确地计算蛋白质浓度。下式列出了蛋白质浓度与($A^{1\%}_{1cm}$)值(即蛋白质溶液浓度为1%,光径为1 cm时的光吸收值)的关系。文献值$A^{1\%}_{1cm,\lambda}$称为百分吸收系数或比吸收系数。

$$蛋白质浓度 = (A_{280} \times 0)/A^{1\%}_{1cm,280nm}(mg/mL)$$

例：牛血清白蛋白：$A^{1\%}_{1cm}=6.3$（280 nm）

　　　溶菌酶：$A^{1\%}_{1cm}=22.8$（280 nm）

若查不到待测蛋白质的 $A^{1\%}_{1cm}$ 值，则可选用一种与待测蛋白质的酪氨酸和色氨酸含量相近的蛋白质作为标准蛋白质，用标准曲线法进行测定。标准蛋白质溶液配制的浓度为 1.0 mg/mL。常用的标准蛋白质为牛血清白蛋白（BSA）。

三、器材与试剂

1. 器材

可见光分光光度计、721B 可见光分光光度计、旋涡混合器、试管等。

2. 试剂

（1）标准蛋白质溶液。精确称取结晶牛血清清蛋白或 γ-球蛋白，溶于蒸馏水，浓度为 250 mg/mL 左右。牛血清清蛋白溶于水若混浊，可改用 0.9 % NaCl 溶液。

（2）蒸馏水。

四、操作方法

1. 标准曲线的测定

（1）取 6 支试管，分别编号 1、2、3、4、5、6，按表3.13加入试剂。

表3.13　紫外吸收法测定牛血清白蛋白含量操作表　　　单位:mL

管号	1	2	3	4	5	6
BSA（1.0 mg/mL）	0	1.0	2.0	3.0	4.0	5.0
H_2O(mL)	5.0	4.0	3.0	2.0	1.0	0
A_{280}						

用第 1 管做空白对照，各管溶液混匀后在紫外分光光度计上测定吸光度 A_{280}，以 A_{280} 为纵坐标，各管的蛋白质浓度或蛋白质量（mg）为横坐标作图，标准曲线应为直线，利用此标准曲线，根据测出的未知样品的 A_{280} 值，即可查出未知样品的蛋白质含量，也可以用 2 至 6 管 A_{280} 值与相应的试管中的蛋白质浓度计算出该蛋白质的 $A^{1\%}_{1cm,280nm}$

2. 280 nm 和 260 nm 的吸收差法

核酸对紫外光有很强的吸收，在 280 nm 处的吸收比蛋白质强 10 倍（每克），但核酸在 260 nm 处的吸收更强，其吸收高峰在 260 nm 附近。核酸 260 nm 处的消光系数是 280 nm 处的 2 倍，而蛋白质则相反，280 nm 紫外吸收值大于 260 nm 的吸收值。通常纯蛋白质的光吸收比值：$A_{280}/A_{260}\approx1.8$ 纯核酸的光吸收比值：$A_{280}/A_{260}\approx0.5$

含有核酸的蛋白质溶液，可分别测定其 A_{280} 和 A_{260}，由此吸收差值，用下面的经验公式，即可算出蛋白质的浓度。

$$蛋白质浓度=1.45\times A_{280}-0.74\times A_{260}（mg/mL）$$

此经验公式是通过一系列已知不同浓度比例的蛋白质（酵母烯醇化酶）和核酸（酵母核酸）的混合液所测定的数据来建立的。

3. 215 nm与225 nm的吸收差法

蛋白质的稀溶液由于含量低而不能使用280 nm的光吸收测定时,可用215 nm与225 nm吸收值之差,通过标准曲线法来测定蛋白质稀溶液的浓度。

用已知浓度的标准蛋白质,配制成20 ~ 100 mg/mL的一系列5.0 mL的蛋白质溶液,分别测定215 nm和225 nm的吸光度值,并计算出吸收差:

$$吸收差 \Delta = A_{215} - A_{225}$$

以吸收差 Δ 为纵坐标,蛋白质浓度为横坐标,绘出标准曲线。再测出未知样品的吸收差,即可由标准曲线上查出未知样品的蛋白质浓度。

本方法在蛋白质浓度20 ~100 mg/mL范围内,蛋白质浓度与吸光度成正比,NaCl、$(NH_4)_2SO_4$以及0.1 M磷酸、硼酸和Tris等缓冲液,都无显著干扰作用,但是0.1 M NaOH、0.1 M乙酸、琥珀酸、邻苯二甲酸、巴比妥等缓冲液的215 nm光吸收值较大,必须将其浓度降到0.005 M以下才无显著影响。

4. 肽键测定法

蛋白质溶液在238 nm处的光吸收的强弱,与肽键的多少成正比。因此可以用标准蛋白质溶液配制一系列50 ~ 500 mg/mL已知浓度的5.0 mL蛋白质溶液,测定238 nm的光吸收值 A_{238},以 A_{238} 为纵坐标,蛋白质含量为横坐标,绘制出标准曲线。未知样品的浓度即可由标准曲线求得。

进行蛋白质溶液的柱层析分离时,洗脱液也可以用238 nm检测蛋白质的峰位。

本方法比280 nm吸收法灵敏。但多种有机物,如醇、酮、醛、醚、有机酸、酰胺类和过氧化物等都有干扰作用。所以最好用无机盐、无机碱和水溶液进行测定。若含有有机溶剂,可先将样品蒸干,或用其他方法除去干扰物质,然后用水、稀酸和稀碱溶解后再作测定。

五、思考题

(1)简述紫外吸收法测定牛血清白蛋白含量的原理与方法。

(2)紫外吸收法测定牛血清白蛋白含量的临床意义。

实验十一　紫外吸收法测定核酸含量

一、实验目的

学习掌握利用紫外分光光度计测定DNA或RNA的浓度与纯度。

二、实验原理

DNA和RNA都有吸收紫外光的性质,它们的吸收高峰在260 nm波长处。吸收紫外光的性质是嘌呤环和嘧啶环的共轭双键系统所具有的性质,所以嘌呤和嘧啶以及一切含有它们的物质,不论是核苷、核苷酸或核酸都有吸收紫外光的特性。核酸和核苷酸的摩尔消光系数(或称吸收系数)用$\varepsilon(P)$来表示,$\varepsilon(P)$为每升溶液中含有1 mol核酸磷的消光值(即光密度或称光吸收)。RNA的$\varepsilon(P)_{260nm}(pH=7)$为7 700~7 800。RNA的含磷量约为9.5 %,因此每毫升溶液含1 μg RNA的光密度值相当于0.022~0.024。小牛胸腺DNA钠盐的$\varepsilon(P)_{260nm}(pH=7)$为6 600,含磷量为9.2 %,因此每毫升溶液含1 μg DNA钠盐的光密度值为0.020。故测定未知浓度的RNA(或DNA)溶液的OD_{260}值,即可计算出其中核酸的含量。该法操作简便、迅速。

蛋白质中由于含有芳香氨基酸,因此也能吸收紫外光。通常蛋白质的吸收高峰在280 nm波长处,在260 nm处的吸收值仅为核酸的十分之一或更低,故核酸样品中蛋白质含量较低时对核酸的紫外测定影响不大。若样品中混杂有大量的核苷酸或蛋白质等能吸收紫外光的物质,则测定误差较大,应设法事先除去。

RNA的260 nm与280 nm吸收的比值在2.0以上;DNA的260 nm与280 nm吸收的比值则在1.9左右。当样品中蛋白质含量较高时比值会下降,说明杂质多,纯度低(若采用光密度比值280/260,则纯核酸的比值大约为0.5,纯蛋白质的比值约为1.8)。

三、器材与试剂

1. 器材

容量瓶(50 mL)、离心机、离心管、紫外分光光度计、冰浴或冰箱、吸管等。

2. 试剂

(1)核酸样品:DNA或RNA。

(2)1.43~1.71 mol/L(5 %~6 %)氨水:用7.13~8.56 mol/L(25 %~30 %)氨水稀释5倍。

(3)沉淀剂(任选一种,操作和效果都相同)。

①Mac Fadyen试剂:6.44 mmol/L(0.25 %)醋酸双氧铀(Uranium Acetate)溶于0.15 mol/L(2.5 %)三氯乙酸中。

②钼酸铵—过氯酸试剂:2.15 mmol(0.25 %)钼酸铵溶于0.24 mol/L(2.5 %)过氯酸中。如配200 mL,即在193 mL蒸馏水中加入7 mL 6.97 mol/L(70 %)过氯酸和0.5 g钼酸铵。

四、操作步骤

1. 核酸样品纯度的测定

(1)用分析天平准确称取待测的核酸样品0.5 g,加少量蒸馏水(或去离子水)调成糊状,再加适量的水,用1.43~1.71 mol/L(5%~6%)氨水调至pH=7.0,定容至50 mL。

(2)取两支离心管,甲管内加入2 mL样品溶液和2 mL蒸馏水;乙管内加入2 mL样品溶液和2 mL沉淀剂(沉淀除去大分子核酸,作为对照)。混匀,在冰浴(或冰箱)中放置30 min,3 000 r/min离心10 min。从甲、乙两管中分别吸取0.5 mL上清液,用蒸馏水定容至50 mL。选用光程为1 cm的石英比色杯,在260 nm波长下测其光密度。

(3)计算。

$$RNA(或DNA)浓度(\mu g/mL) = \frac{\Delta OD_{260}}{0.022（或0.020）\times d} \times 稀释倍数$$

式中ΔOD_{260}为甲管稀释液在260 nm波长处吸收值减去乙管稀释液在260 nm波长处吸收值。d为比色杯厚度,一般为1 cm。

$$DNA(或RNA)\% = \frac{试剂测得的样品质量浓度（\mu g/mL）}{样品质量浓度（\mu g/mL）} \times 100\%$$

上式中样品质量浓度$= \frac{0.5g}{50 \times \frac{4}{2} \times \frac{50}{0.5}} = 50\ \mu g/mL$

如果已知待测的核酸样品不含酸溶性核苷酸或可透析的低聚多核苷酸,即可将样品配制成一定质量浓度的溶液(20~50 μg/mL)在紫外分光光度计上直接测定。

2. 核酸溶液含量的测定

(1)取两支离心管,每管各加入2 mL待测的核酸溶液,再向甲管内加2 mL蒸馏水,向乙管内加2mL沉淀剂。混匀,在冰浴(或冰箱)中放置30 min,3000 r/min离心10 min。将甲、乙两管的上清液分别稀释至光密度值在0.1~1.0之间。选用光程为1 cm的石英比色杯,在260 nm波长下测其光密度。

(2)计算

$$DNA(或RNA)质量浓度(\mu g/mL) = \frac{甲OD_{260} - 乙OD_{260}}{0.022（或0.020）} \times 稀释倍数$$

如果已知待测的核酸样品不含酸溶性核苷酸或可透析的低聚多核苷酸,可将样品稀释至光密度在0.1~0.7之间,在紫外分光光度计上直接测定即可,此时不必按操作(1)操作。

五、注意事项

样品中混杂有大量的核苷酸或蛋白质等能吸收紫外光的物质,则测定误差较大,应设法事先除去。

六、思考题

(1)采用紫外吸收法测定样品的核酸含量,有何优点及缺点?缺点如何克服?

(2)紫外分光光度法测定蛋白质的方法有何缺点及优点?受哪些因素的影响和限制?

(3)若样品中含有核酸类杂质,应如何校正?

第 四 章 　电泳技术

第一节　电泳的基本原理

电泳是指带电粒子在电场的作用下,在一定介质(溶剂)中所发生的向其与自身电荷相反的电极定向移动的现象。不同分子所带电荷种类及数量不同,在相同电场强度及溶液中电泳的速度不同,经过一定时间必然会泳动到不同的位置。因此,含有多种成分的混合物若进行电泳,各成分在电场中将被逐一分开,并集中到特定的位置上面形成紧密的区带,使混合物成分达到分离的目的。利用电泳现象衍生出来的各种电泳方法对混合物进行分离、分析的技术叫电泳技术。

电泳的分类方法很多,按照电泳的原理分为区带电泳、移动界面电泳、等点聚焦、等速电泳等。其中最常见的是区带电泳和等点聚焦。区带电泳是指电泳过程中,待分离的各组分分子在支持介质中被分离成许多条明显的区带,这是当前应用最为广泛的电泳技术。区带电泳根据所用支持物不同,常有不同的名称,如纸电泳、醋酸纤维素薄膜电泳、琼脂糖凝胶电泳、聚丙烯酰胺凝胶电泳等。自由界面电泳是在 U 形管中进行电泳,无支持介质,因而分离效果差,已被取代。等速电泳需使用专用电泳仪,当电泳达到平衡后,各电泳区带相随,分成清晰的界面,并以等速向前运动。等电聚焦电泳是在一个有 pH 梯度的凝胶中,蛋白质等两性物质在电场的作用下移动到相应于其等电点的 pH 位置上,从而实现分子的分离。

另外,根据电压的高低分为低电压电泳和高电压电泳;根据支持物的形状分为薄层电泳、平板电泳(水平平板电泳、垂直平板电泳)、圆盘电泳、毛细管电泳;根据用途分为分析电泳、制备电泳、定量免疫电泳等。

日前电泳技术已经广泛应用于基础理论研究、临床诊断及工业制造等方面。用于分离酶、蛋白质、核酸等生物大分子的研究工作,对生物化学与分子生物学的发展起到了重要作用。例如用醋酸纤维薄膜电泳分析血清蛋白、用琼脂对流免疫电泳分析病人血清,为原发性肝癌的早期诊断提供依据;近年来广泛使用的双向凝胶电泳与质谱技术相结合,成为后基因组时代研究基因表达与功能的重要手段。

一、基本原理

任何物质由于其本身的解离作用或表面上吸附其他带电质点,在电场中便会向一定的电极移动。作为带电颗粒可以是小的离子,也可以是生物大分子,如蛋白质、核酸、病毒颗粒、细胞器等。

带电粒子在电场中所受的力 F 的大小决定于粒子所带电荷 Q 和电场强度 E,即:$F=QE$。电场强度是由正负电极之间的电位差(电压)U 及电极间的距离 d 来决定,电场强度 $E=U/d$。根据斯托克斯定律(Stoke's law),以球形的粒子运动时所受到的阻力 F' 与粒子运动的速度 ν,粒子的半径 r,介质的黏度 η 的关系为:$F' = 6\pi r\eta\nu$。当电泳达到平衡,带电粒子在电场做匀速运动时,则:$F = F'$,即:$QE = 6\pi r\eta\nu$。因此:$\nu=QU/6d\pi r\eta$。

可见一个带电粒子的迁移率不仅取决于电场强度和粒子本身的所带电荷的多少,还取决于粒子的大小、形状、介质的黏度等多种因素。

二、影响电泳的因素

电泳中带电粒子的泳动速度除受分子自身性质的影响外,外界因素的影响也十分重要。影响电泳的因素很多,主要有:

(一)样品本身的性质

被分离颗粒物质带电荷的多少、分子的大小、形状都影响电泳的速度。电泳速度与颗粒所带电荷的多少成正比,与分子量大小成反比,球形分子电泳速度比纤维状的分子泳动速度快。

(二)电场强度

电场强度是指单位长度(cm)的电位降,也称电势梯度。如以滤纸作支持物,其两端浸入到电极液中,电极液与滤纸交界面的纸长为 15 cm,测得的电位降为 150 V,那么电场强度为 150 V/15 cm = 10 V/cm。常用的电泳仪分为 0 ~ 300 V 的低压电泳、300 ~ 600 V 的中压电泳和 600 ~ 3 000 V 的高压电泳。电场强度越高,带电质点的移动速度也愈快,但电场强度过高,会产生大量热量,应配备冷却装置以维持恒温。

(三)缓冲液

缓冲液能使电泳中的支持介质保持稳定的pH,并通过它的组成成分、浓度等因素影响着颗粒的迁移率。

1. 缓冲液的pH

溶液的pH决定了带电颗粒的解离程度,决定了蛋白质等颗粒的带电荷的性质,也是决定颗粒带有电荷多少的决定因素。对蛋白质、氨基酸等两性电解质来说,缓冲液的pH如果等于该物质的等电点(pI),该物质将不带电荷;如果缓冲液的pH大于该物质的等电点,该物质将带负电荷,在电场中向正极移动;如果缓冲液的pH小于该物质的等电点,该物质将带正电荷,在电场中向负极移动。缓冲液的pH距等电点越远,所带电荷就越多,电泳速度也越快;反之越慢。因此,分离蛋白质溶液时,应选择一个合适的pH,使各种蛋白质所带净电荷的差异量增大,以利于分离。通常在采用pH 8.6的缓冲液进行血清蛋白电泳时,pH大于血清中各种蛋白质的等电点,蛋白质均带负电荷,电泳时向正极移动。

2.缓冲液的成分

通常采用的是甲酸盐、乙酸盐、柠檬盐、磷酸盐、巴比妥盐和三羟甲基氨基甲烷(Tris)–乙二胺基四乙酸(EDTA)缓冲液等。要求缓冲液的物质性能稳定,不易电解。血清蛋白分离时最常用的是巴比妥–巴比妥钠组成的缓冲液,而电泳分离核酸通常用Tris–EDTA缓冲系统。

3.缓冲液的浓度

缓冲液的浓度可用摩尔浓度或离子强度(I)表示。离子强度可按以下公式进行计算:$I=(\sum M_i Z_i^2)/2$。M_i为离子的摩尔浓度,Z_i为离子的价数。例如0.15 mol/L NaCl的离子强度为:$I=1/2(0.15 \times 1^2 + 0.15 \times 1^2)=0.15$。离子强度低,电泳速度快,分离区带不易清晰,如果过低,缓冲液的缓冲量小,难以维持pH的恒定;离子强度高,电泳速度慢,但区带分离清晰,如果过高,除了使得电泳速度过慢,还会因为离子强度增加使电泳时电流变大,增加热量产生,引起温度的改变,对电泳是很不利的。所以对缓冲液离子强度的选择,必须两者兼顾,一般是在0.02 ~ 0.2 mol/L。通常电泳槽中的缓冲液经过数次使用后,会使缓冲液的离子强度加大,影响电泳,所以缓冲液使用的次数不宜过多。

(四)支持介质

支持介质要求应具较大惰性的材料,不与被分离的样品或缓冲液起化学反应。此外,还要求具有一定的坚韧度,不易断裂,容易保存。由于各种介质的精确结构对一种被分离物的移动速度有很大影响,所以对支持介质的选择应取决于被分离物质的类型。

1.吸附现象

如果支持介质对被分离物质具有吸附作用,使分离物质滞留而降低电泳速度,会出现样品的拖尾。由于介质对各种物质吸附力不同,因而降低了分离的分辨率。电泳技术产生初期使用的滤纸的吸附性最大,现在用吸附作用更小的醋酸纤维素薄膜替代。

2.电渗现象

在电场作用下液体对于固体支持物的相对移动称为电渗(Electro–osmosis),见图4.1。其产生的原因是固体支持物多孔,且带有可解离的化学基团,因此常吸附溶液中的正离子或负离子,使溶液相对带负电或正电。如以滤纸作支持物时,纸上纤维素吸附OH^-带负电荷,与纸接触的水溶液因产生H_3O^+,带正电荷移向负极,若质点原来在电场中移向负极,结果质点的表现速度比其固有速度要快,若质点原来移向正极,表现速度比其固有速度要慢,可见应尽可能选择低电渗作用的支持物以减少电渗的影响。

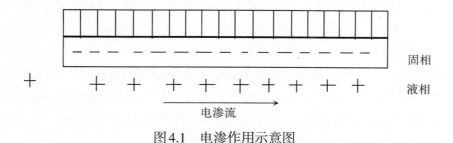

固相

液相

电渗流

图4.1 电渗作用示意图

由于电渗现象与电泳同时存在,所以电泳时分离物质的电泳速度也受电渗的影响。例如血清蛋白电泳,在巴比妥盐缓冲液 pH 8.6、离子强度 0.06 的条件下进行,蛋白质的移动方向与电渗现象的水溶液移动方向相反,蛋白质泳动的距离等于电泳泳动距离减去电渗的距离。滤纸、淀粉胶、琼脂糖凝胶的电渗现象较大,醋酸纤维素、聚丙烯酰胺凝胶等介质的电渗现象要小得多。

(五)温度

电泳时电流通过支持介质会产生热量,按焦耳定律,电流通过导体时的产热与电流强度的平方、导体的电阻和通电的时间成正比。产生热量对电泳技术是不利的,因为产热可促使支持介质上溶剂的蒸发,而影响缓冲溶液的离子强度。温度升高时,介质黏度下降,分子运动加剧,引起自由扩散变快,迁移增加。温度每升高 1 ℃,迁移率约增加 2.4 %。若温度过高可导致分离样品变性而使电泳失败。为降低热效应对电泳的影响,可控制电压或电流,也可在电泳系统中安装冷却散热装置。对高压电泳必须增设冷却系统,以防样品在电泳时变性。

三、电泳染色方法

经醋酸纤维素膜电泳、琼脂糖凝胶电泳、聚丙烯酰胺凝胶电泳分离的各种生物分子需用染色法使其在支持物相应位置上显示出条带,从而分析实验结果、检测其纯度、含量及生物活性。蛋白质、核酸及酶等均有不同的染色方法,分别介绍如下。

(一)蛋白质染色

蛋白质染色液种类繁多,染色原理不同,灵敏度各异,使用时可根据需要加以选择。常用的染色液有以下几种。

(1)氨基黑 10B(Amino black 10B)　氨基黑 10B 分子式为 $C_{22}H_{14}N_6Na_2O_9S_2$,$M_r$=616.49,$\lambda_{max}$=620 ~ 630 nm,是酸性染料,其磺酸基与蛋白质反应形成复合盐。氨基黑 10B 是最常用的蛋白质染料之一,但对 SDS–蛋白质染色效果不好。

(2)考马斯亮蓝 R–250(CBB R_{250})　考马斯亮蓝 R–250 的分子式为 $C_{25}H_{44}N_3O_7S_2Na$,M_r=825.09,λ_{max}=560 ~ 590 nm,染色灵敏度比氨基黑高 5 倍。该染料通过范德华力与蛋白质结合,尤其适用于 SDS 电泳微量蛋白质染色,但蛋白质浓度超过一定范围时不宜使用该染料,对高浓度蛋白质染色不符合比尔定律,做定量分析时要考虑这点。

(3)考马斯亮蓝 G–250(简称 CBB G_{250})　考马斯亮蓝 G–250 比 CBB R_{250} 多两个甲基,M_r=854,λ_{max}=590 ~ 610 nm,染色灵敏度不如 R–250,但比氨基黑高 3 倍。其优点是在三氯乙酸中不溶而成胶体,能选择地使蛋白质染色而几乎无本底色,所以常用于重复性好而稳定的染色,适于做定量分析。

(二)荧光染料

(1)丹磺酰氯(2.5–二甲氨基萘磺酰氯,Dansyl chloride,简称 DNS–Cl)　在碱性条件下与氨基酸、肽、蛋白质的氨基末端发生反应,使它们获得荧光性质,可在波长 320 nm 或 280 nm 的紫外灯下观察染色后的各区带或斑点。蛋白质与肽经丹磺酰化后并不影响电泳迁移率,因此少量丹磺酰化的样品还可用作无色蛋白质分离的标记物。

（2）荧光肽（Fluorescamine，又称Fluram） 其作用与丹磺酰氯相似，由于自身及分解产物均不显示荧光，因此染色后也没有荧光背景。但由于引进了负电荷，因而引起了电泳迁移率的改变，但在SDS存在下这种电荷效应可忽略。

（三）核酸染色

核酸染色法一般可将凝胶先用三氯乙酸、甲酸–乙酸混合液、氯化高汞、乙酸、乙酸镧等固定，或者将有关染料与上述溶液配在一起，同时固定与染色。有的染色液同时染DNA及RNA，如Stains–all、溴化乙啶、焙花青–铬矾等，也有RNA、DNA各自特殊的染色法。

1. 荧光染料溴化乙啶（Ethidium bromide，简称EB）

EB能与核酸分子中的碱基结合而使核酸在紫外线（253 nm）照射下显示出荧光，因此可用于观察琼脂糖电泳中的RNA、DNA带。EB与超螺旋DNA结合能力小于双链开环DNA，而双链开环DNA与EB结合能力又小于线性DNA。用EB染色方法具有操作简单、灵敏度高的优点，对RNA、DNA均可显色。由于EB是一种强烈的诱变剂，因此操作时应注意防护，戴上聚乙烯手套。

2. 焦宁Y（Pyronine，Y）

此染色料对RNA染色效果好，灵敏度高，脱色后凝胶本底颜色浅而RNA色带稳定，抗光且不易退色。焦宁G（Pyronine G）也可用于RNA染色。

3. 银染色法

其原理是将核酸上的硝酸银（Ag⁺）还原成金属银，以使银颗粒沉淀在核酸带上。其灵敏度很高。银染对水和试剂的要求较高，必须使用无离子双蒸水，甲醛和戊二醛必须是新鲜试剂，无聚合，其余试剂也应该分析纯。染色在日光下进行，并需不断振摇。银染色的第一步是固定。固定有两个目的：一是将核酸固定在凝胶中或至少是防止核酸在凝胶中扩散；第二个目的是去除干扰染色的物质，如去污剂、还原试剂和缓冲液的一些组分（如甘氨酸）。固定液可以是甲醛、乙醇（甲醇）、乙酸或三氯乙酸。固定后的凝胶才能由银颗粒显色。

第二节　电泳技术实验举例

实验一　醋酸纤维素薄膜电泳分离血清蛋白

醋酸纤维素薄膜(Cellulose acetate membrance,CAM)是一种由醋酸纤维素加工制成的细密且薄的微孔膜。根据其乙酰化程度、厚度、孔径和网状结构等方面不同而具有不同类型,现已广泛应用于医学临床中各种生物分子的分离、分析中,例如分离血清蛋白、血红蛋白、球蛋白、脂蛋白、糖蛋白、甲胎蛋白、类固醇及同工酶等。对蛋白质样品吸附性小,几乎能完全消除纸电泳中出现的"拖尾"现象,又因为膜的亲水性比较小,它所容纳的缓冲液也少,电泳时电流的大部分由样品传导,所以分离速度快,电泳时间短,样品用量少,电渗作用均一,不影响样品的分离效果;不足之处是分辨率比聚丙烯酰胺凝胶电泳低,由于薄膜厚度小(10~100 μm),样品用量很少,不适于制备。

为了提高电泳速度和分辨率,应根据样品的理化性质选择缓冲液的种类、pH和离子强度。缓冲液浓度太低,区带泳动速度加快并增加区带宽度;浓度过高则使区带移动速度减慢,造成区带不易分离。要特别注意环境温度升高时,因缓冲液蒸发而使浓度增大造成的影响。如血清蛋白电泳时可选pH 8.6的巴比妥缓冲液或硼酸缓冲液,氨基酸的分离则可选用pH 7.2的磷酸缓冲液等。

一、实验目的

掌握醋酸纤维薄膜电泳法分离蛋白质的原理和方法;了解影响电泳的因素。

二、实验原理

蛋白质是两性电解质。在pH值小于其等电点的溶液中,蛋白质为正离子,在电场中向阴极移动;在pH值大于其等电点的溶液中,蛋白质为负离子,在电场中向阳极移动。血清中含有数种蛋白质,它们所具有的可解离基团不同,在同一pH的溶液中,所带净电荷不同,故可利用电泳法将它们分离。血清中含有白蛋白、α-球蛋白、β-球蛋白、γ-球蛋白等,各种蛋白质由于氨基酸组分、立体构象、相对分子质量、等电点及形状不同,在电场中迁移速度不同。由表4.1可知,血清中5种蛋白质的等电点大部分低于pH值7.0,所以在pH 8.6的缓冲液中,它们都电离成负离子,在电场中向阳极移动。

在一定范围内,蛋白质的含量与结合的染料量成正比,故可将蛋白质区带剪下,分别用0.4 mol/L NaOH溶液浸洗下来,进行比色,测定其相对含量。也可以将染色后的薄膜直接用光密度计扫描,测定其相对含量。

表4.1　血清中各种蛋白质的等电点及相对分子质量

蛋白质名称	等电点	相对分子质量
白蛋白	4.88	69 000
α1-球蛋白	5.06	200 000
α2-球蛋白	5.06	300 000
β-球蛋白	5.12	90 000~150 000
γ-球蛋白	6.85~7.50	156 000~300 000

三、试剂和器材

1. 器材

醋酸纤维薄膜(2 cm × 8 cm,厚度 120 μm);新鲜血清(无溶血现象);培养皿;点样器(或载玻片);直尺;单面刀片;镊子;玻璃棒;电吹风;试管;吸管;水浴锅;电泳槽;直流稳压电泳仪;722型(或7220型)分光光度计;剪刀;pH计。

2. 试剂

(1)巴比妥-巴比妥钠缓冲液(pH8.6,离子强度 0.06 mol/L)　取两个大烧杯,分别称取巴比妥钠 12.76 g和巴比妥 1.66 g溶解于蒸馏水并稀释至 1000 mL。用pH计校正后使用。

(2)染色液　氨基黑10B 0.5 g、甲醇 50 mL、冰乙酸 5 mL,加蒸馏水 40 mL,混匀即可。

(3.)漂洗液　95%乙醇 45 mL,冰醋酸 5 mL,混匀即可。

(4)浸出液　0.4 mol/L NaOH溶液。

(5)透明液　冰醋酸 25 mL、无水乙醇 75 mL,混匀即可。

四、操作步骤

(一)仪器和薄膜的准备

将切割整齐的 2 cm × 8 cm 的醋酸纤维薄膜条(可根据需要选择薄膜的大小),浸入巴比妥缓冲液中浸透后,一般至少需要浸泡 20 min。用镊子轻轻取出,吸水纸吸去多余缓冲液。

制作电桥:将电极缓冲液倒入水平电泳槽的两边,使两个电极槽内的液面等高。根据电泳槽的纵向尺寸,在两电极槽分别放入4层纱布,一端浸入缓冲液中,另一端则黏附在电泳槽的支架上,制成纱布桥。它们的作用是联系薄膜与两电极缓冲液之间的中间"桥梁"。

(二)点样和电泳

将薄膜无光泽的一面向上,平放在干净滤纸上,薄膜上再放一张干净滤纸,吸取多余的缓冲液。用玻棒蘸取少量血清,将此血清均匀地涂在载玻片的一端截面上(玻片宽度应小于薄膜),然后轻轻于距纤维薄膜一端 1.5 cm处接触,样品即呈一条状涂于纤维膜上。待血清透入膜内,移去载玻片,将薄膜平贴已放在电泳槽上,并已浸透缓冲液的纱布上,点样端为阴极。接通电源,进行电泳,电泳条件:电压为 100 V,电流 0.4 ~ 0.6 mA(不同的电泳仪所需电压,电流可能不同,应灵活掌握),通电 45 ~ 60 min。

（三）染色

电泳完毕，将薄膜浸于染色液中 5 ~ 8 min。

（四）漂洗

用漂洗液漂至背景无色（4 ~ 5 次），再浸于蒸馏水中。

（五）结果判断

漂洗后薄膜上可见清晰的 5 条区带，由正极端起依次分别为白蛋白、α1-球蛋白、α2-球蛋白、β-球蛋白及 γ-球蛋白。

（六）定量

定量有以下两种方法：

（1）将上述漂净的薄膜用滤纸吸干，剪下薄膜上各条蛋白质色带，另取一条与各区带近似宽度的无蛋白附着的空白薄膜，分别浸于 4.0 mL 0.4 mol/L NaOH 溶液中，37 ℃水浴 30 min，每隔 10 min 摇动 1 次，色泽浸出后，用 722 分光光度计在 620 nm 处比色，以无蛋白区带的空白膜为空白调零，测定各管的吸光度。设各部分吸光度分别为：$A_{清}$、$A_{1\alpha}$、$A_{2\alpha}$、A_{β} 和 A_{γ}。则吸光度总和（$A_{总}$）为：

$$A_{总} = A_{白} + A_{1\alpha} + A_{2\alpha} + A_{\beta} + A_{\gamma}$$

$$白蛋白 = A_{白} / A_{总} \times 100\%$$

$$\alpha1-球蛋白 = A_{1\alpha} / A_{总} A \times 100\%$$

$$\alpha2-球蛋白 = A_{2\alpha} / A_{总} \times 100\%$$

$$\beta-球蛋白 = A_{\beta} / A_{总} \times 100\%$$

$$\gamma-球蛋白 = A_{\gamma} / A_{总} \times 100\%$$

（2）待其完全干燥后，浸入透明液中 10 ~ 20 min，取出，平贴于干净玻片上，干燥，即得背景透明的电泳图谱，可用光密度计测定各蛋白斑点。此图谱可长期保存。

五、注意事项

（1）本实验点样是关键，只能点一下，不能多次点样，而且样品不宜太多。

（2）漂洗的时候不能拖着薄膜在漂洗液中使劲晃动。

六、思考题

（1）为什么用醋酸纤维薄膜电泳分离血清蛋白质时，点样要点在粗糙面，并且粗糙面在电泳的时候要朝下？

（2）你觉得如何可以提高醋酸纤维薄膜电泳分离血清蛋白的分辨率？

实验二　　琼脂糖凝胶电泳法分离乳酸脱氢酶同工酶

琼脂糖是从琼脂中提取出来的,是由D-半乳糖和3,6-脱水-L-半乳糖结合的链状多糖,含硫酸根比琼脂少,因而分离效果明显提高。琼脂糖作为支持体有分辨率高、重复性好的特点;电泳速度快;透明而不吸收紫外线,可直接用紫外检测仪作定量测定;区带可染色,样品易回收,有利于制备。缺点是琼脂糖中有较多硫酸根,电渗作用大。

一、实验目的

(1)学习和掌握电泳法测定血清乳酸脱氢酶同工酶的基本原理;

(2)熟悉电泳法测定血清乳酸脱氢酶同工酶的操作过程、注意事项及对疾病诊断的临床意义。

二、实验原理

来源于同一个体或组织,能催化同一反应,而蛋白结构与理化性质不同的一组酶称为同工酶。同工酶的蛋白结构有差别,它们的理化性质也就有所差异,电泳行为也不一样,因此可用电泳或其他方法将它们分离开来。例如乳酸脱氢酶(LDH)同工酶,它们都能催化乳酸脱氢产生丙酮酸,但经电泳法分离后,就有5个同工酶区带。由于同工酶在不同组织、器官中的分布不同,即具有组织器官的特点。如果机体发生病变,会影响同工酶在不同组织、器官中的分布,因此已利用同工酶的酶谱作临床诊断的依据。

本实验用琼脂糖凝胶电泳法分离人血清乳酸脱氢酶的5个同工酶(LDH_1、LDH_2、LDH_3、LDH_4、LDH_5)。血清乳酸脱氢酶的辅酶是NAD^+,当乳酸脱氢酶催化乳酸脱氢时,NAD^+即被还原成NADH,其反应如下:

$$\begin{array}{ccccccc} & CH_3 & & & & CH_3 & \\ & | & & & & | & \\ H\!-\!C\!-\!OH & & + & NAD^+ & \xrightarrow{\ LDH\ } & C\!=\!O & + \quad NADH\!+\!H^+ \\ & | & & & & | & \\ & COOH & & & & COOH & \end{array}$$

三、试剂和器材

1. 器材

血清;载玻片;电泳槽及电泳仪;镊子。

2. 试剂

(1)巴比妥-HCl缓冲液(pH 8.4, 0.1 M):17.0 g巴比妥钠溶于600 mL水中,加入1 M HCl溶液23.5 mL,再加蒸馏水至1 000 mL。

(2)0.5 M乳酸钠溶液:60 %乳酸钠10 mL,溶于蒸馏水并稀释到100 mL。

(3)0.001 M EDTA-2Na(乙二胺四乙酸钠盐)溶液:称取EDTA-2Na·H_2O 372 mg,溶于蒸馏水并稀释至100 mL。

(4)0.5%琼脂糖凝胶:溶50 mg琼脂糖于5 mL巴比妥-HCl缓冲液(pH 8.4,0.1 M),加蒸馏水5 mL,沸水浴加热,待琼脂糖溶化后,再加0.001 M EDTA-2Na溶液0.2 mL,保存于冰箱中备用。

(5)显色液:溶50 mL NBT(硝基蓝四唑)于20 mL蒸馏水(25 mL棕色量瓶),溶解后,加入NAD$^+$125 mg及PMS(吩嗪二甲酯硫酸盐)12.5 mg,再加蒸馏水至25 mL,该溶液应避光低温保存,一周内有效,如溶液呈绿色,即失效。

(6)电泳用缓冲液(pH 8.6,0.075 M):称取巴比妥钠15.45 g,巴比妥2.76 g溶于蒸馏水,稀释至1 000 mL。

四、操作步骤

1. 琼脂糖凝胶的制备和电泳

将0.5%琼脂糖凝胶在水浴中加温熔化。取熔化的凝胶液平浇于一洁净的电泳装置中的凝胶板上(板的两端用透明胶带封好)约2 cm厚,插入加样梳,放在水平台上冷却,凝胶凝固后,剥去胶带,小心拔去加样梳,将凝胶板放在电泳槽内,用微量加样器加入适量10 μL血清样品,样品端接负极,电泳50～60 min,电流30 mA。

2. 显色

电泳终止前10 min,取巴比妥-HCl缓冲液6.7 mL与显色液5.3 mL及0.5 M乳酸钠溶液2 mL混匀,放入培养皿,将电泳结束后的凝胶放入培养皿中37 ℃避光保温半小时,即显示出5条深浅不等的蓝紫色区带。最靠近阳极端的是LDH$_1$,依次为LDH$_2$、LDH$_3$、LDH$_4$和LDH$_5$。由于哺乳动物血清乳酸脱氢酶各同工酶的百分比是:LDH$_1$ 33.4 %,LDH$_2$ 42.8 %,LDH$_3$ 18.5 %,LDH$_4$3.9 %,LDH$_5$1.4 %,故靠近正极的3条区带最明显,而LDH$_4$和LDH$_5$较难观察到。

五、注意事项

用于实验的血清不能溶血,否则红细胞中的乳酸脱氢酶因细胞破裂释放出来,影响实验结果。

六、思考题

什么是同工酶? 研究同工酶的电泳图谱有何意义?

实验三　琼脂糖凝胶电泳法分离核酸

一、实验目的

学习琼脂糖凝胶电泳的基本原理;掌握琼脂糖凝胶的制备及电泳过程。

二、实验原理

琼脂糖凝胶电泳是用琼脂糖做支持介质的一种电泳方法。其分析原理与一般支持物电泳的最主要区别是,它兼有"分子筛"和"电泳"的双重作用。

琼脂糖是线性的聚合物,基本结构是1,3糖苷键连接的β–D–半乳呋喃糖和1,4糖苷键连接的3,6–脱水α–L–半乳呋喃糖。琼脂糖链形成螺旋纤维,后者再聚合成半径20～30 nm的螺旋结构。琼脂糖在水中一般加热到90 ℃以上溶解,分析呈随机线团状分布,当温度下降到35 ℃～40 ℃时链间糖分子上的羟基通过氢键作用相连接,形成半固体状的网孔状结构即凝胶。琼脂糖凝胶可以构成一个直径从50 nm到约200 nm的3位筛孔的通道。随着凝胶中琼脂糖浓度的不同,形成的孔径大小不同。物质分子通过筛孔时会受到阻力,孔径越小,分子越大,受到的阻力越大,因此,在凝胶电泳中,带电颗粒的泳动速度不仅与带电电荷的性质和数量有关,而且还与分子大小和形状有关。

核酸是两性电解质,其等电点为pH值2～2.5,在常规的电泳缓冲液中(pH值约8.5),核酸分子带负电荷,在电场中向正极移动。核酸分子在琼脂糖凝胶中泳动时,具有电荷效应和分子筛效应,但主要为分子筛效应。核酸分子的迁移率主要由分两方面决定,即DNA分子特性和电泳条件:

1. DNA的分子大小

线状双链DNA分子在凝胶基质中的迁移速率与DNA碱基对数的常用对数成反比,分子越大则所受摩擦阻力越大,越难于在凝胶孔隙中移动,因而迁移得越慢。

2. DNA分子的构象

当DNA分子处于不同构象时,它在电场中移动距离不仅和分子量有关,还和它本身的构象有关。相同分子量的线状、开环和超螺旋质粒DNA在琼脂糖凝胶中移动的速度不同,超螺旋DNA移动得最快,开环状DNA移动最慢。

3. 琼脂糖浓度

对于分子大小相同的线状DNA片段,胶浓度越高电泳速率越慢。不同胶浓度对于DNA片段呈线性关系有所区别,浓度小的胶线性范围较宽,而浓度大的胶对小分子DNA片段呈现较好的线性关系。所以常规实验中对于小片段DNA分子的分离采用高浓度的胶分离,而对于分离大片段则用低浓度的凝胶。表4.2给出了不同浓度凝胶对DNA片段的线性分离范围。

表4.2　不同类型琼脂糖分离DNA片段大小的范围

琼脂糖浓度(%)	分离标准	高强度	低熔点	低黏度低熔点
0.3	—			
0.5	700 bp~25 kb	—		
0.8	500 bp~15kb	800 bp~10 kb	800 bp~10 kb	—
1.0	250 bp~12 kb	400 bp~8 kb	400 bp~8 kb	—
1.2	150 bp~6 kb	300 bp~7 kb	300 bp~7 kb	—
1.5	80 bp~4 kb	200 bp~4 kb	200 bp~4 kb	—
2.0	—	100 bp~3 kb	100 bp~3 kb	
3.0			500 bp~1 kb	500 bp~1 kb
4.0				100 bp~500 bp
6.0				10 bp~100 bp

4. 所用电压

在低电压时,线状DNA片段的迁移速率与所加电压成正比。但是随着电场强度的增加,不同分子量的DNA片段的迁移率将以不同的幅度增长,片段越大,因场强升高引起的迁移率升高幅度也越大,因此电压增加,琼脂糖凝胶的有效分离范围将缩小。要使大于2 kb的DNA片段的分辨率达到最大,所加电压不得超过5 ~ 8 V/cm。

5. 电泳缓冲液

电泳缓冲液的组成及其离子强度影响DNA的电泳迁移率。在没有离子存在时,电导率最小,DNA几乎不移动;在高离子强度的缓冲液中,则电导很高并明显产热,严重时会引起凝胶熔化或DNA变性。目前有3种缓冲液适用于天然双链DNA的电泳:TAE、TBE和TPE。一般常用的DNA电泳选用TAE较多,其电泳时间较快,而且成本比较低,但是其缓冲容量较低,需经常更换电泳液。

凝胶电泳中核酸的位置可以通过特殊的荧光染料来观察。溴化乙啶(Ethidium bromide,EB)是分子生物学实验室过去常用的一种荧光染料,该物质能嵌入DNA分子中形成复合物,在波长为254nm紫外光照射下,EB能发射荧光,从而可以观察到DNA分子在凝胶中的位置。而且荧光的强度与核酸的含量成正比,因此将已知浓度的标准样品作电泳对照,可估算出待测样品的浓度。用溴化乙啶(EB)染色后可直接在紫外光下观察,并且可观察的DNA条带浓度为ng级。由于溴化乙啶是潜在的致癌剂,所以现在一些实验室习惯使用较安全的染料,如Syber Green或SYBR Gold。

三、仪器和试剂

1. 仪器

微量移液器,电泳仪,电泳槽,微波炉。

2. 试剂

(1)50×TAE电泳缓冲液:取Tris 24.2 g,冰醋酸5.7 mL,0.25 mol/L EDTA(pH 8.0)20 mL,加蒸馏水至100 mL。

（2）EB溶液：100 mL水中加入1 g溴化乙啶，磁力搅拌数小时以确保其完全溶解，分装，室温避光保存。

（3）DNA上样缓冲液：0.25 %溴酚蓝，0.25 %二甲苯青，30 %甘油（W/V）或40 %蔗糖。

（4）1 %琼脂糖。

四、操作步骤

1. 制备1%琼脂糖凝胶

（1）称取琼脂糖0.5 g于锥形瓶中，加入1×TAE电泳缓冲液50 mL，置微波炉中将琼脂糖融化均匀。在加热过程中注意不要用大火力，操作者不能离开，及时观察是否沸腾，一旦沸腾，停止加热，数分钟后再短暂加热至沸腾并立即停止，如此2～3次，使琼脂糖充分均匀溶解；加热时应盖上封口膜，以减少水分蒸发。

（2）将洗净晾干的胶槽置于制胶板上（如果边缘开放，则取透明胶带将玻璃板与内槽两端边缘封好，形成模子），将内槽置于水平位置，插上样品梳子，注意观察梳子齿下缘应与胶槽底面保持1 mm左右的间隙，待胶溶液冷却至65 ℃左右时，加入最终浓度为0.5 Mg/mL的EB（也可不把EB加入凝胶中，而是电泳后再用0.5 μg/mL的EB溶液浸泡染色15 min），摇匀，轻轻倒入电泳制胶板上，除掉气泡；待凝胶冷却凝固后，取下胶带，将凝胶放入电泳槽内，加入1×TAE电泳缓冲液，使电泳缓冲液液面刚高出琼脂糖凝胶面1～2 mm，然后垂直轻拔梳子。

2. 上样

在点样板或薄膜上将适量DNA样品和上样缓冲液按照约1∶6体积混合。用10 μL微量移液器分别将样品加入胶板的样品上样孔内，每加完一个样品，应更换一个加样枪头，以防污染，加样时枪头不能戳上样品孔四周及低层凝胶面（注意：加样前要先记下加样的顺序）。留取一个上样孔点上适当的DNA Marker。

3. 电泳

加样后的凝胶板立即通电进行电泳，DNA的迁移速度与电压成正比，最高电压不超过5 V/cm。样品由负极（黑色）向正极（红色）方向移动。电压升高，琼脂糖凝胶的有效分离范围降低。当溴酚蓝移动到距离胶板下沿约1 cm处时，停止电泳。

4. 观察和拍照

将电泳好的胶置于凝胶成像系统上，打开紫外灯，可见橙红色核酸条带，根据条带粗细，可粗略估计样品DNA的浓度。如同时有已知分子量的标准DNA进行电泳，则可通过线性DNA条带的相对位置初步估计样品的分子量。采用凝胶成像系统拍照保存图像。

五、注意事项

（1）EB为潜在的致癌剂，易挥发，操作时要带上一次性手套。如果不小心沾上EB，立即用自来水冲洗。在手套接触过EB后，切不可再戴上该手套去接触门、冰箱和电脑等。凡是沾污了EB的容器或物品必须经专门处理后才能清洗或丢弃。

（2）溶解凝胶时，活力不能过大，设置加热的时间不能超过2 min，而且操作者不能离开，沸腾的凝胶很容易溢出。

（3）上样时枪头一定不能戳穿上样孔。

（4）电泳方向不能放错，否则DNA会离开凝胶进入缓冲液中。

（5）一般样品投入量达50～100 ng每条带即可观察到清晰结果，但如果是珍贵DNA样品，则上样量达电泳的最低分辨率5～10 ng每条带即可。

（6）上样后要即刻启动电源，否则DNA分子会扩散，影响电泳结果。

六、思考题

影响琼脂糖凝胶DNA迁移率的因素有哪些？分别有怎样的影响？

实验四　SDS-聚丙烯酰胺凝胶电泳测定超氧化物歧化酶的相对分子质量

聚丙烯酰胺凝胶是由单体丙烯酰胺（Acrylamide，简称Acr)和交联剂，又称为共聚体的N，N'-亚甲基双丙烯酰胺（Methylene-bisacrylamide，简称Bis），在加速剂和催化剂的作用下聚合交联成的三维网状结构凝胶，以此凝胶为支持物的电泳称为聚丙烯酰胺凝胶电泳，简称PAGE。与其他凝胶相比，聚丙烯酰胺凝胶有以下优点：在一定浓度时，凝胶透明，有弹性，机械性能好；化学性能稳定，与被分离物不起化学反应；对pH和温度变化较稳定；几乎无电渗作用，只要Acr纯度高，操作条件一致，则样品分离重复性好；样品不易扩散，且用量少，其灵敏度可达10^{-6} g；凝胶孔径可调节，根据被分离物的分子量选择合适的浓度，通过改变单体及交联剂的浓度调节凝胶的孔径；分辨率高，尤其在不连续凝胶电泳中，集浓缩、分子筛和电荷效应为一体，因而较醋酸纤维素薄膜电泳、琼脂糖凝胶电泳等有更高的分辨率。

PAGE常用于蛋白质、酶、核酸等生物分子的分离、定性、定量及少量的制备等。除了常规聚丙烯酰胺圆盘及垂直板电泳，还有聚丙烯酰胺梯度凝胶电泳、SDS-聚丙烯酰胺凝胶电泳、等电聚胶电泳及双向凝胶电泳等技术，这些技术在许多方便有共同之处，但又有各自的特点。

聚合反应时产用的催化剂有过硫酸铵及核黄素两个系统。在水溶液中，过硫酸铵离子$S_2O_8^{2-}$可形成游离基SO_4^{2-}，它能使丙烯酰胺单体的双链打开，形成游离基丙烯酰胺，后者和亚甲基双丙烯酰胺单体作用，能聚合成凝胶。催化反应需要在碱性条件下进行，如用7%的丙烯酰胺，在pH 8.3时，30 min就能聚合完毕。为避免溶液中有氧气而妨碍聚合，在反应前可将溶液抽气除氧。核黄素在光照下部分分解并被还原成无色型核黄素；但在有氧的条件下此无色型核黄素又被氧化成为带有游离基的核黄素，后者也能使丙烯酰胺和亚甲基双丙烯酰胺聚合成凝胶。为加速聚合，还加入四甲基乙二胺（TEMED)作为加速剂，促进聚合作用。

聚丙烯酰胺凝胶因富含酰胺基，使凝胶具有稳定的亲水性。它在水中无电离基团，不带电荷，几乎没有吸附及电渗作用，是一种比较理想的电泳支持物。

凝胶孔径的可调性及其有关性质

凝胶性能与总浓度及交联度的关系　凝胶的孔径、机械性能、弹性、透明度、黏度和聚合程度取决于凝胶总浓度Acr与Bis之比。通常用T(%)表示总浓度，即100 mL凝胶溶液中含有Acr及Bis的总质量(g)。Acr和Bis的比例常用交联度C(%)表示，即胶联剂Bis占单体Acr与Bis总量的比例。要想将蛋白质或核酸之类的大分子混合物很好地分离，并在凝胶上形成明显的区带，选择一定孔径的凝胶是个关键。常用的标准凝胶是指浓度为7.5%的凝胶，大多数生物体内的蛋白质在此凝胶中电泳，能获得满意的结果。

凝胶浓度与被分离物分子量的关系　由于凝胶浓度不同，平均孔径不同，能通过的可移动颗粒的分子量也不同。在操作时，可根据被分离物质的分子量大小选择所需凝胶的浓度范围。也可先选用7.5%凝胶(标准胶)，因为生物体内大多数蛋白质在此范围内电泳均可获得较满意的结果。被分离物质的分子量范围与聚丙烯酰胺凝胶浓度的关系见表4.3。

表4.3　被分离物质的分子量范围与聚丙烯酰胺凝胶浓度的关系

被分离物质的分子量范围	适用的凝胶浓度(%)	被分离物质的分子量范围	适用的凝胶浓度(%)
	$<10^4$	20~30		$<10^4$	15~20
	$(1\sim4)\times10^4$	15~20		$10^4\sim10^5$	5~10
蛋白质 $(1\sim5)\times10^4\sim1\times10^5$	10~15	核酸(RNA) $10^5\sim2\times10^6$	2~2.6
	1×10^5	5~10		—	—
	$>5\times10^5$	2~5		—	—

一、实验目的

学习SDS-PAGE测定蛋白质分子量的原理;运用SDS-PAGE测定蛋白质分子及染色鉴定;掌握垂直板电泳的操作方法。

二、实验原理

超氧化物歧化酶(Orgotein,Superoxide dismutase,SOD),别名肝蛋白、奥谷蛋白(简称SOD)。SOD是一种源于生命体的活性物质,能消除生物体在新陈代谢过程中产生的有害物质。对人体不断地补充SOD具有抗衰老的特殊效果。是一种含有金属元素的活性蛋白酶,其原理是在聚丙烯酰胺凝胶系统中,加入一定量的十二烷基硫酸钠(SDS)使蛋白样品与SDS结合形成带负电荷的复合物,由于复合物分子量的不同,在电泳中反映出不同的迁移率。根据标准样品在该系统电泳中所作出的标准曲线,推算出被测蛋白样品分子量的近似值。

在蛋白质混合样品中各蛋白质组分的分子大小和形状以及所带电荷多少等因素所造成的电泳迁移率有差别。在聚丙烯酰胺凝胶系统中,加入一定量的十二烷基硫酸钠(SDS),形成蛋白质-SDS复合物,这种复合物由于结合了大量的SDS,使蛋白质丧失了原有的电荷状态,形成了仅保持原有分子大小为特征的负离子团块,从而降低或消除了各种蛋白质分子之间的天然的电荷差异,此时,蛋白质分子的电泳迁移率主要取决于它的分子量大小,而其他因素对电泳迁移率的影响几乎可以忽略不计。

电泳过程中分子迁移的规律,小分子越跑在前面,大分子滞后。电泳凝胶相当于凝胶过滤中的一个孔胶粒。当蛋白质的分子量在15 000～200 000之间时,电泳迁移率与分子量的自然对数值呈反比,符合下列方程:

$$\ln M_r = -bm_R + K$$

式中:M_r为蛋白质分子量,m_R为相对迁移率,b为斜率,K为截距。在条件一定时,b与K均为常数。

若将已知分子量的标准蛋白质的迁移率对分子量的对数作图,可获得一种标准内环线。未知蛋白质在相同条件下进行电泳,根据它的电泳迁移率即可在标准内环线上求得其分子量。

三、试剂和器材

1. 器材

直流稳压电泳仪、垂直平板电泳槽、移液器、烧杯、数码凝胶图片处理系统、电磁炉、微波炉、旋涡振荡仪、1~5 mL离心管与离心架。

2. 试剂

(1)丙烯酰胺单体贮存液(T=30%,C=3%):称取14.55 g丙烯酰胺和0.45 g N-甲叉双丙烯酰胺,先用40 mL双蒸水搅拌溶解,直到溶液变成透明,再用双蒸水稀至50 mL,过滤。用棕色瓶可在4℃保存1个月。丙烯酰胺和亚甲基双丙烯酰胺及溶液是中枢神经毒物,要小心操作。使用时如有沉淀结晶出现,可通过水浴加热使其重新溶解。

(2)浓缩胶缓冲液贮存液(0.5 mol/L Tris-HCl,pH 6.8):称取3.03 g Tris溶解在40 mL双蒸水中,用4 mol/L盐酸调pH至6.8,再用双蒸水稀至50 mL,保存在4℃备用。

(3)分离胶缓冲液储存液(1.5 mol/L Tris-HCl,pH 8.9):称取18.16 g Tris溶解在80 mL双蒸水中,用4 mol/L盐酸调pH至8.9,再用双蒸水稀释至100 mL,保存在4℃备用。

(4)10%过硫酸铵:称取0.1 g过硫酸铵加1.0 mL双蒸水。使用前新鲜配制。

电泳缓冲液(0.025 mol/L Tris,0.2 mol/L甘氨酸,pH 8.3):称取15.14 g Tris加72.07 g甘氨酸,用双蒸水稀释到5 L;可在室温保存一个月。

(5)5×Tris-甘氨酸电泳缓冲液:称取Tris/碱15.1 g,甘氨酸94 g,SDS 5 g,定容至1 000 mL。使用时将其稀释成1×Tris-甘氨酸工作液。

(6)5×上样Buffer:SDS 2.0 g,二硫苏糖醇(DTT)1.0 g,溴酚蓝2.0 g,甘油10 g,0.1 M Tris-HCl 10 mL,将各种成分充分混匀后溶解,调节其pH为6.8,贴好标签,-20℃贮存。

(7)脱色液(10%冰醋酸)。

(8)染色液(考马斯亮蓝):考马斯亮蓝2.5 g,甲醇500 mL,冰醋酸100 mL,蒸馏水400 mL。

(9)标准蛋白,待测样品。

四、操作步骤

1. 制胶　安装玻板:对齐一薄一厚两块玻板,将对齐的玻板放入夹胶框中,用夹胶框夹紧玻板,将夹紧的玻板夹在制胶架的胶垫上。

2. 灌胶　根据所需胶的数量,按表4.4配制不同体积。本实验所配制的凝胶分离胶浓度为12%,浓缩胶浓度为5%。

表4.4　不连续电泳浓缩胶和分离胶的配方

试剂用量	凝胶终浓度T(C=3%)				
	4%	7.5%	10%	15%	20%
单体贮存液/mL	0.65	3.8	5.0	7.5	10.0
浓缩胶缓冲液贮存液/mL	0.10	—	—	—	—
分离胶缓冲液储存液/mL	—	0.3	0.3	0.3	0.3

续表

试剂用量	凝胶终浓度 T(C=3 %)				
	4 %	7.5 %	10 %	15 %	20 %
双蒸水/mL	4.25	10.9	9.7	7.2	4.7
10 %过硫酸铵/μL	15	15	15	15	15
TEMED/μL	7	7	7	7	7
总体积/mL	5	15	15	15	15

先配制 12 %浓度分离胶液,按表依次加入各种成分后,用移液枪充分混匀后,用移液枪灌注至备好的玻板夹层内,当灌注至离玻板上方还剩 2 cm 左右时,立即轻轻在剩余玻板夹层内滴加蒸馏水,以压平胶,待放置胶完全凝固后,在分界面形成一条清晰可见的水胶界面线。倒掉夹层内多余的蒸馏水,用吸水纸吸干剩余水分。再配制 5 %浓度积层胶液,按图依次加入各种成分后,用移液枪充分混匀,用移液枪灌注剩余玻板夹层内,灌注满夹层时,立即将电泳梳慢慢的插入夹层中。待放置胶完全凝固后,将制备好的凝胶放入密封袋内,封存于 4 ℃冰箱备用。

3. 制样　将待测样品与标准蛋白分别加入适量的缓冲液,充分混匀后,放入沸水浴中加热 3~5 min。于室温冷却后备用。

4. 加样　将制备好的 SDS–聚丙烯酰胺凝胶板与透明挡板正确地安置于电极芯内,加入电极缓冲液,双手小心将玻板夹层内的电泳梳拔出,此时可以清晰地看到电泳梳留下的凹孔。最后将上述制备好的样品用移液枪加至凹孔内,同时加入 Marker。

5. 电泳　正确安置电泳槽后,打开电泳电源开关,刚开始跑时电压不高于 100 V,待样品跑至分离胶后其电压可不高于 200 V。待指示剂染料迁移至下缘 1 ~ 1.5 cm 处停止电泳。电泳结束后关闭稳压电源,从电泳槽卸下胶。

6. 电泳后样品处理　将跑完后的凝胶用剥胶铲轻轻地将夹层胶分开并取出凝胶片,将积层胶切除后放入适宜盒子内,加入 30 mL 染色液,于电磁炉内中高温加热 1 ~ 5 min 后,放置平板摇床 5 min 后取出,再向盒子内加入 30 mL 脱色液,于电磁炉内中高温加热 1 ~ 5 min 后,放置平板摇床 10 min 后取出,若脱色不完全可重复上述脱色操作,直至凝胶上的蛋白条带最为清晰。

7. 拍照并分析保存　将处理好的凝胶于数码凝胶图片处理系统进行拍照并计算。相对分子质量的计算:量出分离及顶端距溴酚蓝间的距离(cm)以及各蛋白质样品区带中心与分离胶顶端的距离(cm),按下式计算相对迁移率 m_R:相对迁移率 m_R=蛋白质样品距分离胶顶端迁移距离(cm)/溴酚蓝区带中心距分离胶顶端距离(cm)。

以标准蛋白质分子量的对数对相对迁移率作图,得到标准曲线,根据待测样品相对迁移率,从标准曲线上计算出其分子量。

五、注意事项

(1)在加入硫酸铵和 TEMED 以前,溶液最好抽气。

(2)过硫酸铵和 TEMED 的量应根据室温和聚合情况而定,控制在 30 min 左右凝胶聚合。过硫酸铵必须新鲜配制。

(3)欲配制不同终浓度、不同厚度或不同大小的凝胶,可根据4.4表中的体积按比例变化。

(4)凝胶聚合后,应在4℃保存12 h再使用,以使凝胶充分聚合,改善电泳时的分辨率。

(5)表中T为7.5%、10%、15%、20%(C=3%)的分离胶可作为连续电泳用的分离胶。

(6)样品缓冲液(0.1 mol/L Tris-HCl,pH 6.8)2 mL浓缩胶缓冲液贮存液加入1 mL 87%甘油和0.1 mg溴酚蓝,用双蒸水稀释至10 mL;可在-20℃保存6个月。

六、思考题

(1)简述SDS-PAGE测定蛋白质相对分子量的基本原理。

(2)不连续聚丙烯酰胺凝胶电泳有何特点和优点?

实验五　等电聚焦电泳法测定鸡卵类黏蛋白的等电点

等电聚焦(Isoelectric focusing,简称IEF)已发展成为一门成熟的近代生化实验技术。目前等电聚焦技术已可以分辨等电点(pI)只差0.001 pH单位的生物分子。由于其分辨力高,重复性好,样品容量大,操作简便迅速,在生物化学、分子生物学及临床医学研究中得到广泛的应用。

蛋白质分子是典型的两性电解质分子。它在大于其等电点的pH环境中解离成带负电荷的阴离子,向电场的正极泳动,在小于其等电点的pH环境中解离成带正荷的阳离子,向电场的负极泳动。这种泳动只有在等于其等电点的pH环境中,即蛋白质所带的净电荷为零时才能停止。如果在一个有pH梯度的环境中,对各种不同等电点的蛋白质混合样品进行电泳,则在电场作用下,不管这些蛋白质分子的原始分布如何,各种蛋白质分子将按照它们各自的等电点大小在pH梯度中相对应的位置处进行聚焦,经过一定时间的电泳以后,不同等电点的蛋白质分子便分别聚焦于不同的位置。这种按等电点的大小,生物分子在pH梯度的某一相应位置上进行聚焦的行为就称为"等电聚焦"。等电聚焦的特点就在于它利用了一种称为两性电解质载体的物质在电场中构成连续的pH梯度,使蛋白质或其他具有两性电解质性质的样品进行聚焦,从而达到分离、测定和鉴定的目的。

两性电解质载体,实际上是许多异构和同系物的混合物,它们是一系列多羧基多氨基脂肪族化合物,分子量在300～1 000之间。常用的进口两性电解质为瑞典Pharmacia-LKB公司生产的Ampholine和Pharmalyte。两性电解质在直流电场的作用下,能形成一个从正极到负极的pH值逐渐升高的平滑连续的pH梯度。

在聚焦过程中和聚焦结束取消外加电场后,保持pH梯度的稳定是极为重要的。为了防止扩散,稳定pH梯度,就必须加入一种抗对流和扩散的支持介质,最常用的支持介质就是聚丙烯酰胺凝胶。当进行聚丙烯酰胺凝胶等电聚焦电泳时,凝胶柱内即产生pH梯度,当蛋白质样品电泳到凝胶柱内某一部位,而此部位的pH值正好等于该蛋白质的等电点时,该蛋白质即聚焦形成一条区带,只要测出此区带所处部位的pH值,即为其等电点。电泳时间越长,蛋白质聚焦的区带就越集中,越狭窄,分辨率越高。这是等电聚焦的一大优点,不像一般的其他电泳,电泳时间过长则区带扩散。所以等电聚焦电泳法不仅可以测定等电点,而且能将不同等电点的混合的生物大分子进行分离和鉴定。

一、实验目的

了解等电聚焦的原理;通过对鸡卵类黏蛋白等电点的测定,掌握聚丙烯酰胺凝胶垂直管式等电聚焦电泳技术。

二、实验原理

等电点聚焦(IEF)是在电场中分离蛋白质技术的一个重要发展,IEF实质就是在稳定的pH梯度中按等电点的不同分离两性大分子的平衡电泳方法。

在电场中充有两性载体和抗对流介质,当加上电场后,由于两性载体移动的结果,在两极之间逐步建立起稳定的pH梯度,当蛋白质分子或其他两性分子存在于这样的pH梯度中时,这种分子便会由于其表面电荷在此电场中运动,并最终到达一个使其表面静电荷为零的区带,这时的pH则是这种分子的pI。聚焦在等电点的分子也会不断地扩散。一旦偏离其等电点后,由于pH环境的改变,分子又立即得到正电荷或负电荷,从而又向pI迁移。因此,这些分子总是处于不断地扩散和抗扩散的平衡之中,在pI处得以"聚焦"。

三、材料、试剂与器材

1. **材料** 已制备好的鸡卵类黏蛋白样品(0.5 mg/mL)。

2. **器材**

电泳仪、垂直管式圆盘电泳槽一套、注射器与针头、移液管、pH计、烧杯、微量移液器(100 μL)、玻璃管(内径5 cm,长80~100 cm)、培养皿、小刀、封口膜。

3. **试剂**

(1)两性电解质Ampholine(瑞典Pharmacia公司新产品,称为Pharmalyte)pH 3~10,浓度为40%。

(2)丙烯酰胺溶液:称取丙烯酰胺(Acr)30 g,甲叉双丙烯酰胺(Bis)1.0 g,用蒸馏水溶解后定容至100 mL,过滤,4℃贮存。

(3)TEMED。

(4)1.0%过硫酸铵溶液:临用时配制。

(5)正极缓冲液:0.2%(V/V)硫酸或磷酸。

(6)负极缓冲液:0.5%(V/V)乙二胺水溶液。

(7)固定液:10%(W/V)三氯乙酸。

(8)染色液:考马斯亮蓝R_{250}2.0 g以1 000 mL 50%甲醇溶解。使用时取93 mL,加入7.0 mL冰醋酸,摇匀即可使用。

(9)脱色液:按5份甲醇、5份水和1份冰醋酸混合即可。

(10)聚焦指示剂:肌红蛋白(pI=6.7)、细胞色素C(pI=10.25)或甲基红染料(pI=3.75)。

(11)蛋白质等电点标准。

四、操作步骤

1. **凝胶制备**

按表4.5的比例配制7.5%凝胶。吸取丙烯酰胺贮备溶液,过硫酸铵和水于50 mL的小烧杯内混匀,在真空干燥器中抽气10 min(有时可省略此步,并不影响实验结果)。然后加入0.3 mL mAmpholine、0.1 mL鸡卵类黏蛋白待测样品和0.1 mL TEMED溶液,混匀后立即注入已准备好的凝胶管中,胶液加至离管顶部5 mm处,在胶面上再覆盖3 mm厚的水层,应注意不要让水破坏胶的表面,室温下放置20~30 min即可聚合。

表4.5　凝胶工作液配比

30 %凝胶贮液	2.0 mL
水	5.1 mL
pH 3~10 Ampholine	0.3 mL
鸡卵类黏蛋白样品	0.1 mL
1 %过硫酸铵	0.4 mL
TEMED	0.1 mL

凝胶一般选用3 % ~ 7.5 %的浓度。7.5 %浓度的凝胶具有较好的机械强度,又允许15万以下的球蛋白分子有足够的迁移率,应用较广。若使用较低浓度的凝胶时,可在胶中加入0.5 %的琼脂糖,以增加凝胶的机械强度。

2. 点样

用细长滴管加入溶液至10 cm高处,胶面上加3~3 cm高水层,进行封闭,聚合10~50 min,吸去凝胶柱表面上的水层,将凝胶管垂直固定于圆盘电泳槽中。于电泳槽下槽加入0.2 %的硫酸(或磷酸)作正极;上槽加入0.5 %的乙醇胺(或乙二胺)作负极;将管接入电泳槽,要求上端浸入液面,下端不接触下槽底面,注意排除凝胶下表面的气泡;柱状电泳点样量一般在5~100 μg,都能得到满意的结果。要提高点样量应该考虑到两性电解质载体的缓冲能力,随着点样量的增加,应该适当提高两性电解质的含量。

为观察聚焦状况,可在样品中加入聚焦指示剂,如带红颜色的肌红蛋白(pI=6.7)、细胞色素C(pI=10.25)或甲基红染料(pI=3.75),以指示聚焦的进展情况。

3. 电泳

打开电源,将电压恒定为160 V,因为聚焦过程是电阻不断加大的过程,故聚焦电泳过程中,电流将不断下降,降至稳定时,即表明聚焦已完成,继续电泳约30 min后,停止电泳,全程需3 ~ 4 h。

4. 剥胶

电泳结束后,取下凝胶管,用水洗去胶管两端的电极液,将聚胶后的含蛋白质样品的凝胶借助注射器针头注水取出;取出胶条后,以胶条的正极为"头",负极为"尾",若胶条的正、负端不易分清,可用广泛pH试纸测定,正极端呈酸性,负极端呈碱性。剥离后,量出并记录凝胶的长度。

5. 固定、染色和脱色

取其中的凝胶条3根,放在固定液中固定3 h(或过夜),然后转移到脱色液中浸泡,换3次溶液;每次10 min,浸泡过程中不断摇动,以除去Ampholine。量取并记录漂洗后的胶条长度。此时应注意不要把胶条折断或正、负端弄混。而后把胶条放到染色液中,在室温下染色45 min,取出胶条,用水冲去表面附着的染料,放在脱色液中脱色,不断摇动,并更换3~5次脱色液,待本底颜色脱去,蛋白质区带清晰时,量取并记录凝胶长度,以及蛋白质区带中心至正极端的距离。

6. pH 梯度的测量

常用的测定 pH 梯度的方法有三种：

(1)切段法：将未经固定的胶条两根，按照从正极端(酸性端)到负极端(碱性端)的顺序切成 0.5 cm 长的区段，按次放入有标号的、装有 1 mL 蒸馏水的试管中，浸泡过夜。然后用精密 pH 试纸测出每管浸泡液的 pH 并记录。有条件的，最好用精密 pH 计测定，可提高测定的精确度，本实验采用切段法测定 pH 梯度。

(2)标准蛋白法：即选择一系列已知等电点的蛋白质进行聚焦电泳，经固定、染色、脱色后，测定各条区带到阳极端的距离，各种蛋白质所在位置的 pH，就是它们各自的等电点。以此为标准，测知待测样品的等电点。

(3)表面微电极法：即用表面微电极在胶表面上定点测定 pH。

五、结果与计算

(1)pH 梯度曲线的制作：以胶条长度(mm)为横坐标，各区段对应的 pH 的平均值为纵坐标，在坐标纸上作图，可得到一条近似直线的 pH 梯度曲线。由于测得的每一管的 pH 是 5 mm 长凝胶各点 pH 的平均值，因此作图时可把此 pH 视为 5 mm 小段中心区的 pH，于是第 1 小段的 pH 所对应的凝胶条长度应为 2.5 mm；第 2 小段的 pH 所对应的凝胶条长度应为 $(5 \times 2 - 2.5 = 7.5)$ mm；由此类推，第 n 小段的 pH 所对应的凝胶条长度应为 $(5n - 2.5)$ mm。

(2)待测蛋白质样品等电点的计算：

①按下列公式计算蛋白质聚焦部位距凝胶柱正极端的实际长度(以 Lp 表示)：

$$Lp = l_p \times l_1 / l_2$$

式中：l_p——染色后蛋白质区带中心至凝胶柱正极端的长度；

l_1——凝胶条固定前的长度；

l_2——凝胶条染色后的长度。

②根据上式计算待测蛋白质的 Lp，在标准曲线上查出所对应的 pH，即为该蛋白质的等电点。

六、注意事项

(1)丙烯酰胺和甲叉双丙烯酰胺是神经性毒物，操作时戴手套，并且不要污染台面；

(2)盐离子可干扰 pH 梯度形成并使区带扭曲，进行 IEF-PAGE 时，样品应透析或用 SephadexG-25 脱盐，以免不溶小颗粒引起拖尾。

七、思考题

(1)等点聚焦的原理是什么？

(2)等点聚焦和 SDS-PAGE 组成的双向电泳在蛋白质组学研究中有何意义？

第 五 章 生物大分子的分离制备技术

第一节 生物大分子分离制备的基本知识

一、生物大分子物质的制备意义及制备方法分类

生物大分子物质包括蛋白质、核酸、酶、糖类、脂类等与生命基本组成和代谢息息相关的物质。其中蛋白质、酶和核酸在生物体内具有十分重要的生理功能。蛋白质是生命现象的基础，核酸是遗传信息的携带者，酶是生物催化剂。对生物大分子结构与功能的研究，具有十分重要的理论和实践意义。制备高纯度的生物大分子，是对其结构与功能进行深入研究的首要条件。

生物大分子的制备是一项复杂而细致的工作，涉及物理学、化学和生物学的知识。其基本原理主要有两个方面：一是利用混合物中几个组分分配率的差别，把它们分配于可用机械方法分离的两个或几个物相中，如盐析、有机溶剂提取、层析和结晶等；二是将混合物置于单一物相（大多是液相）中，通过物理力场的作用使各组分分配于不同区域而达到分离的目的，如电泳、离心、超滤等。生物大分子所能分配的物相一般限于固相和液相，并在这两相间交替进行分离纯化。

依理化性质，分离、纯化生物大分子的方法大体可分为4个类型：

（1）按分子大小和形状分：采用差速离心、过滤、分子筛、透析等方法。

（2）按溶解度分：采用盐析、溶剂抽提、分配层析、逆流分配、结晶等方法。

（3）按电荷差异分：采用电泳、电渗析、等电点沉淀、离子交换层析、吸附层析等方法。

（4）按生物功能专一性分：采用亲和层析法。

二、生物材料处理的常用方法

（一）材料的选择和预处理

动物、植物、微生物皆可以作为生物大分子的制备原材料，在材料的选择上，一般应注意以下几个原则：

1. 选择有效成分含量高的材料 首先应弄清目的物在不同的生物体或同一生物体不同组织中的含量差异，尽可能选择含量丰富的部位进行分离，其含量差异可能导致分离纯化的难易程度不同。在动物体生长发育的不同阶段，取材也有不同。如制备抗体蛋白主要选用免疫动物的血液；制备细胞色素C蛋白，主要选用含量最多的动物心脏组织；提取胰蛋白酶则选用动物胰脏。

2. 来源丰富易得　各类生物大分子在细胞内的分布是不同的。DNA几乎全部集中在细胞核内,RNA则大部分分布于细胞质,各种酶在细胞内分布也有一定位置。因此制备细胞器上的生物大分子时,须预先对整个细胞结构和各类生物大分子在细胞内的分布有所了解。以肝细胞为例整理如表5.1

表5.1　一些生物大分子在细胞内的分布情况

细胞器名称	主要蛋白质及酶类	核酸类
细胞核	精蛋白、组蛋白、核酸合成酶系	RNA占总量10%左右,DNA几乎全部
线粒体	电子传递、氧化磷酸化、三羧酸循环、脂肪酸氧化、氨基酸氧化、脲合成等酶系	RNA占总量5%左右,DNA微量
内质网(微粒体)	蛋白质合成酶系、羟化酶系	RNA占总量50%左右
溶酶体	水解酶系(包括核酸酶、磷酸酯酶、组织蛋白酶、糖苷及糖苷酶等)	
高尔基体	糖苷转移酶、黏多糖、类固醇合成酶系	
细胞膜	载体与受体蛋白、ATP酶、环化腺苷酶、5′-核苷酸酶、琥珀酸脱氢酶、葡萄糖-6-磷酸酶等	
细胞液	嘧啶和嘌呤代谢、氨基酸合成酶系、可溶性蛋白类	RNA(主要为tRNA)占总量30%

3. 应选择新鲜材料　选材时要注意植物的季节性、微生物的生长期和动物的生理状态。如:微生物生长的对数期,酶与核酸的含量较高。

4. 所提取分离的目的物易与非目的物分离　进一步搞清楚目的物在细胞不同部位的分布以及目的物的物理、化学和生物学特性,有利于选择合适的预处理方法和分离纯化方法,使提取和分离的目的性更强、准确性更高。

材料选定后,通常要进行预处理,如动物组织要剔除结缔组织、脂肪组织等非活性部位,植物种子先行去壳、除脂,微生物需将菌体和发酵液分离开,暂时不用的材料需冰冻保存。

(二)细胞的破碎及细胞器的分离

1. 细胞的破碎　除了提取液和细胞外某些多肽激素、蛋白质和酶不需破碎细胞膜,对于细胞内和多细胞生物组织中各种生物大分子的分离提纯都需要事先将细胞和组织破碎,使生物大分子充分释放到溶液中。不同生物体或同一生物体的不同组织,其细胞破碎难易不一致,因此使用方法也不完全相同,通常几种方法共同使用。以下是常用的破碎细胞的方法。

(1)机械破碎法:主要通过机械切力的作用使组织细胞破坏。常用方法有:

①捣碎法　利用高速组织捣碎机(具高速转动的锋利刀片,转速可达10 000 r/min)旋转叶片产生的剪切力将组织细胞破碎。宜用于动物内脏组织、植物叶芽及细菌的细胞破碎。

②匀浆法　利用匀浆器的两个磨砂面相互摩擦,将细胞磨碎的方法。适用于那些易于分散、比较柔软、颗粒细小的组织细胞。匀浆器由一个内壁经磨砂的外套管和一根表面经磨砂的研杆组成,两者必须配套使用,其间隙只有十分之几毫米。匀浆器常由硬质磨砂玻璃制成,也可用不锈钢或硬质塑料制作。匀浆法对细胞破碎程度较高速捣碎机高,机械切力对分子破坏较小。

③研磨法　利用研钵、石磨、球磨等研磨器械所产生的剪切力将组织细胞破碎的方法。研磨时可加氧化铝、石英砂及玻璃粉等助磨,但有时加磨细剂研磨时往往使局部生热导致变性或pH显著变化(尤其用玻璃粉和氧化铝时),磨细剂的吸附也可导致损失。此法常用于微生物和植物组织细胞的破碎。

(2)物理破碎法:主要通过温度、压力、声波等各种物理因素的作用,使组织细胞破碎的方法。多用于微生物细胞的破碎。常见的有以下几种:

①反复冻融法　于冷库或干冰将样品冷冻至零下15 ℃~20 ℃使之冻固,然后缓慢地融解,如此反复操作,使大部分细胞及细胞内颗粒破坏。多用于动物性材料。

②冷热交替法　利用温度的突然变化,细胞由于热胀冷缩的作用而破碎的方法称为温度差破碎法。例如将材料投入沸水中,于90 ℃左右维持数分钟,立即置于冰浴中使之迅速冷却。或将在−18 ℃冷冻的细胞突然放进热水中,绝大部分细胞将被破坏。此法对于那些较为脆弱、易于破碎的细胞如革兰氏阴性细菌等有较好的破碎效果。

③超声波破碎法　利用超声波发生器所发出的10~25 kHz的声波或超声波的作用,使细胞膜产生空穴作用而使细胞破碎的方法。超声波细胞破碎的效果与输出功率、破碎时间有密切关系,一般的操作条件为:频率10~20 kHz,输出功率100~150 W,温度0 ℃~10 ℃,pH 4~7,处理时间3~15 min,常采用低温、间歇操作的方法效果较好。应用超声波处理时应注意避免溶液中气泡的存在,处理一些超声波敏感的蛋白酶时宜慎重。

④压力差破碎法　通过压力的突然变化使细胞破碎的方法。常用的有高压冲击法、突然降压法及渗透压变化法等。高压冲击法是在结实的容器中装入细胞和冰晶、石英砂等混合物,然后用活塞或冲击锤施以高压冲击(50~500 MPa)而使细胞破碎的方法;突然降压法是将细胞悬浮液装进高压容器,加高压至30 MPa甚至更高,打开出口阀门,使细胞悬浮液迅速流出,出口处的压力突然降低到常压,细胞迅速膨胀而破碎,适用于大肠杆菌等革兰氏阴性菌;渗透压变化法利用渗透压的变化使细胞破碎,如先将细胞悬浮于高渗溶液中平衡一段时间,然后将离心收集的细胞迅速置于低渗溶液中,由于细胞内外渗透压差别而使细胞破碎,此法对革兰氏阳性菌不适用。

⑤微波破碎法　该法是近年来建立的,将微波和传统溶剂提取相结合而形成的一种细胞破碎提取方法。微波是波长介于1 mm~1 m的电磁波,在传输过程中遇到不同物料时会产生反射、穿透、吸收现象。细胞吸收微波能后,其内部温度迅速上升,细胞内部压力超过细胞壁承受能力而使细胞膨胀破裂,目的物同时进入到提取溶剂中。该方法是一种应用前景较好的处理方法。

(3)化学及生物化学破碎法

①有机溶媒法　有机溶剂可使细胞壁或膜中的类脂结构破坏,改变细胞壁或细胞膜的透过性,从而使与膜结合的酶或胞内酶等释放出胞外。常用的有机溶剂有甲苯、丙酮、丁醇、氯仿等。例如将粉碎后的新鲜材料在0 ℃以下加入5~10倍量的丙酮,迅速搅拌均匀,能破碎细胞膜,破坏蛋白质与脂质的结合,使细胞内容物被释放。

②**表面活性剂处理**　表明活性剂可促使细胞某些组分溶解,其溶解作用有助于细胞破碎。离子型表面活性剂对细胞破碎的效果较好,但因其会破坏酶结构,所以一般采用非离子表面活性剂,较常用的有 SDS、Trition X-100、Tween 等。此法常用于膜结合酶的提取。

③**自溶法**　将待破碎的新鲜材料在一定 pH 和适当的温度条件下保温,利用自身的蛋白酶将细胞破坏,使细胞内含物释放出来的一种方法。该法比较稳定,变性较难,蛋白质不被分解而可溶化。如利用该法可从胰脏制取羧肽酶。但自体融解过程中 pH 显著变化,因而需不断调节 pH,且所需自溶时间较长,不易控制,所以制备活性蛋白质时较少用。

④**酶学破碎法**　与前述的自溶法同理,即通过细胞本身的酶系或外加酶制剂的催化作用,分解并破坏细胞壁组分的特殊化学键而达到破碎细胞目的的方法称为酶学破碎法。溶菌酶是应用最广泛的酶,它能水解多种菌体膜的多糖类,主要应用于细胞螯合肽聚糖的细菌类的细胞破碎。1 g 菌体加 1~10 mg 溶菌酶,pH 6.2~7.0 1 h 内可完全溶菌。另外,几丁质酶可使霉菌细胞破碎,纤维素酶、半纤维素酶和果胶酶混合使用,可使植物细胞壁破碎,用胰蛋白酶等蛋白酶可除去变性蛋白质。酶学破碎法的特点是专一性强,条件温和,但往往造价较高。

不管采用上述哪种方法破碎细胞,都需要在一定稀盐溶液或缓冲溶液中进行,且需加某些保护剂,以防止生物大分子的变性及降解。

2. 细胞器的分离　制备某种生物大分子时,往往需要采用细胞中某一部分为材料,或者为了纯化某一特定细胞器上的生物大分子,通常破碎细胞后,需先分离各组分以防干扰。因此细胞器的分离对制备一些高难度和高纯度的生物大分子是必要的。细胞器的分离一般采用差速离心法,此法是利用细胞各组分质量大小不同,在离心管不同区域沉降的原理,分离出所需组分。分离得到的细胞器,其纯度可采用电子显微镜法、免疫学法或测定标志酶活力法进行鉴定。

三、生物大分子的提取(粗提)技术

提取又称抽提或萃取,其作用是将经过处理或破碎了的细胞置于一定的条件和溶剂中,让被提取的生物大分子充分释放出来。提取效果如何,取决于该物质在溶剂中溶解度的大小和该物质的分子结构及使用溶剂的理化性质。一般来说,极性物质易溶于极性溶剂,非极性物质易溶于非极性有机溶剂。碱性物质易溶于酸性溶剂,酸性物质易溶于碱性溶剂中;除此之外,物质的溶解度还与温度和 pH 值有关系,通常随温度升高,物质溶解度增大。不同 pH 条件下,物质溶解度各不相同,在远离生物大分子等电点的 pH 值时溶解度增加;另外,从细胞中提取生物大分子也受扩散作用的影响和分配定律的支配。由于影响提取效果的因素较多,在实际制备时应根据经验并结合具体实验条件灵活地加以应用。

1. 提取的方法　根据提取时所采用的溶剂或溶液的不同,提取方法主要分为盐溶液提取、酸溶液提取、碱溶液提取和有机溶剂提取等。

(1)盐溶液提取:在进行核酸的提取时,可利用 DNA 和 RNA 在不同浓度盐溶液中溶解度的不同而将两者加以分离,一般采用 0.14 mol/L 的氯化钠溶液抽提 RNA 而用 1 mol/L 的氯化钠溶液提取 DNA。用该法进行蛋白质的提取时,一般用 0.02~0.5 mol/L 的稀盐溶液。

(2)酸溶液提取:有些生化物质在酸性条件下溶解度较大且稳定性较好,宜用酸溶液提取。如蛋白质的提取通常选用pH 3～6的溶液,例如胰蛋白酶可用0.12 mol/L的硫酸溶液提取。用酸溶液提取生物大分子应注意溶液的pH不应过低,否则可能导致生物分子变性失活。

(3)碱溶液提取:有些在碱性条件下溶解度较大且稳定性较好的生物大分子可采用碱溶液提取。如细菌L-天冬酰胺酶可用pH 11～12.5的碱溶液提取。提取时同样应注意溶液pH值不能过高,添加碱液时应注意搅拌以免出现局部过碱而引起目的物失活。

(4)有机溶剂提取:用有机溶剂提取生化物质可分为固-液提取和液-液提取(萃取)两类。

①固-液提取　常用于不溶于水的脂质、脂蛋白、膜蛋白结合酶等的提取。在选用有机溶剂时,一般采用"相似相溶"的原则,常用的有机溶剂有甲醇、乙醇、丙酮、丁醇等极性溶剂以及乙醚、氯仿、苯等非极性溶剂。在分离物质时,有单一溶剂分离法与多种溶剂组合分离法。如用丙酮从动物脑中提取胆固醇,可以单用丙酮分离胆固醇,也可以多种溶剂组合使用,即先用丙酮,再用乙醇,最后用乙醚提取,则可依次分离出胆固醇、卵磷脂和脑磷脂。

②液-液萃取　利用混合物中各成分在两种互不相溶的溶剂中分配系数的不同,将溶质从一个溶剂相向另一个溶剂相转移的操作。影响萃取的因素主要是目的物在两相溶剂中的分配比和有机溶剂的用量。在使用萃取时应注意:Ⅰ.选用溶剂必须具有较高的选择性,即各种溶质在所选溶剂中的分配系数差异越大越好;Ⅱ.提取后,溶质与溶剂要容易分离回收,且两种溶剂的密度应有一定的差异以防止乳化现象的发生;Ⅲ.应选用无毒、不易燃烧且价廉易得的溶剂。

(5)表面活性剂提取:表面活性剂又称为"去垢剂",在分散于水-油界面时具有分散、乳化和增溶作用,可分为离子型(阴离子型、阳离子型与中性)与非离子型去垢剂。通常说来,离子型表面活性剂虽然作用较强,但易引起蛋白质等生物大分子的变性。非离子型表面活性剂常用于水、盐系统无法提取的蛋白质或酶的抽提。用表面活性剂提取生化物质时,其存在会影响后续生化分子的进一步纯化,因此应用层析等方法除去。

2. 影响目的物提取的因素　影响目的物分离提取的因素主要有:目的物的溶解度、向溶剂相的扩散速度、温度、pH、提取液的体积、离子强度等。

(1)溶解度:生物大分子大多属于极性物质,易溶于极性溶剂中,例如大多数蛋白质、核酸、糖类等均可采用水溶液提取。而脂质和某些与脂质结合牢固的分子或含有较多非极性基团的蛋白质等,易溶于有机溶剂,可用有机溶剂提取。

(2)扩散速度:目的物从原料中溶解到溶剂中是一种扩散过程,其扩散速度直接关系到提取效果,扩散速度越大,提取效果越好。

(3)温度:温度升高可提高生化物质的溶解度,增强物质的扩散速度,但温度过高,又会导致蛋白质、核酸等分子的变性失活。因此,在不影响酶活性的条件下,适当提高温度,有利于生化物质的提取。

(4)pH值:由于水溶液中某些酸、碱物质会解离,在萃取时改变了分配系数,直接影响提取效率。因此,对酸性物质的提取常在酸性条件下进行,对碱性物质在碱性条件下提取,对两性物质的提取,可在该物质的等电点条件下进行。实验操作过程中应注意溶液的pH值不应过高或过低,以免引起目的物变性失活。

(5)提取液的体积:增加提取液的用量,可提高生化物质的提取率,但是过量的提取液会使物质的浓度降低,对进一步的分离纯化不利。

(6)溶液离子强度:盐离子的存在能减弱生物分子间离子键与氢键的作用力,使生物大分子表面电荷增加,极性增强,提高目的物的溶解度。

综上所述,在进行生物大分子的粗提时,应根据目的物的性质选择合适的提取方法,同时应充分考虑影响目的物得率的各种因素,优化提取条件以获得良好的提取效果。

四、生物大分子分离与纯化技术

用上述提取方法从细胞中提取出来的生物大分子属于粗提物,常含许多同类或异类杂质,需进一步分离纯化才能获得纯品。生物大分子制备工作中,分离纯化这一步既重要又复杂,主要方法可归纳为两类:

1. 对异类物质的分离　常采用专一性酶水解,有机溶剂抽提,选择性分离沉淀和液固相转化透析分离等方法。

2. 对同类物质的分离　常采用盐析、有机溶剂沉淀、等电点沉淀、结晶、电泳、超离心、柱层析和吸附等方法。

现分别就不同的分离纯化技术简述如下:

(一)沉淀分离技术

沉淀分离是通过改变某些条件或添加某种物质,使某种溶质在溶液中的溶解度降低,从溶液中沉淀析出而与其他溶质分离的实验技术。沉淀分离是生化物质分离纯化的常用方法。常用的沉淀法有以下几种:

1. 盐析沉淀法　盐析沉淀法简称盐析法,是利用溶质在不同的盐浓度条件下溶解度不同的特性,通过在溶液中添加一定浓度的中性盐,使某种物质从溶液中沉淀析出,从而与其他组分分离的过程。盐析沉淀常用于蛋白质等的分离。

以蛋白质为例,中性盐对蛋白质的溶解度有显著影响,一般在低盐浓度下随着盐浓度升高,蛋白质的溶解度增加,此称盐溶;当盐浓度继续升高时,蛋白质的溶解度又随盐浓度的升高而降低,从而沉淀析出,这种现象称盐析。将大量盐加到蛋白质溶液中,高浓度的盐离子(如硫酸铵的SO_4^{2-}和NH_4^+)有很强的水化力,可夺取蛋白质分子的水化层,使之"失水",于是蛋白质胶粒凝结并沉淀析出。盐析时若溶液pH在蛋白质等电点则效果更好。由于各种蛋白质分子颗粒大小、亲水程度不同,故盐析所需的盐浓度也不同,调节混合蛋白质溶液中的中性盐浓度可使各种蛋白质分段沉淀。

影响盐析的因素有:(1)温度。除对温度敏感的蛋白质在低温(4 ℃)操作外,一般可在室温中进行。温度低,蛋白质溶解度一般会降低,但有的蛋白质(如血红蛋白、肌红蛋白、血清蛋白)在较高的温度(25 ℃)比0 ℃时溶解度低,更容易盐析。(2)pH值。大多数蛋白质在等电点时的溶解度最低。(3)蛋白质浓度。蛋白质浓度高时,欲分离的蛋白质常常夹杂着其他蛋白质一起沉淀出来(共沉淀现象),因此在盐析前加适量生理盐水稀释,使蛋白质含量在 2.5 % ~ 3.0 %左右为宜。

盐析常用的中性盐主要有硫酸铵、硫酸镁、硫酸钠、氯化钠、磷酸钠等。其中应用最多的为硫酸铵,其优点是温度系数小而溶解度大(25 ℃时饱和溶液为 4.1 mol/L,即 767 g/L;0 ℃时饱和溶解度为 3.9 mol/L,即 676 g/L),在这一溶解度范围内,许多蛋白质和酶都可以盐析出来;另外硫酸铵分段盐析效果也比其他盐好,不易引起蛋白质变性。硫酸铵溶液的 pH 值常在 4.5 ~ 5.5 之间,当用其他 pH 值进行盐析时,需用硫酸或氨水调节。

蛋白质在用盐析沉淀分离后,需要将蛋白质中的盐除去,常用的方法是透析,即把蛋白质溶液装入透析袋内,用缓冲液进行透析,期间不断更换缓冲液。因透析所需时间较长,最好在低温中进行。此外也可用凝胶过滤的方法除盐,则所需时间较短。

2. 等电点沉淀法 通过调节溶液的 pH 值至某种溶质的等电点(pI),使其溶解度降低,沉淀析出,从而与其他组分分离的方法称为等电点沉淀法。

蛋白质在静电状态时颗粒之间的静电斥力最小,因而溶解度也最小。各种蛋白质的等电点有差别,可通过调节溶液的 pH 达到某一蛋白质的等电点使之沉淀。由于在等电点时两性电解质分子表面的水化膜仍然存在,使酶等大分子物质仍有一定的溶解性导致沉淀不完全,因此等电点沉淀法很少单独使用,可与盐析法、有机溶剂沉淀法等结合使用。单独使用等电点沉淀法时,主要用于从粗酶液中除去某些等电点相距较大的杂蛋白。

蛋白质、核糖核酸、脱氧核糖核酸、氨基酸、核苷酸等属于两性电解质,它们具有各自的等电点。例如,胰岛素的等电点为 5.35,核糖核酸酶的等电点为 9.43,脱氧核糖核酸核蛋白的等电点为 4.2,核糖核酸核蛋白的等电点为 2.0 ~ 2.5,tRNA 的等电点为 5.0,谷氨酸的等电点为 3.22 等。等电点沉淀法广泛应用于两性电解质的分离。

3. 有机溶剂沉淀法 利用欲分离物质与其他杂质在有机溶剂中的溶解度不同,通过添加一定量的某种有机溶剂,使某种溶质沉淀析出从而与其他组分分离的方法称为有机溶剂沉淀法。

用与水可混溶的有机溶剂如甲醇、乙醇或丙酮,可使多数蛋白质溶解度降低并析出。此法分辨力比盐析高,析出沉淀易于离心或过滤分离且不含无机盐,常用于蛋白质和核酸等物质的分离。但该法容易引起蛋白质、酶等物质的变性失活,故应在低温下操作,沉淀析出后应尽快分离以尽量减少有机溶剂的影响。

4. 复合沉淀法 在溶液中加入某些物质,使它与蛋白质等形成复合物沉淀下来,从而进一步达到分离的方法称为复合沉淀法。

常用的复合沉淀剂有单宁、聚乙二醇、聚丙烯酸等高分子聚合物。例如,聚丙烯酸可作为复合沉淀剂用于酶的沉淀分离。在使用时,首先将酶液调节至 pH 3 ~ 5,加入适量的聚丙烯酸(一般为酶蛋白量的 30 % ~ 40 %),生成酶−聚丙烯酸沉淀;将沉淀分离出来后,用稀碱液调节 pH 值至 6 以上,复合物中的酶可与聚丙烯酸分开;再加入一定量的 Ca^{2+}、Mg^{2+}、Al^{3+} 等金属离子与聚丙烯酸反应生成聚丙烯酸盐沉淀,回收聚丙烯酸循环使用。

5. 金属盐沉淀法 利用溶液中某种溶质与某些金属离子反应,生成金属盐沉淀而与其他组分分离的方法称为金属盐沉淀法。常用的有钙盐沉淀法、铅盐沉淀法等。

6. 选择性变性沉淀法 选择一定的条件使溶液中存在的某些杂蛋白等杂质变性沉淀而与目的物分开的方法称为选择性变性沉淀法。例如,对于α-淀粉酶等热稳定性好的酶,可以进行热处理,使大多数杂蛋白受热变性沉淀而被除去。此外,还可以根据欲分离目的物和杂质的特性,通过改变pH值或加入某些金属离子等使杂蛋白变性沉淀而除去。

核酸的沉淀分离,可以选择适宜的溶剂进行处理,使蛋白质等杂质变性沉淀而获得核酸,这种方法又称为选择性溶剂沉淀法。例如分离核酸时,首先在核酸的提取液中加入氯仿-异戊醇或者氯仿-辛醇,振荡一段时间,使蛋白质在氯仿-水的界面上形成沉淀而除去,核酸仍留在水溶液中;之后在对氨基水杨酸等阴离子化合物存在的条件下用苯酚-水溶液提取核酸,DNA和RNA在水溶液中,蛋白质在苯酚层中形成沉淀而被除去;最后在DNA和RNA的混合液中,用异丙醇选择性地沉淀DNA,可使RNA留在溶液中,从而达到提纯的目的。

(二)离心分离技术(详见离心技术一章)

根据物质的颗粒大小、密度、沉降系数及浮力因素等不同,应用高速旋转产生强大的离心力,使物质分离、浓缩、提纯的方法称为离心技术。常用的离心技术主要有差速离心、密度梯度离心和等密度梯度离心。运用不同的离心方法可对不同的细胞、细胞器、生物大分子等生化物质进行分离。

常用的离心技术主要有以下几类:

1. 差速离心 是指采用不同的离心速度和离心时间,使不同沉降速度的颗粒分批分离的方法。主要用于分离大小和密度相差较大的颗粒,如分离细胞和细胞器等。

2. 密度梯度离心 当不同的颗粒间存在沉降速度差时,在一定的离心力作用下,颗粒各自以一定的速度沉降,在密度梯度介质的不同区域上形成区带的方法称为密度梯度离心。梯度介质通常用蔗糖溶液。此法仅用于分离有一定沉降系数差(一般相差2~3倍)的颗粒,与颗粒的密度无关。一般应用在物质大小相异而密度相同的情况。大小相同,密度不同的颗粒(如线粒体、溶酶体等)不能用此法分离。

3. 等密度梯度离心 离心时,样品的不同颗粒或向上浮起,或向下沉降,一直移动到与它们的密度相等的等密度点特定梯度位置上,形成几条不同的区带,从而将物质分离的方法叫做等密度梯度离心。梯度介质通常为氯化铯。此法根据粒子浮力密度差进行分离,分辨率高,可分离核酸、亚细胞器等,也可以分离复合蛋白质,但对简单蛋白质不适用。

(三)过滤与膜分离技术

利用多孔性介质(如滤布)截留固-液悬浮液中的固体粒子,进行固-液分离的方法称为过滤。常用的过滤介质有滤纸、滤布、脱脂棉、纤维、多孔陶瓷(塑料)、烧结金属和各种微孔滤膜等。过滤介质常由惰性材料制成,介质应既不与滤液起反应,也不吸附或很少吸附滤液中的有效成分。同时还应具有耐酸性、耐碱性、耐热性和一定的机械强度,以适合不同的滤液需求。

根据介质的不同,过滤可分为膜过滤和非膜过滤两大类。粗滤和部分微滤采用高分子膜以外的物质作为过滤介质,称为非膜过滤,简称过滤。而大部分微滤以及超滤、反渗透、透析、电渗析等采用高分子膜为过滤介质,称为膜过滤,又称为膜分离技术。

1. 非膜过滤(过滤)　采用高分子膜以外的材料,如滤纸、滤布、纤维、多孔陶瓷、烧结金属等作为过滤介质的过滤技术称为非膜过滤,主要包括粗滤和部分微滤。适用于各类细胞以及其他大颗粒固形物的分离。

(1)粗滤:由于过滤介质截留悬浮液中的物质直径大于 2 μm,导致此类固形物与液体分离的技术称为粗滤。通常所说的过滤就是指粗滤。粗滤主要用于分离酵母、霉菌、动物细胞、植物细胞、培养基残渣及其他大颗粒固形物。

根据推动力的产生条件不同,有常压过滤、加压过滤、减压过滤 3 种。常压过滤是以液位差为推动力的过滤,在重力的作用下,滤出液通过过滤介质从下方流出,大颗粒的物质被截留在介质表面达到分离;加压过滤是以压力泵或压缩空气产生的压力为推动力的过滤方法;减压过滤又称为真空过滤或抽滤,即通过在过滤介质的下方抽真空以增加其上下方之间的压力差,推动液体通过过滤介质而把大颗粒截留的过滤方法。

(2)微滤:微滤又称为微孔过滤。微滤介质截留的物质颗粒直径为 0.2 ~ 2 μm,主要用于细菌、灰尘等光学显微镜可以看到的物质颗粒的分离。在无菌水、矿泉水、汽水等软饮料的生产中广泛使用。非膜微滤一般采用微孔陶瓷、烧结金属等作为过滤介质,也可采用微滤膜为过滤介质进行膜分离。

2. 膜分离技术　借助于一定孔径的高分子薄膜,将不同大小、不同形状和不同特性的物质颗粒或分子进行分离的技术称为膜分离技术。

(1)加压膜分离:加压膜分离是以薄膜两边的流体静压力差为推动力的膜分离技术,在静压力差作用下,小于孔径的物质颗粒穿过膜孔,大于孔径的颗粒被截留。根据截留颗粒的直径大小,可分为微滤、超滤和反渗透等 3 种。微滤截留的颗粒直径为 0.2 ~ 2 μm,所使用的操作压力一般在 0.1 MPa 以下。实验室和生产中常利用微滤技术除去细菌等微生物,达到无菌的目的。例如,无菌室和生物反应器的空气过滤,热敏性药物和营养物质的过滤除菌,纯生啤酒、无菌水、软饮料的生产等;超滤截留的颗粒直径为 2 ~ 200 nm,相当于分子质量为 $1 \times 10^3 \sim 5 \times 10^5$ Da 的范围,主要用于分离病毒和各种生物大分子;反渗透膜的孔径小于 2 nm,被截留的物质相对分子质量小于 1 000 Da,操作压力为 0.7 ~ 13 MPa,主要用于分离各种离子和小分子物质,在无离子水的制备、海水淡化等方面广泛应用。

(2)电场膜分离:电场膜分离是在半透膜的两侧分别装上正、负电极,在电场作用下,小分子的带电物质或离子向与其所带电荷相反的电极移动,透过半透膜而达到分离的目的。电渗析和离子交换膜电渗析即属于此类,常用于溶液的脱盐、海水淡化以及带电荷的分子物质的分离。

(3)扩散膜分离:扩散膜分离是利用小分子物质的扩散作用,不断透过半透膜扩散到膜外,大分子物质被截留而达到将物质分离的目的。透析即属于扩散膜分离。透析膜常用动物膜、羊皮纸、火棉胶或赛璐玢等制成,一般制成透析袋、透析管或槽的形式。透析时,待分离的混合液被装在透析膜内侧,外侧是水或缓冲液,一段时间后,小分子物质即可从膜内侧透析到膜外侧,膜外侧的水和缓冲液可连续更换。透析主要用于酶和其他生物大分子的分离纯化,从中除去无机盐等小分子物质。其设备简单,操作容易,但透析后膜内侧留存的液体体积较大。

(四)萃取分离技术

1. 溶剂萃取法 主要分有机溶剂萃取和双水相萃取:

(1)有机溶剂萃取:有机溶剂萃取是利用组分在互不相溶的水相和有机溶剂相中的溶解度不同而达到分离的萃取技术。

由于不同的物质具有不同的分子结构和不同的极性,所以在不同的溶剂中溶解度也不同。一般说来,极性物质易溶于极性溶剂中,非极性物质易溶于非极性的有机溶剂中。例如单糖、有机酸等分子的极性较大,易溶于水;而酯类、甾体化合物等分子的极性较小,易溶于有机溶剂,因此可以采用有机溶剂萃取的方法将极性不同的物质加以分离。

有机溶剂萃取的操作过程可分为以下步骤:

①萃取 将含有欲分离组分的水溶液与一定量事先预冷至0 ℃~10 ℃的有机溶剂置于同一个容器中,通过激烈搅拌使水与有机溶剂充分混合。静置一段时间后,有机溶剂与水溶液可分成两层,溶质按一定比例分配于两相中。

②分离 在萃取达到平衡后,通过离心机或吸液管等将水相和有机相分开,分别收集溶解在水相和有机相中的组分。溶解在水相中的组分,可以结合其他分离方法进一步进行分离。而溶解在有机相中的组分,首先通过适当加热或抽真空等方法尽快除去有机溶剂,以获得所需的产物,或者再结合其他分离方法进一步进行分离。

由于有机溶剂易引起蛋白质、核酸、酶等生物活性物质的变性失活,故萃取一般应在0 ℃~10 ℃低温条件下进行,并尽量缩短生物活性物质与有机溶剂接触的时间。

(2)双水相萃取:双水相萃取是利用组分在两个互不相溶的水相中的溶解度不同而达到分离的萃取技术。双水相萃取中使用的双水相是由两种互不相溶的高分子溶液或者互不相溶的盐溶液和高分子溶液组成。如聚乙二醇–葡聚糖溶液;硫酸铵–聚乙二醇(PEG)溶液等。

在双水相系统中,蛋白质、RNA等组分在两相中的溶解度和分配系数均不同,故可通过双水相萃取达到分离。

2. 反胶束萃取 反胶束萃取是利用反胶束将组分分离的一种萃取技术。反胶束又称为反胶团,是表面活性剂分散于连续有机相中形成的纳米尺度的一种聚集体。反胶束溶液是透明的、热力学性质稳定的系统。

(1)反胶束萃取的原理:将表面活性剂添加到水或有机溶剂中,使其浓度超过临界胶束浓度(即胶束形成时所需表面活性剂的最低浓度),表面活性剂就会在水溶液或有机溶剂中聚集在一起形成聚集体,这种聚集体称为胶束。通常将在水溶液中形成的聚集体胶束,称为正胶束。在正胶束中,表面活性剂的排列方向是极性基团在外,与水接触,非极性基团在内,形成一个非极性核,此非极性核可以溶解非极性物质。如果将表面活性剂加入到有机溶剂中,并使其浓度超过临界胶束浓度,便会在有机溶剂内形成聚集体,这种聚集体称为反胶束。在反胶束中,表面活性剂的非极性基团在外,与非极性的有机溶剂接触,而极性基团则排列在内,形成一个极性核,此极性核吸收水以后就形成了水池,具有溶解极性物质的能力。当含有此种反胶束的有机溶剂与蛋白质等组分的水溶液接触后,蛋白质及其他亲水物质能够进入此水池内,从而与其他不能进入反胶束的组分分离。

(2)反胶束萃取的一般操作过程:在反胶束萃取中,首先应根据所分离组分的特性,选择适宜的表面活性剂及有机溶剂;然后将一定量表面活性剂添加到有机溶剂中,搅拌混合,静置一段时间,表面活性剂即能形成反胶束;之后在适宜条件下,将含有目的物的水溶液与反胶束体系混合均匀,静置一段时间后,目的物将会被萃取到反胶束中;萃取完成后,将反胶束与水溶液分离。在适宜的条件下,再将含有目的物(蛋白质)的反胶束与反萃取缓冲液混合,目的物从反胶束中转移到缓冲液中,将反胶束分离后,从缓冲液中获取所需的目的物。

(3)反胶束萃取的条件控制:主要从以下方面控制反胶束萃取条件:

①pH值 在反胶束系统中,水相的pH决定了蛋白质等两性电解质表面带电基团的解离状态,如果目的物所带电荷与表面活性剂头部基团的电性相反,即它们之间存在静电吸引力,目的物才会进入反胶束。以蛋白质为例,对于阴离子表面活性剂,当pH < pI时,蛋白质带正电荷,与表面活性剂极性头部所带电荷相反,因此有利于萃取。当pH > pI时,萃取率几乎为零。对于阳离子表面活性剂,则刚好相反,应使水相的pH > pI才有利于蛋白质进入反胶束。

②离子强度 在反胶束系统中,过高的离子强度会导致溶液的静电屏蔽,从而使反胶束颗粒变小,胶束内部含水量下降,同时会降低目的物和反胶束极性核之间的静电相互作用,使萃取效率降低。因此,适当降低水相的离子强度有利于极性物质进入反胶束。

③温度 反胶束系统中,随温度升高,表面活性剂与水的亲和力减小,会使反胶束颗粒直径缩小,降低反胶束内部的含水量,不利于萃取的进行。

④表面活性剂类型 阳离子、阴离子和非离子型表面活性剂均可形成反胶束,从反胶束萃取蛋白质的机理出发,应选用有利于增强蛋白质表面电荷与反胶束内表面电荷间的静电作用和增加反胶束数量的表面活性剂。

⑤表面活性剂浓度 增大表面活性剂的浓度可增加反胶束的数量,从而增大对蛋白质的溶解能力。但过高浓度的表面活性剂有可能在溶液中形成比较复杂的聚集体,同时会增加反萃取过程的难度。因此,应选择蛋白质萃取率最大时的表面活性剂浓度为最佳浓度。

⑥离子种类 在相同的离子强度下,不同种类的离子可影响表面活性剂极性基团的电离程度,从而影响反胶束内表面的电荷密度和反胶束的大小,进而影响萃取的效果。另外,缓冲液体系本身的pH和离子浓度也能影响蛋白质的溶解行为。

3. 超临界(流体)萃取 超临界萃取又称为超临界流体萃取,是指利用欲分离物质与杂质在超临界流体中的溶解度不同而达到分离的一种萃取技术。

(1)超临界萃取的原理:物质在不同的温度和压力条件下,能以不同的形态存在,如固体(S)、液体(L)、气体(G)、超临界流体(SCF)等。在温度和压力超过某物质的超临界点时,该物质成为超临界流体。

超临界流体的物理特性介于液体和气体之间,是一种性能优良的萃取溶剂。其密度与液体较为接近,故其溶解能力也与液体较为接近。超临界萃取的扩散系数接近于气体,是通常液体的近百倍,超临界流体的黏度接近气体的黏度,有利于物质的扩散,所以超临界流体萃取具有很高的萃取速度。

在超临界流体中,不同的物质有不同的溶解度,溶解度大的物质溶解在超临界流体中,与不溶解或溶解度小的物质分开,通过升高温度、降低压力或者吸附的方法,可使萃取物与超临界流体分离,最终得到所需物质。

超临界萃取技术已经在食品工业以及医药、化工等领域得到实际应用。例如,从咖啡豆中萃取咖啡碱、从啤酒花中萃取α-酸和β-酸等。

(2)超临界萃取的操作过程:主要有以下几个步骤:

①超临界流体的选择　用于超临界萃取的流体必须是惰性物质,即不与待分离物质发生反应,其化学性质应和待分离溶质的化学性质相接近,同时应无毒无害并具有适宜的超临界温度和压力,具有良好的萃取选择性和溶解度等。

②萃取　将含有目的物的原料装进萃取罐,通入一定温度和一定压力的超临界流体,将目的物从原料中萃取出来。

③分离　萃取完成后,在一定条件下将目的物与超临界流体分离,以获得所需的目的产物。因为条件不同可分为等压分离、等温分离、吸附分离等。

(五)层析分离技术(详见层析技术一章)

层析技术是利用被分离混合物中各组分的物理、化学及生物学特性(主要指吸附能力、溶解度、分子大小、分子带电性质及带电量的多少、分子亲和力等)的差异,当它们通过一个由互不相溶的两相——固定相和流动相组成的体系时,由于混合物各组分在两相之间的分配比例、移动速度不同而将混合成分分离的技术。层析技术常用于生物大分子物质的分离和提纯,运用这种方法可以分离性质极为相似而用一般化学方法难以分离的各种化合物,如蛋白质、糖、各种氨基酸、核苷酸等。

1. 吸附层析　吸附层析是指待分离混合物随流动相通过由吸附剂组成的固定相时,由于吸附剂对待分离混合物中不同组分的吸附力不同,从而使混合物中各组分得以分离的一种层析方法。

吸附层析常应用于生物大分子物质的分离、纯化与分析;小分子化合物的分离、纯化与分析;稀溶液的浓缩。

2. 分配层析　被分离组分在固定相和流动相中不断发生吸附和解吸附的作用,在移动过程中物质在两相之间进行分配,利用被分离物质在两相中分配系数的差异而进行分离的一种方法,称之为分配层析。分配层析实际上是一种连续抽提。

纸层析就是一种典型的分配层析,被广泛应用于各种氨基酸、肽类、核苷酸、脂肪酸、糖类、维生素、抗生素等化合物的分离,并可进行定性和定量分析。

3. 离子交换层析　是以具有离子交换性能的物质作固定相,利用它与流动相中的离子进行可逆交换来分离离子型化合物的一种方法。

离子交换层析技术已广泛应用于各学科领域。例如带电性质不同的生物大分子物质的分离纯化;用于高纯水的制备、硬水软化、污水处理;还可用于无机离子、核苷酸、氨基酸、抗生素等小分子物质的分离纯化。

4. 凝胶层析　又称为凝胶过滤、分子筛过滤、凝胶渗透层析等。其基本原理是利用被分离物质分子大小不同及固定相(凝胶)具有分子筛的特点,将被分离物质各成分按分子大小分开从而达到分离的方法。广泛应用于各种蛋白质(包括酶)、核酸、多糖等生物分子的分离纯化,还可用于脱盐,去热源物质,样品浓缩,蛋白质分子质量的测定等。

5. 亲和层析　在固定相载体表面偶联具有特殊亲和作用的配基,这些配基可与流动相中溶质分子发生可逆的特异性结合而进行分离的一种方法,称之为亲和层析。亲和层析具有快速、简单、分辨率高等特点,在抗原、抗体、酶、受体蛋白等生物大分子以及病毒、细胞的分离中得到了广泛的应用。

6. 高效液相层析　即高效液相色谱(HPLC)。是在高压下使蛋白质液体样品通过色谱柱,在室温条件下分离蛋白质混合组分的一种方法,具有高通量、高速、高效、高灵敏度等特点。

7. 其他层析　其他如金属螯合层析、疏水层析、反向层析、聚焦层析、灌注层析等也是进行大分子物质分离纯化的可选层析方法。

(六)电泳分离技术(详见电泳技术一章)

电泳技术是指带电荷的供试品(蛋白质、核酸等)于惰性支持介质(如纸、醋酸纤维素、琼脂糖凝胶、聚丙烯酰胺凝胶等)中,在电场的作用下,向与其所带电荷相反的电极方向以不同的速度进行泳动,从而使组分分离的一种实验技术。也是生物大分子的分离纯化和定性定量分析的常用技术。对生物大分子的电泳分离技术主要有聚丙烯酰胺凝胶电泳、毛细管电泳、等电聚焦电泳等。

五、生物大分子的后处理

(一)浓缩与结晶

1. 浓缩　是指将低浓度溶液通过除去溶剂(包括水)变为高浓度溶液的过程,常在提取后、结晶前进行,有时也贯穿在整个制备过程中。浓缩常采用蒸发法、冰冻法、吸收法、超滤法等。

2. 结晶　是指使溶质从溶液中析出呈晶态的过程。结晶除作为生化制备的一种纯化手段外,其结晶化合物还常常是生物大分子的结构分析材料,常用的结晶方法有以下几种:

(1)盐析结晶法:加固体盐法、加饱和盐溶液法、透析法。

(2)有机溶剂结晶法:有机溶剂的脱水作用会使大多数蛋白质的溶解度降低,有机溶剂加入蛋白质溶液后,使溶液介电常数下降,导致蛋白质结晶析出。

(3)等电点结晶法:蛋白质在等电点时,所带净电荷为零,溶解度最小,可利用这一性质进行等电点结晶。

（4）脱盐结晶法：球蛋白易溶于盐溶液而几乎不溶于水，利用这一性质可进行蛋白质的结晶，用透析法可达到除盐的目的。

（5）温差结晶法：有些蛋白质在低离子强度下，对温度特别敏感，其溶解度随温度变化极大，可用温差法使其结晶。如猪胰弹性蛋白酶溶液的温度逐渐由25 ℃降至20 ℃时，晶体能在24 h内形成。

（6）加金属离子结晶法：金属离子常能促进蛋白质结晶生成，当其他方法不成功时，可尝试用此法。

结晶过程同时也是蛋白质进一步分离纯化的过程，需注意的是：能结晶的蛋白质不一定就是纯品或通过一次结晶的蛋白质不一定很纯，有时需要经过多次结晶才能得到纯品。

（二）干燥与保存

干燥是指将潮湿的固体、半固体或浓缩液中的水分（或溶剂）蒸发除去的过程，最常用的方法是真空干燥和冷冻干燥。

保存是指样品如何存放的问题，保存方法与生物大分子的稳定性密切相关，常采用干态贮藏和液态贮藏的方法。干态贮藏法就是将干燥后的样品置于干燥器内（内装有干燥剂）密封，保存在0 ℃～4 ℃冰箱中即可；液态贮藏法可免去繁杂的干燥过程，生物大分子的活性和结构破坏较少，但样品必须浓缩到一定浓度才利于储存，同时须加入防腐剂和稳定剂（常用的防腐剂有甲苯、苯甲酸、氯仿、百里酚等；蛋白质和酶常用的稳定剂有硫酸铵糊、蔗糖、甘油等）。另外液态贮藏要求贮藏温度较低，大多数在0 ℃左右冰箱保存，有的则要求更低的温度。不管采用哪种方法保存样品，都应注意避免样品长期暴露在空气中而受到污染。

六、生物大分子的检测与鉴定

经过一系列的分离纯化，所得到的物质是不是我们所需要的，样品的纯度和活性如何，都需要进行进一步的鉴定，包括纯度鉴定、性质与功能鉴定、结构鉴定等。样品鉴定方法很多，具体实验中可根据需要选择某些方法。现举例说明一些常用的鉴定方法。

（一）纯度鉴定

1. 电泳法 纯的蛋白质、核酸样品在其稳定的范围内，在一系列不同的pH条件下进行电泳时，均以单一的泳动速度移动，因此在区带电泳中，纯的样品应只有一个条带。蛋白质一般采用聚丙烯酰胺凝胶电泳、等电聚焦电泳等，核酸样品一般采用琼脂糖电泳。

2. 沉降分析法 纯的蛋白质、核酸样品在离心力的影响下，以单一的沉降速度运动，离心后只能得到一个条带。

3. 恒溶解度法 纯的蛋白质在一定的溶剂系统中具有恒定的溶解度，而不依赖于存在于溶液中未溶解固体的数量。在严格规定的条件下，以加入的固体蛋白质的量为横坐标，以溶解的蛋白质的量为纵坐标作图。如果蛋白质样品是纯的，那么溶解度曲线只呈现一个折点，在折点之前，直线的斜率为1，在折点以后，斜率为零。不纯的蛋白质的溶解度曲线常常呈现两个或两个以上的折点。

4. **高效液相色谱法**　通过在很高的压力条件下分离蛋白质,分离后的蛋白质以色谱图的形式被记录下来,根据色谱峰可确定蛋白质的纯度。

（二）性质与功能鉴定

1. **分子量测定**　蛋白质、核酸样品都可通过适当的实验方法测定出样品的分子量。如蛋白质可采用SDS-PAGE电泳法、层析法、渗透压法、沉降分析法等,核酸样品可采用琼脂糖凝胶电泳法、聚丙烯酰胺凝胶电泳法等。

2. **蛋白质等电点测定**　可通过等电聚焦电泳法。

3. **含量测定**　生物大分子的定量测定常采用光谱分析技术(详见光谱技术一章)。

4. **活性鉴定**　根据样品性质的不同采用不同的鉴定方法。如样品是酶,则主要测定酶的活性反应;如样品是抗体,则要观察与抗原的免疫反应;如样品是细胞色素C,需要放入人工呼吸链中观察其是否具有传递电子的作用;如样品是激素,则观察给大鼠注射样品后,大鼠体重是否增长等。核酸虽不能直接观察其生物学活性,但所制备的DNA或RNA具有完整的序列,因此对获取的核酸序列进行序列测定是其活性鉴定的重要内容。

（三）结构鉴定

1. **末端测定**　可采用DNS-Cl法或Edman法等分析蛋白质及多肽的N-末端氨基酸。

2. **组成分析**　将样品完全水解后进行氨基酸或核苷酸的组成分析,并计算出各种氨基酸或核苷酸的分子比。

3. **"指纹"分析**　将制备的样品与标准样品在相同条件下用蛋白酶或核酸内切酶进行部分水解,之后进行电泳。通过电泳图谱的比较,可以判断所分离的样品是否为所需要的成分。

4. **序列测定**　用蛋白质序列仪或核酸序列仪等测定蛋白质的全部氨基酸序列或核苷酸序列。

5. **探针技术**　将电泳分离的组分从凝胶转移至一种固相支持体,然后用经放射性标记或酶标记的针对特定氨基酸序列或核苷酸序列的特异性试剂作为探针检测之。探针技术特异性强,灵敏度高,且样品无需经过复杂的分离纯化即可进行鉴定,因此在分子生物学中得到了广泛的应用。目前主要有三种技术:

（1）Southern blotting　1975年由Southern提出的转移技术,通常用来对DNA特定序列进行定位、鉴定。先将DNA样品通过琼脂糖凝胶电泳按大小分离,随后使DNA在原位发生变性,并从凝胶转移至一固相支持体(通常是硝酸纤维素膜或尼龙膜)上。DNA转移至固相支持体的过程中,各个DNA片段的相对位置保持不变,用放射性标记的DNA或RNA片段作为探针与固着在固相支持体上的DNA进行杂交,经放射自显影后可以确定与探针互补的DNA片段的电泳条带的位置。

（2）Northern blotting　1977年由Alwine等提出的转移技术,可用于测定总RNA或poly(A)RNA样品中特定mRNA分子的大小和丰度。RNA分子在变性琼脂糖凝胶中按其大小不同而相互分离,将RNA转移至活化纤维素、硝酸纤维素膜、玻璃或尼龙膜,用放射性标记的与待测RNA分子互补的DNA或RNA探针进行杂交和放射自显影,以对待测的RNA分子进行作图。

（3）Western blotting 　1979年由Towbin等人提出的蛋白质转移技术,用于对非放射性标记蛋白组成的复杂混合物中的某些特定蛋白质进行鉴别和定量。通常使用的探针是抗体,它可与附着于固相支持体的靶蛋白所呈现的抗原表位发生特异性反应。先将待测样品溶于含有去污剂和还原剂的溶液中,经SDS-聚丙烯酰胺凝胶电泳后被转移到固相支持体上(常用硝酸纤维系滤膜),然后可被染色,随后滤膜可与抗靶蛋白的非标记抗体反应,最后结合上的抗体可用多种放射性标记或酶偶联的二级免疫学试剂进行检测。

综上所述,生物大分子物质的制备是一个复杂的过程,不是通过1～2种简单的操作步骤就能完成的,每种分离纯化技术都各有其特点和适用范围。以蛋白质制备为例,前期的分离纯化,往往要求快速、粗放、能较大地缩小提取体积,除去大部分与目的物理化性质差异大的杂质,因此分辨率不必太高,常采用吸附、萃取、沉淀、离子交换等方法;后期的分离纯化,常采用吸附层析、盐析、凝胶过滤、离子交换层析、亲和层析、等点聚焦电泳、制备性高效液相色谱等方法。制备时还应根据目的物的分子大小、形状、溶解性、极性、带电荷量及与其他分子的亲和性等理化性质,相应地采取适宜的方法。另外,由于生物材料的组成极其复杂,常含有数百种乃至上千种不同的组分,许多目的物在生物材料中的含量极微且常和其他物质混合存在,许多大分子物质离开了生物体内环境极易失活,这些都会使分离纯化的难度增加。因此,生物大分子物质的制备是一项具有挑战性和创新性的工作,它没有固定的模式和统一的标准。在实际应用中,应综合考虑各方面的因素,于实验前仔细查阅资料,对欲分离提纯物质的物理、化学及生物学特性先有一定的了解,再根据不同生物大分子的特点,采取合适的方法。对一个未知结构及性质的试样进行创造性地分离提纯时,更需要经过各种方法比较和摸索,才能找到一些工作规律和获得预期结果。高度提纯某一生物大分子,一般要经过多种方法、步骤及不断变换各种外界条件才能达到目的。在分离提纯工作前,还应建立相应的分析鉴定方法,以正确指导整个分离纯化工作。

第二节　生物大分子分离制备实验举例

实验一　血浆IgG的分离纯化

免疫球蛋白(Immunoglobulin,简称Ig)是血浆球蛋白的一种,电泳时Ig主要出现在γ-球蛋白部分,γ-球蛋白几乎全是Ig。根据Ig的免疫化学特性,可分为IgG、IgA、IgM、IgD、IgE五大类,其中IgG是免疫球蛋白的主要成分占免疫球蛋白总量的70%~90%。IgG的相对分子量为15万~16万,沉降系数约为7 S。IgG是人和动物血浆蛋白的重要组分之一,常选用动物血液来制备IgG,其次也可以选用动物胎盘和初乳乳清。要从血浆中分离出IgG,首先要尽可能除去血浆中的其他蛋白质成分,进行粗分离,使IgG在样品中的比例大为增高,然后再精制纯化而获得IgG。IgG作为被动免疫制剂,可有效地提高人和动物尤其是新生家畜(禽)的抵抗力,防止多种传染病的发生,在临床医学上应用广泛。

一、实验目的

了解蛋白质分离纯化的一般思路;掌握硫酸铵盐析、凝胶层析、DEAE-纤维素离子交换层析等技术的原理与方法。

二、实验原理

(一)用盐析法制备血浆IgG粗制品的原理

盐析法的原理在本章第一节沉淀分离技术中作过详细介绍。本实验利用硫酸铵对血浆中蛋白质进行分段盐析,首先用20%的硫酸铵低温盐析,离心后沉淀除去纤维蛋白原,所得上清液中主要含有清蛋白和球蛋白;再把上清液中的硫酸铵饱和度调整到50%,充分盐析后离心,球蛋白沉淀下来,清蛋白在上清液中;留下沉淀部分(主要为球蛋白),再将所得沉淀溶解并调整硫酸铵饱和度至35%,IgG可被盐析沉淀,上清液中为α-球蛋白与β-球蛋白,离心后,弃上清液,收集沉淀,即获得IgG的粗制品。

用硫酸铵分级盐析蛋白质时,盐析出某种蛋白质成分所需的硫酸铵浓度一般以饱和度来表示。实际工作中将饱和硫酸铵溶液的饱和度定为100%或1,盐析某种蛋白质成分所需的硫酸铵数量折算成该饱和度的百分之几,即称为该蛋白质盐析的饱和度。饱和度的测定可用饱和硫酸铵溶液法和固体硫酸铵法。

在蛋白质溶液的总体积不大、要求达到的饱和度在50%以下时,可选用饱和硫酸铵溶液法进行盐析。在已知盐析不同蛋白质硫酸铵溶液的工作浓度时,可按下列公式计算饱和硫酸铵溶液的加入量:

$$V=V_0\frac{C_2-C_1}{100\%-C_2} \quad 或 \quad V=V_0\frac{C_2-C_1}{1-C_2}$$

式中：V_0=蛋白质溶液的原始体积；

　　　C_2=所要达到的硫酸铵饱和度；

　　　C_1=原来溶液的硫酸铵饱和度；

　　　V=应加入饱和硫酸铵溶液的体积；

硫酸铵盐析法可使蛋白质的纯度提高约5倍，且可以除去DNA、RNA等，但盐析所得IgG粗制品仍含有大量的硫酸铵与一些杂蛋白，需要脱盐处理与进一步纯化。本实验采用凝胶层析法除盐，经离子交换层析法进一步纯化IgG。

（二）IgG粗制品凝胶层析法脱盐的原理

盐析所获得的IgG粗制品中的硫酸铵将影响以后的纯化，所以纯化前应先将其除去，此过程称为"脱盐"（Desalting）。脱盐常用透析法和凝胶过滤法，本实验选用凝胶层析法脱盐。其原理是溶胀后的葡聚糖凝胶颗粒具有多孔网状结构，小分子易进入凝胶网孔，流程长而移动速度慢，而大分子物质不能进入凝胶网孔，沿凝胶颗粒间隙流动，流程短移动快。分子量大小不同的多种成分在通过凝胶层析床时，按照分子量由大到小的顺序流出层析柱，从而达到分离的目的。

含盐蛋白质溶液流经凝胶层析柱时，低相对分子质量的盐分子因进入凝胶颗粒的微孔，移动较慢，而大分子的蛋白质移动速度较快，从而将蛋白质和盐分开，收集目的蛋白即达到除盐的目的。

（三）DEAE-纤维素离子交换层析纯化IgG的原理

离子交换层析是利用离子交换剂上的可解离基团（活性基团）对各种离子的亲和力不同而达到分离目的的一种层析分离方法。按活性基团的不同，离子交换剂可分为阳离子交换剂和阴离子交换剂。应用离子交换剂纯化物质，可以将待纯化的物质成分交换吸附于离子交换剂上，再分别洗脱下来即可获得纯品，或将不需要的成分吸附于离子交换剂上，需要的成分直接流出，得到纯品。

本实验用DEAE-纤维素作为固定相，采用离子交换层析纯化IgG。DEAE-纤维素为阴离子交换剂，可与带负电荷的血浆蛋白质进行交换吸附。IgG粗制品中除主要含有γ-球蛋白外，还含有尚未除尽的其他杂蛋白，如清蛋白、α-球蛋白和β-球蛋白等。其中γ-球蛋白的等电点最大，为6.8～7.5，然后从β-球蛋白（pI 5.3），α-球蛋白到清蛋白（pI 4.2～4.5）依次变小。将IgG粗制品溶于pH为6.7的缓冲液中，IgG几乎不发生解离，所带电荷最小，而其他杂质蛋白均带上不同数量的负电荷。因此，在用pH为6.7的磷酸盐缓冲液进行层析洗脱时，IgG几乎不与DEAE-纤维素发生交换吸附而最先流出，其他杂质蛋白因带上不同数量的负电荷，与DEAE-纤维素上的阴离子发生交换吸附于柱上，从而与IgG分离。根据电脑采集器采集的电信号，收集洗脱峰面积内的溶液，可得到提纯的IgG。

三、材料、试剂和器材

1. 材料

新鲜的家畜(禽)血浆

2. 试剂

(1)草酸钾(分析纯)。

(2)饱和硫酸铵溶液:称取分析纯$(NH_4)_2SO_4$ 800 g,加蒸馏水1 000 mL,不断搅拌下加热至$(NH_4)_2SO_4$全溶,趁热过滤,滤液在室温中过夜,有结晶析出,即达到100 %饱和度,饱和溶液用浓氨水调pH至7.0。

(3)0.2 mol/L Na_2HPO_4溶液:称取分析纯磷酸氢二钠$(Na_2HPO_4 \cdot 12H_2O)$71.6 g,溶于约800 mL去离子水中,容量瓶定容至1 000 mL。

(4)0.2 mol/L NaH_2PO_4溶液:称取分析纯磷酸二氢钠$(NaH_2PO_4 \cdot 2H_2O)$31.2 g,溶于约800 mL去离子水中,容量瓶定容至1 000 mL。

(5)0.01 mol/L,pH 7.0的磷酸盐缓冲溶液:量取0.2 mol/L Na_2HPO_4溶液61.0 mL和0.2 mol/L NaH_2PO_4溶液39.0 mL相混合,用酸度计检查pH应为7.0。取该混合液50 mL,加入7.5 g NaCl,用蒸馏水定容至1 000 mL。

(6)0.0 175 mol/L,pH 6.7的磷酸盐缓冲溶液:量取0.2 mol/L Na_2HPO_4溶液43.5 mL和0.2 mol/L NaH_2PO_4溶液56.5 mL相混合,用酸度计检查pH应为6.7。取该混合液87.5 mL,用去离子水稀释至1 000 mL,用作层析洗脱液。

(7)0.5 mol/L NaOH溶液:称取分析纯氢氧化钠(NaOH)20 g,用去离子水溶解后容量瓶定容至1 000 mL。溶解过程有发热,并有刺鼻气味,在通风橱进行操作。

(8)0.5 mol/L HCl溶液:量取浓盐酸(HCl含量36 %～38 %,相对分子量36.46,密度1.19 g/mL)41.75 mL,缓慢加至约500 mL去离子水中,边加边搅,最后用容量瓶定容至1 000 mL。

(9)葡聚糖凝胶G-25或50(Sephadex G-25或50):称取所需克数[注1]的Sephadex G-25(或50),加约300 mL去离子水充分溶胀(在室温下约需6 h,而在沸水浴中溶胀需2 h)。凝胶溶胀后,用蒸馏水洗涤3～5次,每次将沉降缓慢的细小颗粒随水倾倒出去,洗后将凝胶抽干,浸泡在0.0 175 mol/L,pH 6.7的磷酸盐缓冲液中备用。

(10)DEAE-纤维素:称取所需克数[注2]的DEAE-32(或52),加足量去离子水浸泡过夜,期间换几次水,每次除去细小颗粒,抽干(可用布氏漏斗);改用0.5 mol/L NaOH溶液浸泡1 h,抽干,用无离子水洗去碱液使pH至8左右(用pH试纸检查抽滤后漏斗口滴出的液体);再改用0.5 mol/L HCl溶液浸泡1 h,无离子水洗去酸液使pH至6左右;静置后倾去上层清液,再改用0.0 175 mol/L(pH 6.7)的磷酸盐缓冲液浸泡平衡备用。

(11)20 %(W/V)磺基水杨酸溶液:称取磺基水杨酸23.3 g,蒸馏水溶解后定容至100 mL。

(12)奈氏试剂:于500 mL锥形瓶内加入碘化钾150 g,碘110 g,汞150 g及蒸馏水100 mL。用力振荡7～15 min,至碘的棕色开始转变时,混合液温度升高,将此瓶浸于冷水内继续振荡,直到棕色的碘转变为带绿色的碘化钾汞液为止。将上清液倾入2 000 mL量筒内,加蒸馏水至2 000mL,混匀备用。

临用时取母液150 mL,加10%氢氧化钠溶液700 mL,蒸馏水150 mL,混匀即可。若发生混浊,可静置1 d后,取上层清液使用。

3. 器材

天平、离心机、柱层析系统(恒流泵、1 cm×20 cm层析柱、核酸蛋白检测仪、自动部分收集器、电脑采集器、电脑共8套)、离心管、刻度吸管、胶帽滴管、黑色和白色比色瓷盘,微量加样器等。

四、操作步骤

(一)用盐析法制备血浆IgG粗制品

1. 血浆的分离

取鸡血100 mL,加入草酸钾0.2 g,搅拌均匀,以3 500 r/min的速度离心15 min,吸取上层血浆备用。

2. 盐析除纤维蛋白

取5 mL血浆和5 mL 0.01 mol/L (pH7.0)的磷酸盐缓冲液置于离心管中,混匀。吸取所需剂量的饱和硫酸铵溶液滴加于上述溶液中,边加边搅,使溶液中硫酸铵的最终饱和度为20%(按前述公式计算加入饱和硫酸铵溶液的毫升数)。搅拌时不要过急以免产生过多泡沫,致使蛋白质变性。之后4℃放置15~30 min,使之充分盐析(蛋白质样品量大时,应放置过夜)。然后以4 000 r/min离心15 min,弃去沉淀(纤维蛋白原),上清液中留有清蛋白与球蛋白。

3. 盐析分离球蛋白

量取上清液的体积,将之置于另一离心管中,用滴管继续向上清液中滴加饱和硫酸铵溶液,使溶液的饱和度达到50%(计算方法同前)。搅拌均匀后,4℃静置15~30 min,使球蛋白沉淀析出。之后以4 000 r/min离心10 min,弃去上清液,留下沉淀。

4. 二次盐析沉淀IgG

将所得的沉淀再溶于5mL 0.01 mol/L (pH 7.0)的磷酸盐缓冲液中。滴加饱和硫酸铵溶液,使溶液的饱和度达35%(计算方法同前)。加完后,4℃放置20 min,以4 000 r/min离心15 min,上清液中为α-球蛋白与β-球蛋白,沉淀为IgG。弃去上清液,收集沉淀,即获得IgG粗制品。

5. 进一步纯化

可重复操作第4步1~2次。之后将获得的粗制品IgG沉淀溶解于2 mL 0.0 175 mol/L,pH 6.7的磷酸盐缓冲液中,备用。

(二)IgG粗制品的凝胶层析法脱盐

1. 凝胶的处理

Sephadex G-25(或50)的溶胀、浮选、平衡:见试剂与器材。

2. 仪器连接

将恒流泵、层析柱、核酸蛋白检测仪、自动部分收集器、电脑采集器与电脑主机正确连接,见下图5-1。同时打开核酸蛋白检测仪和电脑采集器。

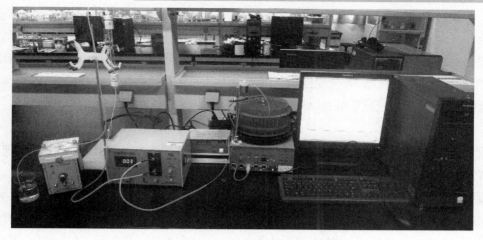

图5.1　层析设备

3. 装柱

将层析柱垂直固定于铁架台上,先泵入少量洗脱液以排除层析柱和胶管中的气泡。待气泡排除后,使溶液在柱底端留至约1 cm高即可关闭下端出口。将已经溶胀并平衡好的葡聚糖凝胶用1倍体积的洗脱液搅拌成悬浮液,用玻棒引流灌注入层析柱。打开柱的下端出口,继续加入搅匀的凝胶悬浮液,使凝胶自然沉降至胶床高度达17 cm左右,关闭出口。凝胶柱床表面应覆盖一层溶液。

4. 平衡

柱装好后,用恒流泵将0.0 175 mol/L(pH 6.7)的磷酸盐缓冲液泵入层析柱,同时打开出口,用相当于柱床体积2倍或更多的缓冲液流过凝胶柱,以平衡凝胶。将核酸蛋白检测仪调零,打开核酸蛋白检测软件监测流经仪器溶液的吸光度信号。如层析床平衡,则流经层析床溶液的吸光度信号呈现为一条平直的基线。

5. 上样

凝胶平衡后,关闭柱床下口,用皮头滴管除去凝胶柱面的溶液,将盐析所得全部IgG样品轻轻加到凝胶柱表面(注意不要破坏柱床面),打开柱下口,控制流速让IgG样品溶液慢慢浸入凝胶内。当渗入凝胶的样品液液面与凝胶柱面刚好相平时,关闭下口,用少量洗脱液小心清洗表面1～2次。

6. 洗脱和收集

打开下口,待洗脱液完全流进胶床后,打开恒流泵,将洗脱液泵入胶床进行扩展洗脱,控制流速为0.5 mL/min左右(洗脱过程注意保持恒定的流速)。监测电脑屏幕上的洗脱曲线(横坐标为时间,纵坐标为吸光光度值),如有洗脱峰出现,用自动部分收集器或手工及时分管收集峰面积内的液体。

若没有核酸蛋白检测仪,也可将20 %磺基水杨酸溶液滴加至黑色比色瓷盘内,用以检测洗脱液是否含有蛋白质,若洗脱液和磺基水杨酸反应后呈现白色絮状沉淀则表示蛋白质开始流出,用试管收集洗脱液,每管10滴,直至检测不到白色沉淀时停止收集。

7. 脱盐产品的汇集

合并与峰值对应的收集管中洗脱液,以作为离子交换层析进一步纯化IgG的脱盐产品。

如果是用磺基水杨酸检查后收集的样品,可从收集的每管溶液中取1滴置于白色比色瓷盘孔中,加入1滴奈氏试剂,若呈现棕黄色沉淀说明其中含有硫酸铵。合并检查后不含硫酸铵的各管收集液,即为"脱盐"后的IgG。

8. 层析柱的处理

收集IgG后,凝胶柱可用洗脱液继续洗脱,并用奈氏试剂检测,当无棕黄色沉淀出现时,证明硫酸铵已洗脱干净。这时Sephadex G-25(或50)柱即可重复使用或回收凝胶。

凝胶暂时不使用可浸泡在溶液中,存放于4 ℃冰箱。若放在室温保存应加入0.02 %叠氮化钠(NaN_3)或0.01 %乙酸汞等防腐剂,以防发霉,用时以水洗去防腐剂即可使用。凝胶长期不用,可用水洗净,分次加入百分浓度递增的乙醇溶液,每次停留一段时间,使之平衡,再换下一浓度的乙醇,让凝胶逐步脱水,再用乙醚除乙醇,抽干即可。或将凝胶洗净后抽干,在表面皿上30 ℃逐步烘干后保存。

(三)离子交换层析纯化IgG

1. DEAE-纤维素的活化

见试剂与器材

2. 仪器连接

见操作(二)第2步。

3. 装柱及柱平衡

将0.0 175 mol/L(pH 6.7)的磷酸盐缓冲溶液平衡好的DEAE-纤维素轻轻搅匀,沿玻璃棒匀速灌入层析柱中,直至纤维素柱床高约17 cm左右为止。柱床形成后,用上述0.0 175 mol/L(pH 6.7)的磷酸盐缓冲液作为洗脱液,用恒流泵将洗脱液泵入纤维素柱床,打开下口,直至流出液的pH值与磷酸盐缓冲溶液的pH值完全相同(用pH试纸不断检查)。

4. 上样

上述平衡过程完成后,关闭柱下口。用滴管吸去纤维素柱面上的溶液(不能低于柱床面)。用吸管吸取脱盐的IgG样品,轻轻加在柱床面上(注意不要破坏柱床面),打开柱下口,控制流速使样品慢慢进入纤维素内,待全部样品进入柱后,在柱床面上轻轻加一层0.0 175 mol/L(pH 6.7)的磷酸盐缓冲溶液。

5. 洗脱和收集

打开恒流泵开关泵入洗脱液,同时打开柱下口开关开始洗脱。控制洗脱液流速为0.5 mL/min,洗脱过程如实验操作(二)。用核酸蛋白检测仪监测蛋白质信号的变化。收集第一个洗脱峰内的所有液体,即为纯化的IgG。

如没有核酸蛋白检测仪,则如前所示同样用磺基水杨酸溶液检测蛋白质的出现。在此条件下,在收集液中首先出现的蛋白质即为纯化的IgG。因此,从洗脱开始就应收集洗脱液,直至收集液中无蛋白质出现为止(加磺基水杨酸检查不呈白色沉淀),合并含有蛋白质的各管收集液即为纯化的IgG溶液。

6. DEAE-纤维素的转型

使用过的离子交换剂可以反复使用,使其恢复原状的方法称为"再生"。再生并非每次用酸、碱反复处理,通常只要"转型"处理即可。所谓转型就是使交换剂带上所希望的某种离子,如希望阳离子交换剂带上NH_4^+,则可用NH_4OH浸泡;如希望阴离子交换剂带上Cl^-,则用$NaCl$溶液处理。在本实验中,由于DEAE-纤维素使用后带有大量的杂蛋白,所以再生时,先用0.5 mol/L NaOH溶液浸泡1 h以上,抽干后(可用布氏漏斗),再用无离子水漂洗,使pH至8左右(用pH试纸不断检查),然后再用0.0 175 mol/L,pH 6.7磷酸盐缓冲溶液浸泡(以HPO_4^{2-}取代DEAE中的OH^-)即可转型,转型后的纤维素即可再使用。

五、注意事项

(1)柱层析时,装柱质量的好坏,是柱层析法能否成功分离纯化样品的关键。胶床要装得均匀,不能分层、不能有气泡。整个操作过程胶床表面始终要保留一层薄的液体,否则空气容易进入而使胶床开裂。如胶床装得不理想,须重新装柱。

(2)由于高浓度的盐溶液对蛋白质有一定的保护作用,所以盐析操作一般可在室温下进行。而某些对热特别敏感的酶,则应在低温条件下进行。

(3)在盐析条件相同的情况下,蛋白质浓度越高越容易沉淀。但浓度过高容易引起其他杂蛋白的共沉作用。因此必须选择适当的浓度,尽可能避免共沉作用。

(4)用盐析沉淀得到的蛋白质含盐较高。为获得较纯的产品,必须经过脱盐处理。脱盐除用凝胶层析法外,还可用透析法和超滤法。透析是把蛋白质溶液装进半透膜制成的透析袋或透析槽中,通过水或缓冲液的不断更换,使蛋白质溶液中的盐分不断减少直至透析完全为止。用超过滤技术,在脱盐的同时还可达到使溶液浓缩的目的。

(5)纯化后的蛋白质样品应进行鉴定,包括物理化学性质和生物学活性的鉴定,其中物理化学鉴定包括测定其纯度、分子量、等电点、肽链末端氨基酸等,生物学活性鉴定主要根据蛋白质的性质而定,如酶应测定其活性,IgG的生物学活性鉴定可用免疫化学方法。

六、思考题

(1)什么叫分级盐析? 本实验中是如何采用分级盐析获得粗制品IgG的?

(2)凝胶层析法脱盐的原理是什么?

(3)DEAE-离子交换剂纯化IgG的原理是什么?

附注:

『注1』一支层析柱中应该装入的干胶量可以用下法推算:称取1 g所需型号的葡聚糖干胶,放在5 mL量筒中,用室温溶胀的方法充分溶胀,观察溶胀后凝胶的体积。然后在层析柱中加水到所需柱床高度,将水倒出,量取柱床体积。根据1 g干胶溶胀后的体积和所需柱床体积,即可推算出干胶的需要量。葡聚糖凝胶溶胀比例大约为1:3 ~ 1:4,即1 g葡聚糖凝胶干粉溶胀后体积为3 ~ 4 mL,以20 mL层析柱为例,每根柱子需要5 ~ 6 g葡聚糖凝胶干粉。

『注2』DEAE-32(或52)干粉用量的计算方法同葡聚糖凝胶干粉,DEAE-32(或52)溶胀比例大约为1:1.5 ~ 1:2,即1 g DEAE-纤维素干粉溶胀后体积为1.5 ~ 2 mL,以20 mL层析柱为例,每根柱子需要10 ~ 12 g DEAE-32(或52)。

实验二　细胞色素C的制备

细胞色素是包括多种能够传递电子的含铁蛋白质的总称,广泛存在于各种动、植物组织和微生物中。细胞色素C是细胞色素的一种,是呼吸链中极重要的电子传递体,主要存在于线粒体中。需氧较多的组织如心肌及酵母细胞中,细胞色素C含量丰富。细胞色素C相对分子质量为12 000 ~ 13 000 Da,等电点为10.2 ~ 10.8。它溶于水,在酸性溶液中溶解度更大,故可用酸性水溶液提取。

一、实验目的

通过细胞色素C的制备,了解蛋白质分离纯化的一般原理和步骤;掌握制备细胞色素C的操作要点。

二、实验原理

细胞色素C传递电子的作用是由于细胞色素C中的铁原子可以进行可逆的氧化和还原反应,故可分为氧化型和还原型,前者水溶液呈深红色,后者水溶液呈桃红色。细胞色素C对热、酸、碱都比较稳定,但三氯乙酸和乙酸可使之变性,引起某些失活。因为还原型细胞色素C较稳定并易于保存,一般都将其制成还原型的。氧化型细胞色素C在408 nm、530 nm和550 nm处有最大吸收峰,还原型细胞色素C在415 nm、520 nm和550 nm有最大吸收峰,利用这一特性采用光谱技术可对细胞色素C进行含量测定。

本实验以猪心为材料,经过酸溶液提取,人造沸石吸附,硫酸铵溶液洗脱,三氯乙酸沉淀,透析除盐等步骤制备细胞色素C粗提物,再用弱酸型阳离子交换树脂进一步对其层析纯化。

三、材料试剂和器材

1. 材料
新鲜或冷冻猪心

2. 试剂

(1)1 mol/L H_2SO_4溶液:量取浓硫酸(质量分数98 %,密度1.84 g/mL)54.35 mL,缓慢将浓硫酸沿着杯壁加入800 mL去离子水中并不断搅拌,最后用容量瓶定容至1 000 mL。

(2)1 mol/L NH_4OH溶液:量取浓氨水(浓氨水含氨28 % ~ 29 %,相对分子质量35.045,相对密度0.9)139.1 mL,去离子水稀释至1 000 mL。

(3)25 %$(NH_4)_2SO_4$溶液:100 mL溶液中含$(NH_4)_2SO_4$25 g,约相当于25 ℃时40 %的饱和度。

(4)0.2 % NaCl溶液:称取NaCl 0.2 g,去离子水溶解并定容至100 mL。

(5)12 % $BaCl_2$试剂:称取$BaCl_2$ 12 g,去离子水溶解后定容至100 mL。

(6)20 %三氯乙酸(TCA)溶液:先配制100 %(W/V)TCA储备液:将100 mL去离子水加入装有500 g TCA的试剂瓶(此化合物极易溶于水)中,转移到烧杯中磁力搅拌至完全溶解,按需要可再加水,最后加水定容至500 mL,置棕色瓶通风橱中贮存,无需除菌。于使用前取200 mL

100 %TCA储备液,用去离子水稀释至1 000 mL。

(7)0.06 mol/L Na₂HPO₄–0.4mol/L NaCl溶液:称取 Na₂HPO₄·12H₂O 21.5g,NaCl 23.4 g,去离子水溶解后容量瓶定容至1 000 mL。

(8)2mol/L HCl:量取浓盐酸(质量分数37 %,密度1.19 g/mL)166.7 mL,缓慢加入约800 mL去离子水中并不断搅拌,最后用容量瓶定容至1 000 mL。

(9)2 mol/L NH₄OH溶液:量取浓氨水(浓氨水含氨28 % ~ 29 %,相对分子质量35.045,相对密度0.9)278.2 mL,用水稀释至1 000 mL。

(10)0.25 mol/L NaOH溶液:称取NaOH 10 g,去离子水溶解后定容至1 000 mL。

(11)1 mol/L NaCl溶液:称取NaCl 58.5 g,去离子水溶解并定容至1 000 mL。

(12)1 % AgNO₃溶液:称取AgNO₃ 1 g,去离子水溶解后滴加几滴硝酸,定容至100 mL,棕色试剂瓶中避光保存。

(13)人造沸石:白色颗粒,40 ~ 60目。称取人造沸石10 g,放入500 mL烧杯中,加水搅拌,用倾泻法除去15 s内不下沉的过细颗粒,抽干备用。

(14)阳离子交换树脂:取一定量的 Amberlite IRC–50(H)(数量根据柱体积而定),用去离子水浸泡过夜,倾倒去水,加入2倍体积的2 mol/L HCl溶液,60 ℃恒温条件下搅拌约1 h,倾去盐酸溶液,用去离子水洗涤至中性。再加入2倍体积的2 mol/L NH₄OH溶液,60 ℃恒温条件下搅拌1 h,倾去氨液,去离子水洗至中性。新树脂需要如上法重复处理两次。若颗粒过大,最后在2 mol/L NH₄OH存在下,用研钵轻轻研磨(进口 Amberlite不用研磨),倾倒去15 s内不沉淀的颗粒,最终颗粒大小应为100 ~ 150目,不能过细,最后用去离子水洗至中性备用。

3. 器材

绞肉机、磁力搅拌器、电动搅拌器、离心机、玻璃柱、下口瓶、烧杯、量筒、容量瓶、刻度吸管、试管、玻璃漏斗和纱布、透析袋、玻棒、pH试纸、滤纸、1 cm×20 cm层析柱。

四、操作步骤

(一)材料处理

取新鲜或冰冻的猪心,除去脂肪、韧带、血管,洗去积血后切成小块,放入绞肉机中绞碎。

(二)酸溶液提取

称取绞碎猪心肌肉500 g,放入2 000 mL烧杯中,加蒸馏水1 000 mL,用电动搅拌器搅拌,加入1 mol/L H₂SO₄,调pH至4.0(此时溶液呈暗紫色),之后室温条件下搅拌提取2 h,提取过程中使抽提液的pH值保持在4.0左右。以1 mol/L NH₄OH调pH至6.0,停止搅拌。用四层纱布挤压过滤,收集滤液。滤渣加入750 mL蒸馏水,按上述条件重复提取1 h,合并两次提取液。

(三)中和

用2 mol/L NH₄OH将上述提取液的pH值调至7.2左右(此时,等电点接近7.2的一些杂蛋白溶解度小,从溶液中沉淀下来),室温下静置30 ~ 40 min后过滤,所得红色滤液含细胞色素C,准备通过人造沸石柱进行吸附。

(四)吸附与洗脱

人造沸石容易吸附细胞色素C,吸附后能被25%的硫酸铵洗脱下来,利用此特性将细胞色素C与其他杂蛋白分开。具体操作如下:

1. 装柱 选择一个底部带有滤膜的干净的玻璃柱(也可用层析柱)固定于铁架台上,柱下端连接一乳胶管,用夹子夹住,柱中加入去离子水至2/3体积,保持柱垂直,然后将已处理好的人造沸石带水装填入柱,注意一次装完,避免柱内出现气泡。

2. 上样 柱装好后,打开夹子放水(柱内沸石面上应保留一薄层水)。将准备好的提取液装入下口瓶,使其流入人造沸石柱进行吸附,柱下端流出液的速度为1 mL/min。随着细胞色素C的被吸附,柱内人造沸石逐渐由白色变为红色,流出液应为黄色或微红色。

3. 洗脱 吸附完毕,将红色人造沸石从柱内取出,放入500 mL烧杯中,先用自来水,后用去离子水搅拌洗涤至水清,再用100 mL 0.2%NaCl溶液分三次洗涤沸石,最后用去离子水洗至水清。按第一次装柱方法将人造沸石重新装入柱内,用25%硫酸铵溶液洗脱,流速大约为1 mL/min,收集含有细胞色素C的红色洗脱液,当洗脱液红色开始消失时,即洗脱完毕,停止收集。人造沸石可再生使用。

4. 人造沸石再生 将使用过的沸石先用自来水洗去硫酸铵,再用0.25 mol/L NaOH和1 mol/L NaCl的等体积混合液洗涤至沸石成白色,之后用蒸馏水反复洗至pH 7~8,即可重新使用。

(五)盐析

为了进一步提纯细胞色素C,在上步收集的洗脱液中加入固体硫酸铵(按每100 mL洗脱液加入20 g固体硫酸铵的比例,使溶液硫酸铵的饱和度为45%),边加边搅拌,放置30 min后,杂蛋白便从溶液中沉淀析出,而细胞色素C仍留在溶液中,用滤纸(或离心)除去杂蛋白,即得红色透亮细胞色素C溶液。

(六)三氯乙酸沉淀

在搅拌情况下向所得透亮溶液中缓慢加入20%三氯乙酸溶液(按100 mL细胞色素C溶液加入5.0 mL三氯乙酸的比例添加),细胞色素C随即沉淀出来(沉淀出来的细胞色素C属可逆变性)。立即于3 000 r/min离心15 min,收集沉淀即得细胞色素C粗提物。加入2 mL去离子水,搅拌使沉淀溶解。

(七)透析

粗提的细胞色素C含大量盐类,应先将之脱盐后再进一步纯化。本实验采用透析法脱盐。将溶解的细胞色素C装入透析袋,在500 mL烧杯中对蒸馏水进行透析除盐(磁力搅拌器搅拌),15 min换水1次,换水3~4次后,检查透析外液中SO_4^{2-}是否已被除净。检查方法是:取2 mL $BaCl_2$溶液于试管中,滴加2~3滴透析外液至试管中,若出现白色沉淀,表示SO_4^{2-}未除净,反之,说明透析完全。将透析液过滤,即得清亮的细胞色素C粗制品。测量体积后以待下一步用离子交换层析纯化。

（八）离子交换层析纯化细胞色素C

利用弱酸性阳离子交换树脂的离子交换作用选择性地吸附带正电荷的细胞色素C，用磷酸氢二钠–氯化钠溶液洗脱，再经透析脱盐，便可获得高纯度的细胞色素C。具体操作如下：

1. **装柱和平衡** 将处理好的阳离子交换树脂Amberlite IRC–50–NH_4^+装入1 cm × 20 cm的层析柱中，使柱高至17 cm左右。用去离子水冲洗装好的层析柱床，至流出液的pH达7～8。

2. **上样** 关闭层析柱下口，吸去柱床表面上的水，将透析后的细胞色素C粗品加于柱床表面，打开层析柱下口，控制流速，使样品慢慢进入离子交换柱床，让样品尽可能吸附于柱床上部，越集中越好，这样洗脱时样品易于集中，减少洗脱体积。

3. **洗涤树脂** 样品加完后，柱床表面加一层水，用去离子水继续冲洗以除去不吸附的杂质，控制流速为1 mL/min，直至流出的液体变清为止。

4. **目的物的洗脱和收集** 用0.06 mol/L Na_2HPO_4–0.4 mol/L NaCl混合溶液洗脱细胞色素C，控制流速为1 mL/min。流出液变红时开始分段收集：颜色较浅的为前段，深红色为中段，快结束时颜色变浅，为后段。前段和后段含杂质较多，需透析后重复步骤1～4精制。

5. **透析** 将中段洗脱液装入透析袋，对去离子水透析除盐，1 h换水1次。用硝酸银溶液检查透析袋外溶液，直至无氯离子为止（用1%硝酸银检查，无白色沉淀产生）。过滤透析袋内液，即得纯化的细胞色素C。纯品可置冰箱保存，或低温干燥成固体。

6. **树脂再生** 用过的树脂先用去离子水清洗，再改用2 mol/L NH_4OH洗至无色，去离子水洗至中性。再加2 mol/L HCl溶液在60 ℃条件下搅拌20 min，倾去酸溶液，去离子水洗至中性。再用2 mol/L NH_4OH溶液浸泡，然后用去离子水洗至中性即可使用。若长期不用，可用布氏漏斗抽干备用。

五、注意事项

（1）酸溶液提取时，由于组织液的释出使pH上升，需要不断调节pH直至稳定在pH 4.0左右。

（2）为使细胞色素C充分被沸石柱吸附，吸附时流速要缓慢，洗脱时同样应控制流速，使细胞色素C在较少洗脱体积内洗脱出来。

（3）加固体硫酸铵盐析时，一定要在不断搅拌下逐渐加于洗脱液中，否则容易造成局部浓度过大时细胞色素C被盐析。

（4）三氯乙酸是一种蛋白变性剂，本实验通过控制三氯乙酸的浓度和作用时间，使细胞色素C产生可逆变性沉淀出来，从而达到进一步纯化的目的。因此三氯乙酸要逐滴加入，沉淀出来后应尽快离心，避免局部酸浓度过大和处理时间过长，细胞色素C产生不可逆变性而造成损失。

（5）用透析法脱盐时将细胞色素C加入透析袋，加入的溶液体积不可过满，否则在透析后容易胀破，装好后应挤压赶出袋中的空气，检查封口有无渗漏。

六、思考题

（1）比较细胞色素C和IgG粗分离的方法有何不同？

（2）简述吸附法的原理，用吸附剂粗分离蛋白质，什么条件有利于吸附？

（3）做好本实验有哪些关键环节？为什么？

实验三　鸡卵黏蛋白的制备

鸡卵类黏蛋白(CHOM)是由鸡卵清中制成的一种糖蛋白,含4个亚基,相对分子质量约为28 000 Da,等电点在3.9~4.5之间。鸡卵类黏蛋白在中性及偏酸性溶液中较稳定,在碱性溶液中不稳定,对热、高浓度脲及有机溶剂均有较高的耐受性。在10 %三氯乙酸或50 %丙酮溶液中有较好的溶解度。

鸡卵黏蛋白具有强烈的抑制胰蛋白酶的作用,其专一性较强,对猪、牛的胰蛋白酶有很强的抑制作用,但对胰凝乳蛋白酶和人胰蛋白酶无抑制作用。鸡卵黏蛋白常用于胰蛋白酶酶学性质研究和胰蛋白酶的亲和层析纯化制备。

一、实验目的

(1)了解鸡卵黏蛋白的基本性质,掌握有机溶剂沉淀法的原理和操作;

(2)根据鸡卵黏蛋白的性质掌握蛋白质提取、分离、纯化的一般实验设计和基本操作。

二、实验原理

本实验采用选择性变性沉淀、凝胶过滤柱层析、离子交换柱层析等方法分离纯化鸡卵类黏蛋白。鸡卵黏蛋白在pH 3.5、1 %的三氯乙酸(TCA)溶液中,能保持良好的溶解度,而与其共存的其他杂蛋白绝大部分被沉淀出来。离心后,将溶解在10 %三氯乙酸溶液中的鸡卵黏蛋白通过丙酮沉淀获得粗品。之后经凝胶层析脱盐,并去除粗分离样品中的小分子,包括残留丙酮及TCA。再经阴离子交换层析进一步分离纯化得到较纯的鸡卵黏蛋白制品。

三、材料、试剂和器材

1. 材料

新鲜鸡蛋若干。

2. 试剂

(1)10 %三氯乙酸(TCA):称取TCA 100 g溶于约800 mL去离子水中,用固体NaOH调pH至1.15,最后定容至1 000 mL。

(2)丙酮(分析纯)。

(3)0.5 mol/L NaOH溶液:称取分析纯NaOH 20 g,溶于约800 mL去离子水中,容量瓶定容至1 000 mL。

(4)0.5 mol/L HCl溶液:量取浓HCl(含量36 %~38 %,相对分子量36.46,密度1.19 g/mL)41.67 mL,缓慢加至约500 mL去离子水中,边加边搅,最后用容量瓶定容至1 000 mL。

(5)0.5 mol/L NaOH−0.5 mol/L NaCl溶液:称取分析纯NaOH 20 g,NaCl 29.25 g,溶于约800 mL去离子水中,容量瓶定容至1 000 mL。

(6)0.02 mol/L,pH 6.5磷酸盐缓冲液(PBS):先配A液和B液。

A液(0.2 mol/L Na$_2$HPO$_4$):称取Na$_2$HPO$_4$·12H$_2$O 71.6 g,溶于1 000 mL去离子水中。

B液(0.2 mol/L NaH$_2$PO$_4$):称取NaH$_2$PO$_4$·2H$_2$O 31.2 g,溶于1 000mL去离子水中。

将A液31.5 mL及B液68.5 mL混合,得100 mL 0.2 mol/L磷酸盐缓冲液,加水稀释至1 000 mL即可。

（7）0.3 mol/L NaCl–0.02 mol/L pH 6.5磷酸盐缓冲液:称取分析纯NaCl 17.55 g,用0.02 mol/L pH 6.5磷酸盐缓冲液溶解并定容至1 000 mL。

（8）葡聚糖凝胶G–25(Sephadex G–25):处理方法见实验一。

（9）DEAE–纤维素(DEAE–32或52):处理方法见实验一。

3. 器材

电子天平、台式离心机、恒温水浴锅、酸度计、柱层析系统(恒流泵、1 cm × 30 cm层析柱、核酸蛋白检测仪、自动部分收集器、电脑采集器、电脑共8套)冰箱、真空干燥器、漏斗、透析袋、微量加样器、各型烧杯、刻度吸管、量筒。

四、操作步骤

（一）鸡卵黏蛋白的提取

1. 提取　取50 mL鸡蛋清置于200 mL烧杯中,于30 ℃水浴中边搅边缓慢加入等体积的10 %三氯乙酸溶液(可出现大量白色沉淀)。酸度计检查pH是否为3.5±0.2,若不是,用稀碱或稀酸调到此范围。继续搅拌30 min后放4 ℃冰箱,静置4 h以上或过夜。

2. 离心　将上述溶液转移到50 mL离心管中,于3 000 r/min离心10 min。收集上清液,再用滤纸过滤除去脂类及其他不溶物。检查滤液的pH值是否为3.5,若不是,则要调整。

3. 丙酮沉淀　测量滤液体积,转入500 mL烧杯中,缓缓加入3倍体积预冷的丙酮,搅匀,用塑料薄膜封严,置4 ℃冰箱4 h以上或过夜。

4. 离心和去丙酮　小心虹吸出部分上清液,剩余浑浊液转入50 mL离心管中,3 500 r/min离心10 min,弃上清液。将离心杯置于真空干燥器内,抽真空去净丙酮(沉淀物由白色变成透明胶状即可)。

5. 溶解　加入15 mL去离子水或0.02 mol/L pH 6.5磷酸盐缓冲液溶解沉淀,滤纸过滤后收集滤液,滤液为鸡卵黏蛋白粗提液。

（二）鸡卵黏蛋白Sephadex G–25柱层析脱盐

1. 介质溶胀　称取15 g Sephadex G–25放入500 mL烧杯中,加入200 mL去离子水,在室温下溶胀24 h或在沸水浴中溶胀2 h,抽干后加入200 mL 0.02 mol/L pH 6.5磷酸盐缓冲液浸泡1 h,抽干备用。

2. 仪器连接　逐一安装好恒流泵、层析柱、核酸蛋白检测仪、电脑采集器及电脑、自动部分收集器等仪器(详见实验一)。

3. 装柱和柱平衡　将溶胀好的Sephadex G–25用0.02 mol/L pH 6.5磷酸盐缓冲液搅调悬浮后装入层析柱,使之自然沉降至柱高的4/5左右。打开核酸蛋白检测仪和电脑采集器电源,点开核酸蛋白检测软件,将层析柱出水口和核酸蛋白检测仪比色池进液口相连,开启柱下口,用约2倍柱床体积的0.02 mol/L pH 6.5磷酸盐缓冲液平衡胶床(流速控制在1.0 ~ 1.5 mL/min),当比色池出液口有液体流出时,对核酸蛋白检测仪调零。稳定5 ~ 10 min,直到仪器绘出稳定的基线。

4. 上样　关闭恒流泵,待柱内的缓冲液液面流至与凝胶胶面相齐平时关闭下口,取上述鸡卵黏蛋白粗提液缓缓加在胶面上,打开下口使样品液流至与胶面相切,加入 2~3 mL 0.02 mol/L pH 6.5 磷酸盐缓冲液冲洗层析柱内壁,待溶液液面流至与胶面相切,再加入缓冲液距胶面高 2~3 cm。

5. 洗脱和收集　打开恒流泵将缓冲液泵入胶床,以 1.0~1.5 mL/min 的流速进行层析分离。在电脑屏幕上观察到峰开始出现时立即进行收集(收集第一洗脱峰)。蛋白峰流出后,盐及杂质才开始流出。

6. Sephadex G-25 的处理　见实验一操作步骤(二)8。

此步脱盐处理也可采用透析法。

(三)鸡卵黏蛋白DEAE-纤维素(DEAE-Cellulose)离子交换柱层析纯化

不同蛋白质由于pI不同,在相同pH溶液中其解离程度各不相同,利用DEAE-纤维素离子交换柱层析,可将目标蛋白与杂蛋白分开,从而使鸡卵黏蛋白得到进一步纯化。

1. 介质处理　称取 DEAE-Cellulose 20 g 放入 500 mL 烧杯中,加入 150 mL 蒸馏水,在室温下溶胀24 h。之后分别用0.5 mol/L NaOH-0.5 mol/L NaCl 溶液和0.5 mol/L HCl溶液各浸泡 30 min,抽滤后用蒸馏水洗至 pH 6.0 左右,抽干。将纤维素转移到烧杯内,用100 mL 0.02 mol/L,pH 6.5 磷酸盐缓冲液浸泡约30 min,抽干备用。

2. 仪器连接　同步骤(二)2。

3. 装柱和柱平衡　将处理好的 DEAE-Cellulose 装入层析柱,自然沉降至柱高的4/5。用 0.02 mol/L(pH 6.5)磷酸缓冲液平衡胶床(流速控制在1.0 mL/min),待流出液绘出稳定的基线即可加样。

4. 上样吸附　取经上述脱盐的鸡卵黏蛋白溶液上样。待样品全部进入胶床后,用0.02 mol/L(pH 6.5)磷酸缓冲液洗脱(流速控制在1.0 mL/min左右),洗去未被吸附的杂蛋白,直到仪器绘出稳定的基线。

5. 洗脱和收集　改用含 0.3 mol/L NaCl 的 0.02 mol/L pH 6.5 的磷酸盐缓冲液洗脱,收集鸡卵黏蛋白的洗脱峰(收集第二洗脱峰)。

6. DEAE-Cellulose 的转型　见实验一操作步骤(三)6。

此步进一步纯化也可采用高效液相层析法等其他方法。

(四)鸡卵黏蛋白纯品的制备

离子交换层析后,样品中盐的含量较高,需再次脱盐才能得到纯品,采用透析的方法脱盐,最后采用丙酮沉淀及真空干燥的方法制得鸡卵黏蛋白成品。

1. 透析　将离子交换层析纯化后的鸡卵黏蛋白溶液转入透析袋内,对去离子水进行透析,间隔 1~2h 更换一次去离子水,直至经 1% AgNO₃ 溶液检查无氯离子存在,即可。

2. 调pH　将透析好的鸡卵黏蛋白溶液,在pH计上用0.5 mol/L HCl将透析液pH精确调至4.0,量体积。

3. 丙酮沉淀　加入3倍体积的预冷丙酮,搅匀,用塑料薄膜封严,置4 ℃冰箱静置4 h以上或过夜。

4. **离心** 虹吸出部分上清液,剩余浑浊液转移到 50 mL 离心管内,3 500 r/min 离心 15 min,收集沉淀。

5. **干燥** 将沉淀抽真空干燥,即可得到鸡卵黏蛋白纯品。

提纯的鸡卵黏蛋白可进一步鉴定其含量及活性。具活性的鸡卵黏蛋白常作为胰蛋白酶亲和层析纯化的配基,具有较强的特异性。

五、注意事项

(1)吸取蛋清时应避免吸入蛋黄,否则溶液引入其他杂蛋白而影响后续实验的操作。

(2)加入 TCA 的时候速度一定要慢,防止局部过酸出现块状物。

(3)如果 DEAE-Cellulose 和样液的前处理较好,杂蛋白含量很少,纤维素纯化一步中改洗脱液最后一次洗脱时有可能不出现杂蛋白峰,此时第一洗脱峰即为目的蛋白。具体操作时,应每个峰都加以收集,待全部峰流出后再加以判断和鉴定。

(4)层析整个过程凝胶表面始终要覆盖一层液体,否则会引起胶床干裂,造成分离效果不理想。

六、思考题

(1)简述鸡卵黏蛋白分离提纯的原理。

(2)在鸡卵黏蛋白的提取、分离及纯化过程中,直接影响产率的是哪几步?操作过程中应当注意什么?

(3)实验中 TCA 的作用是什么?

实验四　猪胰蛋白酶的制备

　　胰蛋白酶(Trypsin)是一类重要的蛋白水解酶,胰蛋白酶在胰腺中合成并以无活性的酶原形式分泌到细胞外。在有 Ca^{2+} 存在的条件下,胰蛋白酶原被肠激酶或有活性的胰蛋白酶自身激活,从肽链 N 端赖氨酸和异亮氨酸残基之间的肽键断开失去一段六肽,分子构象发生一定改变后转变为有活性的胰蛋白酶。

　　胰蛋白酶原的分子量约 24 kDa,其等电点约为 pH 8.9,猪胰蛋白酶的分子量约 23.4 kDa,其等电点约为 10.8,最适 pH 为 7.6 ~ 8.0。胰蛋白酶在 pH=3 左右较稳定,低于此 pH 时,胰蛋白酶易变性,pH>5 时易自溶。Ca^{2+} 对胰蛋白酶有稳定作用,在低温条件下贮存数周内酶的活性无明显改变。重金属离子、有机磷化合物和反应物等能抑制胰蛋白酶的活性。

　　从动物胰脏中提取胰蛋白酶时,一般是用稀酸溶液将胰腺细胞中含有的酶原提取出来,　然后再根据等电点沉淀的原理,调节提取液的 pH 以沉淀除去大量的酸性杂蛋白以及非蛋白杂质。再以硫酸铵分级盐析将胰蛋白酶原等(包括大量糜蛋白酶原和弹性蛋白酶原)沉淀析出。之后在 Ca^{2+} 存在的条件下,以少量活性胰蛋白酶激活所得酶原,使其转变为有活性的胰蛋白酶(糜蛋白酶和弹性蛋白酶同时也被激活),被激活的酶溶液再以分级盐析的方法除去糜蛋白酶及弹性蛋白酶等组分,获得粗胰蛋白酶。粗品经透析除盐后,以羧甲基纤维素柱层析进行纯化,即可获得较纯的胰蛋白酶。为了除去其中仍杂有的胰凝乳蛋白酶等蛋白质,最后用亲和层析法可获得高纯的猪胰蛋白酶。

一、实验目的

(1)了解胰蛋白酶原和酶的基本性质,掌握实验设计基本原理和方法;

(2)掌握亲和层析纯化蛋白质的原理和方法;

(3)了解胰蛋白酶活性测定的原理和方法。

二、实验原理

本实验采用的分离纯化方法的原理如下:

(一)沉淀法原理

详见第一章沉淀分离技术。用硫酸铵盐析法将目的蛋白从粗提液中沉淀出来,使其得到浓缩,并除去部分杂质(核酸、杂蛋白等)。

(二)透析法原理

详见第一章过滤与膜分离技术。由于膜两侧的溶质浓度不同,在浓度差的作用下,高分子溶液(如蛋白溶液)中的小分子溶质(如无机盐)透向透析液一侧,同时透析液中的缓冲液渗入蛋白溶液一侧,经过透析液反复换液后,即可达到脱盐和置换缓冲液的目的。

(三)离子交换层析法原理

同类型的带电离子间可自由地相互交换和竞争结合。当pH<pI时,蛋白质带正电荷,可被阳离子交换树脂所吸附,反之,蛋白质带负电荷,可被阴离子交换树脂吸附。本实验中猪胰蛋白酶的等电点为10.8,在pH=5.0的缓冲液中带正电荷,可被阳离子交换树脂所吸附(本实验采用羧甲基纤维素离子交换树脂),带负电荷的杂蛋白不被吸附而除去。同时,带正电荷的杂蛋白也被吸附,但不同蛋白与树脂的吸附能力不同,通过增加缓冲液中的离子强度和提高pH,可将不同蛋白从树脂上依次洗脱下来,达到分离的目的。

本实验中猪胰蛋白酶在0.01 mol/L pH 5.0的酸性条件下解离带正电荷,并与羧甲基纤维素交换吸附于柱上,然后改用0.1 mol/L pH 6.0的条件洗脱胰蛋白酶,达到纯化的目的。

(四)亲和层析纯化猪胰蛋白酶的原理

亲和层析是由吸附层析发展起来的,主要是根据生物分子与特定的固相化配基之间的亲和力而使生物分子得到分离的一种实验技术。亲和力是指范德华力、疏水力、静电力、氢键等分子内部或分子之间的结合力。酶与底物、酶与抑制剂、抗原与抗体、激素与激素受体等分子之间的结合力就是亲和力。亲和力具有高度特异性,利用亲和层析方法可使待分离样品获得高度纯化。亲和层析法应用范围十分广泛,几乎可以用来纯化任何大分子化合物,包括酶、抗体、特异的和普通的核酸、抑制蛋白和其他调控成分、转运蛋白、药物和激素的受体等。亲和层析还可将蛋白质的活性型(识别配基)与无活性型分开,利用配基与活性部位结合防止蛋白质在纯化过程中变性等。

亲和层析的基本原理是将被识别的分子(称为配基)用共价键结合在一种固相的载体上形成层析的固定相,然后使含有欲分离的大分子化合物的混合溶液流过固定相,对配基没有亲和力的成分均顺利通过固定相而不滞留,欲分离的大分子因能识别配基并与其结合,滞留于固定相上。待所有其他不被识别的成分流走后,改换洗脱条件,再把亲和于固定相上的大分子物质洗脱下来,原来在混合液中欲分离的大分子化合物便以高度纯化的形式流出。

亲和层析法中作固定相的材料是载体和配基。载体的要求与分子筛具有的特性相似,常用的有三种:琼脂糖、聚丙烯酰胺和多孔的玻璃珠。其中最常用的是琼脂糖。配基应根据欲分离的物质而定,如酶的底物、抑制物、辅助因子等。要求配基与欲分离纯化的大分子之间有较大的亲和力,不然结合得不稳定,然而亲和力又不能太大,因为如果结合过紧,则洗脱时所用的条件会很苛刻(如过高或过低的pH),将会损坏被分离纯化的生物大分子的活性。另外配基分子还必须具有可被修饰的功能团,以便这些基团与载体形成共价结合。

鸡卵黏蛋白(CHOM)是胰蛋白酶的天然抑制剂,对猪和牛的胰蛋白酶有很强的抑制作用。在pH 7.8~8.0的碱性条件下,CHOM具有很强的结合胰蛋白酶的活性(可逆结合)。将CHOM连接到层析介质载体上,用含有胰蛋白酶和杂蛋白的混合液过柱,猪胰蛋白酶可被吸附在柱上,与其他成分分开。然后用酸性溶液即可将纯的胰蛋白酶洗脱下来,达到纯化的目的。

本实验以自提的鸡卵黏蛋白为配基,偶联在已经活化的载体——琼脂糖凝胶层析介质(Sepharose 4B)上,制备成含有鸡卵黏蛋白配基的亲和层析介质(CHOM-Sepharose 4B)。通过亲和层析法从胰脏的粗提取液中获得高纯度的猪胰蛋白酶。

三、材料、试剂和器材

1. 实验材料

新鲜或冷冻的猪胰脏。

2. 试剂

(1)pH 2.5的乙酸酸化水:在酸度计监测下,向去离子水中加入乙酸,使pH达2.5。

(2)2 mol/L H_2SO_4溶液:量取浓硫酸(质量分数98%,密度1.84 g/mL,分子量98)108.7 mL,缓慢将浓硫酸沿着杯壁加入800 mL去离子水中并不断搅拌,最后用容量瓶定容至1 000 mL。

(3)氯化钙(分析纯)、标准胰蛋白酶、硫酸铵(分析纯)。

(4)5 mol/L NaOH溶液:称取分析纯NaOH 20 g,溶于约80 mL去离子水中,容量瓶定容至100 mL。

(5)5 mol/L HCl溶液:量取浓盐酸(HCl含量36%~38%,密度1.19 g/mL,相对分子量36.46)41.7 mL,缓慢加至约50 mL去离子水中,边加边搅,最后用容量瓶定容至100 mL。

(6)2 mol/L HCl溶液:量取浓盐酸(HCl含量36%~38%,密度1.18 g/mL,相对分子量36.46)16.7 mL,缓慢加至约50 mL去离子水中,边加边搅,最后用容量瓶定容至100 mL。

(7)2 mol/L NaOH溶液:称取分析纯NaOH 8 g,溶于约80 mL去离子水中,容量瓶定容至100 mL。

(8)0.001 mol/L HCl溶液:取2 mol/L HCl溶液0.5 mL,加水稀释至1 000 mL。

(9)0.01 mol/L pH 5.0柠檬酸钠缓冲液:量取0.01 mol/L柠檬酸溶液(2.1 g $H_3C_6H_5O_7 \cdot H_2O$/L)41 mL,加入0.01 mol/L柠檬酸钠溶液(2.9 g $Na_3C_6H_5O_7 \cdot 2H_2O$/L)59 mL混匀,用酸度计检查pH值是否为pH 5.0。

(10)0.05 mol/L,pH 5.0柠檬酸钠缓冲液:量取0.05 mol/L柠檬酸溶液(10.5 g $H_3C_6H_5O_7 \cdot H_2O$/L)8.2 mL,加入0.05 mol/L柠檬酸钠(14.7 g $Na_3C_6H_5O_7 \cdot 2H_2O$/L)11.8 mL溶液,混匀,用酸度计检查pH是否为pH 5.0。

(11)0.1 mol/L pH 6.0柠檬酸钠缓冲液:量取0.1 mol/L柠檬酸溶液19 mL,加0.1 mol/L柠檬酸钠溶液81 mL,混匀后,用酸度计检查是否为pH 6.0。

(12)羧甲基纤维素(CMC):将纤维素粉末(用量可预先称取CMC 1 g在5 mL量筒中浸泡过夜,观察溶胀后所占有的体积,再根据层析时所需柱体积推算出CMC干粉的用量)浸泡于蒸馏水中,并不断更换水,每次倒去过细不沉的颗粒。然后用0.5 mol/L NaOH-0.5 mol/L NaCl溶液浸泡30 min,以去离子水洗至接近中性。再用0.5 mol/L HCl溶液浸泡30 min,用去离子水洗至中性。最后用0.5 mol/L NaOH-0.5 mol/L NaCl溶液浸泡30 min,用去离子水洗至pH 8.0,上柱前改用所需缓冲液平衡。使用后的CMC,用0.5 mol/L NaOH-0.5 mol/L NaCl浸泡冲洗可再生作用。

(13)Sepharose 4B、环氧氯丙烷(ECH)、1,4-二氧六环。

(14)1 mol/L NaCl溶液:称取分析纯NaCl 58.5 g,溶于约800 mL去离子水中,最后用容量瓶定容至1 000 mL。

(15)0.1 mol/L pH9.5 Na_2CO_3-$NaHCO_3$缓冲液:先分别配制0.1 mol/L的碳酸钠和碳酸氢钠溶液。

A液(0.1 mol/L碳酸钠溶液):称取分析纯 Na_2CO_3 28.62g,溶于约800 mL去离子水中,容量瓶定容至1 000 mL。

B液(0.1 mol/L碳酸氢钠溶液):称取分析纯 $NaHCO_3$ 8.4 g,溶于约800 mL去离子水中,容量瓶定容至1 000 mL。

取A液40 mL与B液60 mL混合(37℃),即得0.1 mol/L pH 9.5 $Na_2CO_3-NaHCO_3$ 缓冲液(若室温低于20℃,则取A液30 mL与B液70 mL混合)。

(16)0.1 mol/L pH 8.0 Tris-HCl缓冲液(内含0.5 mol/L KCl和0.05 mol/L $CaCl_2$)称取分析纯Tris-HCl 15.76 g(M=157.64),KCl 37.27 g(M=74.54),$CaCl_2$ 5.55 g(M=110.98),溶于约800 mL去离子水中,并用pH计将pH值精确调至8.0,定容至1 000 mL。

(17)1 mol/L,pH 2.5甲酸溶液(内含0.5 mol/L KCl):量取优级纯甲酸38.1 mL(含量99%,分子量46.03,相对密度1.22),称取KCl 37.25 g,加800 mL去离子水,溶解后将pH值调至2.5,定容至1 000 mL。

3. 器材

组织捣碎机、酸度计、pH试纸、电子天平、高速冷冻离心机、紫外分光光度计、布氏漏斗、抽滤瓶、层析柱(1 cm×20 cm和1 cm×30 cm)、微量可调移液枪、纱布、玻璃漏斗。

四、实验操作

(一)胰蛋白酶的粗提

1. **浸提**　将猪胰脏去除脂肪和结缔组织,称取50 g剪碎后,加入5倍体积预冷的pH 2.5乙酸酸化水,转移到组织捣碎机内匀浆。匀浆液转移到500 mL烧杯中,用2 mol/L H_2SO_4 调节pH值至2.5~3.0之间,4℃~10℃的条件下搅拌提取4 h或过夜。

2. **过滤**　用四层纱布将胰蛋白酶原提取液过滤,收集滤液(乳白色)。用pH试纸检查滤液pH,用2 mol/L H_2SO_4 调滤液的pH值至2.5~3.0之间,4℃冰箱内静置沉淀4 h以上。之后用滤纸自然过滤,获得浅黄透明滤液。若滤液出现浑浊,说明酸化液pH不准确或酸化后静置时间不够。

3. **激活**　向胰蛋白酶原提取液加入研细的固体 $CaCl_2$ 粉末,使溶液中 Ca^{2+} 终浓度达到0.1 mol/L。之后加入约5 mg结晶胰蛋白酶,检查溶液的pH值,用5 mol/L NaOH(或5 mol/L HCl)精确调pH值至8.0,混匀,置4℃冰箱内激活12~16 h(或25℃恒温水浴中激活2~4 h)。

激活过程中应每小时取样一次(取0.5~1 mL上清液),用0.001 mol/L HCl稀释后分别测定蛋白浓度和酶活,若酶液的比活达到1 000 U/mg左右时,停止激活。用2 mol/L H_2SO_4 调节溶液的pH值至2.5~3.0。

4. **盐析**　用滤纸将 $CaSO_4$ 沉淀滤去,收集滤液,量取体积,加入固体硫酸铵使最后饱和度达0.75(100 mL胰蛋白酶滤液约加入固体硫酸铵51.6 g),之后充分搅拌,4℃静置过夜。次日于8 000~10 000 r/min离心15 min,即得胰蛋白酶粗品。

5. **透析**　将粗胰蛋白酶溶于适量预冷的0.001 mol/L HCl溶液中,用2 mol/L HCl调pH至3,在4℃下对0.001 mol/L HCl溶液透析3 h左右(每小时换液1次),而后改用0.01 mol/L pH

5.0柠檬酸钠缓冲液透析过夜(至少换液3次,第1次1h后换液,第2次是2h后换液,第3次是3h后换液)。其目的是将盐酸溶液置换为柠檬酸钠缓冲液,在透析过程中若出现少量不溶物,可离心或过滤除去。

(二)CM-纤维素离子交换层析纯化猪胰蛋白酶

1. 仪器连接　逐一安装好恒流泵、层析柱、核酸蛋白检测仪电脑采集器及电脑、自动部分收集器等仪器并调试(详见实验一)。

2. 装柱和平衡　将已经处理好的羧甲基纤维素(CMC)装入1 cm × 30 cm层析柱中,柱床高24 ~ 25 cm。CMC装好后从洗脱瓶中放入0.01 mol/L pH 5.0的柠檬酸钠缓冲液,流经柱床使之平衡,至从柱中流出液的pH值达5.0为止(用pH试纸检查)。

3. 上样和洗涤　待柱床平衡后,将透析好的粗胰蛋白酶加到柱床面上,打开下口,使之慢慢渗入到CMC交换剂中,随即用0.01 mol/L pH 5.0柠檬酸钠缓冲液洗脱,控制流速为1mL/min。此时可出现一个洗脱峰,这是一些不能交换吸附的杂蛋白。

4. 洗脱1　待杂蛋白峰过去后,改用0.05 mol/L pH 5.0柠檬酸钠缓冲液洗脱,并收集洗脱液。此时又现一个洗脱峰,此峰为猪胰凝乳蛋白酶。

5. 洗脱2　待胰凝乳蛋白酶峰过后,改用0.1 mol/L pH 6.0柠檬酸钠缓冲液洗脱,流速为1 mL/min,此时又出现一洗脱峰,收集此洗脱峰内溶液即为猪胰蛋白酶。

6. 柱的再生　见实验一操作步骤(三)6。

(三)亲和层析纯化猪胰蛋白酶

1. 鸡卵黏蛋白的制备　见实验三。

2. 亲和吸附剂的制备　常用的载体活化与配基偶联的方法有环氧氯丙烷活化法和溴化氰活化法。因溴化氰有剧毒,本实验用环氧氯丙烷活化载体。

(1)层析介质(Sepharose 4B)的活化:分以下3步:

①称取Sepharose 4B 8 g,置于布式漏斗内,用100 mL 1.0 mol/L NaCl溶液抽洗(少量多次),之后大量蒸馏水抽洗,抽干后转移到100 mL三角瓶中备用。

②称取(湿重)Sepharose 4B 8 g置于100 mL三角瓶中,依次加入7 mL蒸馏水,8 mL 1,4-二氧六环,6.5 mL 2 mol/L NaOH,1.5 mL环氧氯丙烷,用塑料薄膜将瓶口封住。

③将盛有介质和活化剂的三角瓶放入45 ℃恒温水浴摇床中,以160 r/min的转速振摇活化2 h。停止活化,取出三角瓶,将活化介质转移到布式漏斗内,抽去活化剂,用100 mL蒸馏水洗涤,少量多次,抽干。将介质转移到100 mL干净的三角瓶中,准备偶联。

(2)鸡卵黏蛋白的偶联:称取约100 mg鸡卵黏蛋白(实验三中制备),用10 mL 0.1 mol/L pH 9.5的Na_2CO_3-$NaHCO_3$缓冲液充分溶解。然后将溶解好的蛋白溶液,加入到活化好的Sepharose 4B介质中混匀。在40 ℃恒温水浴中,以130 ~ 140 r/min的转速振摇偶联22 h左右后,停止偶联。

(3)洗涤:将已经偶联好的Sepharose 4B转移到布式漏斗内抽滤。然后用100 mL 1.0 mol/L NaCl溶液和100 mL蒸馏水各淋洗介质一次,最后用50 mL 0.1 mol/L pH 2.5的甲酸溶液和50 mL

蒸馏水分别淋洗,抽干。将亲和介质转移到50 mL小烧杯内,加入20 mL 0.1 mol/L pH 8.0的Tris-HCl缓冲液,浸泡20 min,脱气后装柱。

3. 亲和层析　按层析步骤分以下几步:

(1)装柱:取一支层析柱(1 cm × 20 cm),将偶联好的亲和层析介质CHOM-Sepharose 4B装入柱内,自然沉降至柱床体积稳定。

(2)平衡:以0.1 mol/L pH 8.0 Tris-HCl缓冲液流过柱床,使介质平衡。待流出的平衡液经核酸蛋白检测仪绘出的基线稳定,即可。

(3)上样:将经离子交换层析制得的胰蛋白酶提取液,用5 mol/L NaOH精确调至pH 8.0,滤纸过滤,将滤液上样于平衡好的亲和层析吸附剂柱床表面,使之缓缓进入亲和吸附剂中。

(4)洗脱:上样以后,先以0.1 mol/L pH 8.0的Tris-HCl缓冲液(内含0.5 mol/L KCl,0.05 mol/L CaCl₂)洗脱,洗去未被吸附的杂蛋白,直至无蛋白质流出为止。待基线稳定后,再用0.1 mol/L pH 2.5的甲酸溶液(内含0.5 mol/L KCl)洗脱,流速为1 mL/min,收集洗脱峰,即得纯化的猪胰蛋白酶。

(5)吸附剂的处理:洗脱后的亲和吸附剂,用0.1 mol/L pH 8.0的Tris-HCl缓冲液及时冲洗平衡,贮于4 ℃冰箱,可反复使用。

4. 干燥与结晶　将所得的收集液先用蒸馏水在4 ℃透析除盐,经冷冻干燥后即可获得纯化的絮状猪胰蛋白酶产品。

在猪胰蛋白酶制备和纯化过程中,各阶段均应留样以检测酶含量和活力的变化,以跟踪酶在纯化过程中活性的状态。测定方法见附录。另外,还可采用SDS-PAGE等方法进行酶的提纯效果鉴定。

五、注意事项

(1)胰脏必质是刚屠宰的新鲜组织或立即低温存放的,否则可能因组织自溶而导致实验失败。

(2)酶原激活时,应控制好激活时间。时间过短,达不到激活的效果,激活时间过长,因酶本身自溶会使比活降低。激活过程应监测酶活的变化,当酶液的比活达到1 000 U/mg左右时即可停止激活。

(3)亲和层析时,欲分离的大分子物质样品浓度不宜过高,如蛋白质浓度应低于20 ~ 30 mg/mL。蛋白质浓度过高时大部分处于凝聚状态,将降低欲分离蛋白质与配基亲和的相互作用。

(4)为保证猪胰蛋白酶的活性不受影响,整个制备及纯化过程应在0 ℃ ~ 5 ℃低温条件下进行。

六、思考题

(1)提取制备猪胰蛋白酶的过程中,应特别注意哪些主要环节和影响因素?

(2)胰蛋白酶活力的测定方法还有哪些?

(3)在实验中,可以采取什么方法来提高产率和比活率?

附录：

胰蛋白酶的活力测定——酪蛋白法

一、实验原理

纯胰蛋白酶的消光系数 $E_{1cm}^{1\%}$ =13.5，是指胰蛋白酶的浓度为 1 %（1 g/100 mL）、光程为 1 cm 时，A_{280nm} 为 13.5。则当胰蛋白酶的浓度为 1 mg/mL，光程为 1 cm 时，A_{280nm} 为 1.35。据此可用分光光度法测定胰蛋白酶的含量。

胰蛋白酶能催化蛋白质的水解，对于由碱性氨基酸（如精氨酸、赖氨酸）的羧基与其他氨基酸的氨基所组成的肽键具有专一性。特别表现在对碱性氨基酸羧基一侧的选择性。本实验以酪蛋白为底物的方法来测定胰蛋白酶活力。胰蛋白酶催化水解底物酪蛋白生成不被三氯乙酸沉淀的小分子肽以及氨基酸。在一定浓度范围内酶的水解滤液在波长 280 nm 处光吸收的增值与胰蛋白酶的活力单位成正比。

活力单位的定义：在一定条件下每分钟酶水解底物酪蛋白形成的溶液在 280 nm 处吸光度 A_{280} 增加一个单位的酶量为一个蛋白酶活力单位（U）。

二、试剂与器材

1. 试剂

（1）1 mmol/L HCl：取 2 mol/L HCl 溶液 0.5 mL，蒸馏水稀释至 1 000 mL。

（2）1 %（W/V）酪蛋白：将 1 g 酪蛋白溶于少量 0.2 mol/L，pH 7.0 磷酸缓冲液中，蒸馏水定容至 100 mL。

（2）8 %（W/V）三氯乙酸（TCA）溶液　先配制 100 %（W/V）TCA 储备液：将 100 mL 蒸馏水加入装有 500 g TCA 的试剂瓶（此化合物极易溶于水），转移到烧杯中磁力搅拌至完全溶解，按需要可再加水。最后加水定容至 500 mL，置棕色瓶通风橱中贮存，无需除菌。于使用前取 8 mL 100 %TCA 储备液，用蒸馏水稀释至 100 mL。

（4）0.1 mol/L Tris–HCl pH 8.0 缓冲液　称取分析纯 Tris–HCl 15.76 g（分子量为 157.64），溶于约 800 mL 蒸馏水中，并用 pH 计将 pH 值精确调至 8.0，定容至 1 000 mL。

2. 器材

紫外–可见分光光度计。

三、操作步骤

用以下方法测定胰蛋白酶在激活前、激活后、透析后、经 CMC 柱层析、亲和层析后五个阶段产品的含量和酶活力变化。

（一）酶含量测定

取 1mL 胰蛋白酶制备不同阶段留取的样品，用 1 mmol/L HCl 稀释 100 倍，并以 1 mmol/L HCl 作为空白，用紫外–可见分光光度计测定样品的 A_{280nm} 值。根据以下公式计算胰蛋白酶浓度：

$$胰蛋白酶浓度（mg/mL）= \frac{A_{280nm} \times 稀释倍数}{1.35}$$

（二）酶活力测定

取三支洁净试管，按1~3编号，1号为样品管、2号为对照管、3号为空白管。分别作如下处理：

1. 样品管　取稀释酶液1 mL（根据蛋白含量测定结果，用0.1 mol/L Tris–HCl pH 8.0缓冲液稀释至10~80 μg/mL），精确加入1 mL 37 ℃预热的1 %酪蛋白溶液，混匀后立即置37 ℃水浴中，准确反应10 min。加入3 mL 8 %三氯乙酸，迅速摇匀，终止反应。

2. 对照管　精确加入1mL 37 ℃预热的1 %酪蛋白溶液，加入3 mL 8 %三氯乙酸，迅速摇匀，之后加入1 mL稀释酶液（与样品管相同），混匀后立即置于37 ℃水浴中，准确反应10 min。

3. 空白管　分别加入3 mL 8 %三氯乙酸和2 mL 0.1 mol/L Tris–HCl pH 8.0 缓冲液。

将样品管、对照管、空白管分别以3 000 r/min离心5 min，取上清液。以空白管的上清液调零，将样品管和对照管的上清液于280 nm波长处测定其光密度值。

按下列公式计算胰蛋白酶活力：

$$胰蛋白酶活力单位数 = \frac{\Delta OD_{280}}{t}$$

$$比活力 = \frac{酶活力蛋白}{毫克蛋白质} = \frac{\Delta OD_{280}}{C \cdot V \cdot t}$$

上两式中：$\triangle OD_{280}$=样品管OD_{280} – 空白管OD_{280}；

A=每个样品管中蛋白量（mg）；

C=每个样品管中酶液浓度（mg/mL）；

V=每个样品管中酶液体积（mL）；

t=反应时间（min）。

实验五　动物组织中DNA的制备

一、实验目的

(1)掌握从动物组织中制备DNA的基本原理和方法；

(2)了解DNA制品的鉴定方法。

二、实验原理

真核生物DNA主要以核蛋白形式存在于细胞核中，因此制备DNA必须先粉碎组织，裂解细胞膜和核膜，使核蛋白释放，再除去蛋白质、脂类、糖类和RNA等物质，得到纯化的DNA。

在本实验提取DNA的反应体系中，SDS(十二烷基磺酸钠)破坏细胞膜和核膜，使核蛋白释放，之后利用在浓盐溶液中(1~2 mol/L NaCl)中，脱氧核糖核蛋白(DNP)的溶解度很大，核糖核蛋白(RNP)的溶解度很小，而在稀盐溶液中(0.15 mol/L NaCl)中，脱氧核糖核蛋白的溶解度很小，核糖核蛋白的溶解度则很大的特点，用不同浓度的氯化钠溶液使两者分离。分离得到的脱氧核糖核蛋白，利用SDS使蛋白质变性，将核蛋白中的DNA与蛋白质分开，EDTA及SDS抑制细胞中的DNA酶的活性。采用氯仿–异戊醇抽提的方法进一步除去蛋白质，使DNA溶于浓盐溶液中。最后根据核酸只溶于水而不溶于有机溶剂的特点，用乙醇沉淀DNA，同时除净小分子化合物，获得产品。

本实验所得DNA为粗制品。确定其含量及纯度可用紫外吸收法、定磷法及化学法等测定。

三、材料、试剂和器材

1. 材料

动物肝脏。

2. 试剂

(1)0.15 mol/L NaCl–0.015 mol/L pH 7.0柠檬酸钠溶液：称取 NaCl 8.77 g，柠檬酸三钠($Na_3C_6H_5O_7 \cdot 2H_2O$)4.41 g，用约800 mL蒸馏水溶解后，调节 pH 至7.0，最后定容至1 000 mL。

(2)0.15 mol/L NaCl–0.1 mol/L EDTA–2Na溶液：称取 NaCl 8.77 g，二水乙二胺四乙酸二钠(EDTA–2Na·$2H_2O$)37.2 g溶于约800 mL蒸馏水中，用NaOH调pH至8.0，最后定容至1 000 mL。

(3)固体氯化钠。

(4)5 %(W/V)十二烷基硫酸钠(SDS)溶液：称取 SDS 5 g溶于80 mL蒸馏水中，将体积调至100 mL。

(5)氯仿–异戊醇溶液：按氯仿：异戊醇=24：1配制。

(6)0.5 mol/L EDTA(pH 8.0)：在800 mL蒸馏水中加入186.1 g二水乙二胺四乙酸二钠(EDTA–2Na·$2H_2O$)，用NaOH(约20 g)调pH值至8.0，定容至1 000 mL后，高压灭菌。

（7）1 mol/L Tris–HCl(pH 8.0)：在800 mL蒸馏水中溶解121 g Tris碱，用浓盐酸（约42 mL）调pH为8.0，定容至1 000 mL后，高压灭菌备用。

（8）pH 8.0 TE缓冲液：取1 mol/L Tris–HCl (pH 8.0)1mL和0.5 mol/L EDTA 200 μL(pH 8.0)混合，蒸馏水定容至100 mL后，高压灭菌。

（9）95(V/V)乙醇、75 %(V/V)乙醇。

3. 器材

组织捣碎机、玻璃匀浆器、离心机、冰块、剪刀、镊子、刻度吸管、烧杯、三角瓶、托盘等。

四、实验操作

（1）取饥饿大白鼠肝脏10 g，用预冷的0.15 mol/L NaCl–0.015 mol/L柠檬酸钠溶液清洗2~3遍直至无血块。之后将肝脏剪为碎块，再放入20 mL同样缓冲液中匀浆，使细胞内容物充分释放。匀浆液在4 ℃，4 000 r/min离心10 min，弃上清。按上述条件，重复离心2~3次，注意尽量洗去可溶部分，最后留沉淀。

（2）沉淀物悬浮于5倍体积的0.15 mol/L NaCl–0.1 mol/L EDTA–2Na溶液中，搅匀，加入5 % SDS使其终浓度达1 %，边加边搅，此时溶液变得黏稠。之后加入固体NaCl使其终浓度达1 mol/L，继续搅拌使NaCl全部溶解，此时溶液由稠变稀薄。

（3）上述混悬液中加入等体积的氯仿–异戊醇，4 000 r/min离心10 min，溶液分为3层（上层是水溶液、中层为变性蛋白质，下层为氯仿–异戊醇）。取上层水相，量体积，按上述方法用氯仿–异戊醇重复抽提2 ~ 3次。

（4）取上层水相，加入2倍体积预冷的95 %乙醇，边加边用玻璃棒慢慢顺一个方向在烧杯中转动，随着乙醇的不断加入可见溶液出现黏稠状物质缠绕于玻棒上，此黏丝状物即是DNA。将DNA从玻棒上取下，75 %乙醇洗2次，洗涤时动作要轻柔，弃上清保留沉淀。置干燥器中抽干，称取产量，计算产率。

（5）将DNA按200 μg/mL的浓度溶于pH 8.0 TE缓冲液中。

（6）利用紫外吸收法检测DNA的纯度和浓度，也可辅以琼脂糖凝胶电泳检测DNA质量，看是否有降解、RNA或蛋白质污染等。

五、注意事项

（1）生物体内各部位的DNA是相同的，即DNA无组织特异性，但取材时以含量丰富的部位为主，如动物的肝脏、脾、肾、血液、精子等。

（2）吸水相时不要将界面上的变性蛋白质混入，抽提3次后一般有机相和水相界面上的变性蛋白质极少，肉眼基本看不见，若变性蛋白质仍较多，可增加抽提次数。实验中使用的吸取DNA水溶液的滴管管口需粗而短，并烧成钝口。

（3）最后一次弃上清时，尽可能去尽上清。

（4）大分子DNA的水溶液呈黏稠状，可以用玻璃棒缠起来。液体DNA只要防止DNase污染，可在高盐浓度条件下以液体状态保存。抽干后的固体DNA，性质稳定，可长期保存。

（5）为获得大分子DNA，操作时应避免剧烈振摇或采用过大的离心力。转移吸取DNA时不可用过细的吸头，不可猛吸猛放，更不能用细的吸头反复吹吸。

六、思考题

（1）如何评价提取的DNA的质量是否可以用来进行下游PCR反应、酶切等？

（2）本实验的DNA保存在TE缓冲溶液中，DNA是否也可以保存在ddH$_2$O中，在TE溶液和ddH$_2$O中哪一个使DNA保存的时间更长？

（3）本实验中是用预冷的95%乙醇沉淀DNA，是否还可以用其他有机溶剂来沉淀DNA？

实验六　动物组织中总RNA及cDNA的制备

一、实验目的

(1)掌握从动物组织提取核糖核酸(RNA)的原理及操作技术；

(2)学习cDNA的制备方法,了解其应用。

二、实验原理

动物组织样品在裂解液中能够充分被裂解,加入氯仿离心后,溶液会形成上清层、中间层和有机层(鲜红色下层,含有蛋白质、多糖、脂肪酸、细胞碎片和少量DNA),RNA分布在上清层中,收集上清层,经异丙醇沉淀便可以回收得到总RNA。

逆转录酶能以单链RNA为模板,在引物的引发下合成与模板互补的第一链cDNA。之后以第一链为模板,在DNA聚合酶的作用下合成cDNA第二链,完成双链cDNA的制备。制备的双链cDNA可进一步和载体连接,然后转化扩增,用于cDNA文库的构建,从而进一步对真核生物基因的结构、表达、调控等进行研究。以原核细胞或者真核细胞的mRNA为模板合成cDNA后再进行cDNA的克隆,已成为当今生物化学和分子生物学研究中的一种重要手段。

本实验以小鼠肝脏为材料,提取总RNA。在莫洛尼氏鼠白血病毒逆转录酶(M-MLV)的作用下,以RNA为模板,利用Oligo(dT)$_{18}$引物合成cDNA的第一条链,形成cDNA:mRNA杂交链。利用RNA酶H在杂交链的mRNA链上形成单链切口,产生一系列RNA引物。进而在dNTP存在下,经大肠杆菌DNA聚合酶I与DNA连接酶的作用合成cDNA第二链,从而使RNA链被DNA链置换,cDNA双链分子形成。最后使用T4 DNA聚合酶使双链cDNA片段末端平滑,并将合成的cDNA进行精制,可获得双链cDNA产物。该产物可用于cDNA的克隆,以进一步对cDNA进行体外转录或翻译等深入研究。

三、材料、试剂和器材

1.材料

小鼠肝脏(或其他组织)。

2.试剂

(1)RNAiso Plus裂解液。

(2)液氮。

(3)苯酚、氯仿、异戊醇。

(4)异丙醇、无水乙醇(预冷)。

(5)RNase-free水:使用RNase-free的玻璃瓶,向1 L超纯水中加入1 mL DEPC,制成终浓度为0.1 %(V/v)的溶液,37 ℃孵育12 h,高温高压灭菌。

(6)75 %的乙醇(RNase-free水配制)。

(7)Oligo (dT)$_{18}$引物(500 μg/mL)。

(8)10 mmol/L dNTP混合物(dATP,dGTP,dCTP和dTTP均为10 mmol/L,pH中性)。

(9)M–MLV逆转录酶(含5×第一链合成缓冲液和0.1 mol/L DTT)。

(10)RNA酶抑制剂。

(11)1.0 mol/L Tris–HCl (pH 8.0):在800 mL RNase–free水中溶解121 g Tris碱,用浓盐酸调pH值至8.0,混匀后加RNase–free水至1 000 mL,高压灭菌。

(12)0.5 mol/L EDTA (pH 8.0):在800 mL RNase–free水中加入186.1 g EDTA–2Na,用NaOH(约20 g)调pH值至8.0,定容至1 000 mL后,高压灭菌。

(13)TE缓冲液:取1 mL 1 mol/L Tris–HCl,200 μL 0.5 μmol/L EDTA,混合后加RNase–free水定容至100 mL,高压灭菌。

(14)5×第二链合成缓冲液(含Tris–HCl、KCl、$MgCl_2$、DTT、0.5 mg/mL BSA等)。

(15)大肠杆菌DNA:聚合酶I(*E.coli* DNA Polymerase I)。

(16)大肠杆菌RNase H和大肠杆菌DNA连接酶混合物(*E.coli* RNase H /*E.coli* DNA Ligase Mixture)。

(17)T4 DNA聚合酶(T4 DNA Polymerase)。

(18)0.25 mol/L的EDTA(pH 8.0):将0.5 mol/L EDTA(pH 8.0)用RNase–free水2倍稀释即可。

(19)10% SDS 将10 g电泳级(M=288.37)SDS溶于80 mL RNase–free水中,定容至100 mL,室温可永久贮存。

(20)10 mol/L醋酸铵溶液:将7.71g醋酸铵溶解于RNase–free水中,加RNase–free水定容至10 mL后,用孔径0.22 μm的滤膜过滤除菌。

3. 器材

PCR仪、电子天平、冷冻离心机、制冰机、液氮罐、眼科剪、眼科镊、1.5 mL离心管、研钵、微量可调移液枪。

四、实验操作

(一)总RNA提取

以TaKaRa(大连宝生物工程有限公司)的RNAiso Plus总RNA提取为例。

(1)称取肝脏组织100 mg,将其用眼科剪剪碎,液氮反复速冻,持续研磨至粉末状。加入1 mL RNAiso Plus裂解液,继续研磨为粉末状。

(2)将解冻的研磨匀浆液转移至1.5 mL离心管中,用移液器反复垂悬至溶液透明且无块状沉淀。室温静置5 min。

(3)4 ℃,12 000 g离心10 min,沉淀除去没有裂解的组织细胞。将上清转移至另一干净的1.5 mL离心管中。

(4)4 ℃,12 000 g离心5 min。小心吸取上清液,移入新的1.5 mL离心管中(切勿吸取沉淀)。

（5）加入 200 μL 氯仿（RNAiso Plus 的 1/5 体积量），盖紧离心管盖，用手剧烈振荡 15 s（氯仿沸点低、易挥发，振荡时应小心离心管盖突然弹开）。待溶液充分乳化（无分相现象）后，再室温静置 5 min。

（6）4 ℃，12 000 g 离心 15 min。小心取出离心管，此时匀浆液分为三层，即：无色的上清液、白色的中间蛋白层及带有颜色的下层有机相。吸取上清液转移至另一新的离心管中（切忌吸出白色中间层）。

（7）向上清中加入等体积的异丙醇，上下颠倒离心管充分混匀后，室温静置 10 min。4 ℃，12 000 g 离心 10 min（此步离心后，一般在试管底部会出现 RNA 沉淀）。

（8）小心弃去上清，缓慢地沿离心管壁加入预冷的 75 % 乙醇 1 mL（切勿触及沉淀），轻轻上下颠倒洗涤离心管管壁，在 4 ℃，12 000 g 下离心 5 min 后小心弃去乙醇（为了更好地控制 RNA 中的盐离子含量，应尽量除净乙醇）。

（9）重复第 8 步。

（10）RNA 的溶解：室温干燥沉淀 2～5 min（注意不要过分干燥，否则会降低 RNA 的溶解度，不可以离心或加热干燥）。加入适量的 RNase-free 水溶解沉淀（根据沉淀及 RNA 的量，可加入 50～80 μL RNase-free 水，视情况而定），必要时可用移液枪轻轻吹打沉淀或置于 55 ℃～60 ℃ 水溶 10 min 至 RNA 完全溶解。

（11）RNA 可进行 mRNA 分离，或置于 -80 ℃ 超低温冰柜保存备用。

（二）cDNA 第一链合成

建立 20 μL 的反应体系用于逆转录 1 ng～5 μg 总 RNA。

（1）将以下组分加入无核酸酶的微量离心管（0.2 mL）中，总体积 12 μL。

oligo(dT)₁₈Primer　　　　　1 μL

总 RNA　　　　　　　　　2 μg（据提取总 RNA 的浓度确定加样体积，但总量不能超过 10 μL）

10mmol/L dNTP Mixture　　1 μL

RNase-free 水　　　　　　补足体积至 12 μL

（2）上述混合物在 65 ℃ 加热 5 min 后，迅速置于冰上冷却。短暂离心后，加入以下组分：

5× 第一链合成缓冲液　　4 μL

0.1 mol/L 的 DTT　　　　2 μL

RNA 酶抑制剂　　　　　1 μL

（3）用移液枪在离心管中轻轻将各种成分混合，并在 37 ℃ 下孵育 2 min。

（4）在室温下加入 1 μL（200 单位）M-MLV 逆转录酶，轻轻地吹打混匀。

（5）37 ℃ 孵育 50 min。

（6）70 ℃ 加热 15 min 以终止反应。

（7）第一链合成的反应液可直接用于 cDNA 第二链合成，也可直接作为 PCR 反应的模板使用。

（三）cDNA第二链合成

（1）取第一链反应液20 μL，再依次加入下述试剂：

5×第二链缓冲液	30 μL
10 mmol/L dNTP混合物	3 μL
RNase-free 水	89 μL

（2）加入 2 μL *E.coli* DNA PolymeraseⅠ以及 2 μL *E.coli* RNase H/*E. coli* DNA Ligase Mixture，轻微搅拌。

（3）16 ℃反应 2 h（如需合成长于 3 kb 的cDNA，则需延长至 3～4 h）。

（4）70 ℃加热 10 min，低速离心后置冰上。

（5）加入 4 μL T4 DNA Polymerase，轻轻搅拌，37 ℃反应 10 min。

（6）加入 15 μL 0.25 mol/L 的EDTA（pH 8.0）以及 15 μL 10 ％ SDS溶液搅拌，停止反应。

（四）合成的cDNA精制

（1）反应停止后反应液总体积为 180 μL，加入等量（180 μL）的苯酚/氯仿/异戊醇（25：24：1）溶液，剧烈振荡 5～10 s 混合。

（2）在室温下 15 000 r/min 离心 1 min，液体分为二层。小心取出水相（上层）移至另一个新的微量离心管中（注意切勿取出中间层）。

（3）向水相中加入等量（180 μL）的氯仿/异戊醇（24：1）溶液，剧烈振荡 5～10 s 混合。

（4）在室温下 15 000 r/min 离心 1 min，液体分为二层。小心取出水相（上层）移至另一个新的微量离心管中。

（5）加入 60 μL 的 10 mol/L 醋酸铵。

（6）加入 2.5 倍体积的冷乙醇（约 600 μL），充分混匀。

（7）-20 ℃放置 30 min 后在 4 ℃下 15 000 r/min 离心 15 min，除去上清。

（8）用 75 ％乙醇清洗，离心 2 min，弃上清。

（9）小心移去上清液，干燥沉淀。

（10）沉淀溶于 10~20 μL TE缓冲液中，置于 -20 ℃冰柜或 -80 ℃超低温冰柜可长期保存。

注：以上操作是模板RNA为 2 μg 时的反应系统。实际操作时可以根据模板RNA的使用量来调整第一链、第二链的cDNA合成反应液量，按比例扩大反应体积。

五、注意事项

（1）进行RNA实验时，应严防RNA酶的污染。可以干热灭菌的器材（如玻璃器具等）必须在 160 ℃干热灭菌 2 h 以上；不能干热灭菌的器材（如塑料制品）须用 RNase-free 水（含 0.1 ％的 DEPC）溶液在 37 ℃下处理 12 h 以上后，经高温高压灭菌后使用（防止 RNA 被 DEPC 羧甲基化）。

（2）所有配制的试剂尽可能用 0.1 ％ DEPC 进行处理，并在高压灭菌后使用。有些试剂不能高压灭菌时，首先用经过灭菌的器具、水等配制溶液后，再将溶液进行过滤除菌处理。

（3）做RNA实验的器材必须和一般实验器材严格分开。此外，做RNA实验时，通过人手混入RNase的几率极大。因此，应使用一次性塑料手套和口罩进行所有试剂配制和实验操作。

（4）DEPC与氨水溶液混合会产生致癌物，使用时需小心。

（5）在RNA提取完后应检测其纯度和浓度，用紫外分光光度计测定A_{260}/A_{280}的值，A_{260}/A_{280}体现了RNA中的蛋白质等有机物的污染程度，质量较好的RNA的R值应在1.8～2.2之间，当$R<1.8$时，溶液中的蛋白质等有机物的污染比较明显；当$R>2.2$时，说明RNA已经被水解成了单核苷酸。必要时取1～2 μg 总RNA，变性后进行琼脂糖凝胶电泳检测，凝胶上应显示出3条清晰的条带，从上到下依次为28S、18S和5S。28S和18S条带的亮度定量比在1.5以上。若核糖体RNA条带弥散，则可能混入 RNase，请不要使用。另外，当有分子量大于28S或23S的条带出现时，可能是基因组 DNA 混入，可使用重组DNA酶I（RNase-free）处理后再进行cD-NA合成反应。

六、思考题

（1）根据核酸在细胞内的分布、存在方式及其特性，提取过程中采取了什么相应的措施？

（2）如何衡量提取的RNA的质量？

（3）RNA是否具有组织特异性？ 比如在肝脏中提取的RNA和肾脏中提取的RNA是否相同，为什么？

（4）RNA和DNA相比哪一个更容易降解，为什么？

（5）制备cDNA的常用方法有哪些？ 操作中有哪些注意事项？

第 ⟨六⟩ 章　层析技术

第一节　层析技术基本原理

层析技术是一类物理分离方法,由于待分离混合物中各组分理化性质的差异,各组分在固定相分配方式和分配系数不同,因而各组分随流动相前进的速度不同,从而使不同组分在不同时间随流动相流出,达到分离组分的目的。层析分析法又称色谱法(Chromatography),它是在1903~1906年由俄国植物学家 M. Tswett 首先系统提出来的。他将叶绿素的石油醚溶液通过CaCO₃管柱,并继续以石油醚淋洗,由于CaCO₃对叶绿素中各种色素的吸附能力不同,色素被逐渐分离,在管柱中出现了不同颜色的谱带或称色谱图(Chromatogram)。1931年有人用氧化铝柱分离了胡萝卜素的两种同分异构体,显示了这一分离技术的高度分辨力,从此引起了人们的广泛注意,并将该方法应用于复杂有机混合物的分离。随着科学技术的发展,基于层析技术的气相色谱与高效液相色谱(HPLC)已成为生物化学与分子生物学、化学等领域不可缺少的分析分离工具。

层析法的最大特点是分离效率高,它能分离各种性质类似的物质。它既可以用于少量物质的分析鉴定,又可用于大量物质的分离纯化制备。因此,作为一种重要的分析分离手段与方法,它广泛地应用于科学研究与工业生产。

一、层析的基本理论

层析法是一种根据被分离物质的物理、化学及生物学特性不同,使它们在某种基质中移动速度不同而进行分离和分析的方法。例如:我们利用物质在溶解度、吸附能力、立体化学特性及分子的大小、带电情况及离子交换、亲和力的大小及特异的生物学反应等方面的差异,使其在流动相与固定相之间的分配系数(或称分配常数)不同,达到彼此分离的目的。

对于一个层析柱来说,可作如下基本假设:

(1)层析柱的内径和柱内的填料是均匀的,而且层析柱由若干层组成。每层高度为 H,称为一个理论塔板。塔板一部分为固定相占据,一部分为流动相占据,且各塔板的流动相体积相等,称为板体积,以 V_m 表示。

(2)每个塔板内溶质分子在固定相与流动相之间瞬间达到平衡,且忽略分子纵向扩散。

(3)溶质在各塔板上的分配系数是一常数,与溶质在塔板的量无关。

（4）流动相通过层析柱可以看成是脉冲式的间歇过程（即不连续过程）。从一个塔板到另一个塔板流动相体积为 V_m。当流过层析柱的流动相的体积为 V 时，则流动相在每个塔板上跳跃的次数为 n：$n=V/V_m$

（5）溶质开始加在层析柱上。根据以上假定，将连续的层析过程分解成了间歇的动作，这与多次萃取过程相似，一个理论塔板相当于一个两相平衡的小单元。

二、层析的基本概念

（一）固定相

固定相是层析的一个基质。它可以是固体物质（如吸附剂，凝胶，离子交换剂等），也可以是液体物质（如固定在硅胶或纤维素上的溶液），这些基质能与待分离的化合物进行可逆的吸附、溶解、交换等。它对层析的效果起着关键的作用。

（二）流动相

在层析过程中，推动待分离物质在固定相上朝着一个方向移动的液体、气体或超临界体等，都称为流动相。柱层析中一般称为洗脱剂，薄层层析时称为展层剂。它也是层析分离中的重要影响因素之一。

（三）分配系数及迁移率（或比移值）

分配系数是指在一定的条件下，某种组分在固定相和流动相中含量（浓度）的比值，常用 K 来表示。分配系数是层析中分离纯化物质的主要依据。

$$K=C_s/C_m$$

其中 C_s：固定相中的浓度，C_m：流动相中的浓度。

迁移率（或比移值）是指在一定条件下，在相同的时间内，某一组分在固定相移动的距离与流动相本身移动的距离之比值。常用 R_f 来表示。实验中我们还常用相对迁移率的概念。相对迁移率是指在一定条件下，在相同时间内，某一组分在固定相中移动的距离与某一标准物质在固定相中移动的距离之比值。它可以小于等于1，也可以大于1。用 R_x 来表示。不同物质的分配系数或迁移率是不同的。分配系数或迁移率的差异程度是决定几种物质采用层析方法能否分离的先决条件。很显然，差异越大，分离效果越理想。

分配系数主要与下列因素有关：被分离物质本身的性质；固定相和流动相的性质；层析柱的温度。

（四）分辨率（或分离度）

分辨率一般定义为：相邻两个峰的分开程度。用 R_s 来表示。R_s 值越大，两种组分分离的越好。当 $R_s=1$ 时，两组分具有较好的分离，互相沾染约 2%，即每种组分的纯度约为 98%。当 $R_s=1.5$ 时，两组分基本完全分开，每种组分的纯度可达到 99.8%。如果两种组分的浓度相差较大，尤其要求较高的分辨率。

为了提高分辨率R_s的值,可采用以下方法:

(1)使理论塔板数N增大,则R_s上升。

①增加柱长,N可增大,可提高分离度,但它造成分离的时间加长,洗脱液体积增大,并使洗脱峰加宽,因此不是一种特别好的办法。

②减小理论塔板的高度。如减小固定相颗粒的尺寸,并加大流动相的压力。高效液相色谱(HPLC)就是这一理论的实际应用。一般液相层析的固定相颗粒为100 mm以下,而HPLC柱子的固定相颗粒为10 mm以下,且压力可达150 kg/cm²。它使R_s大大提高,也使分离的效率大大提高了。

③采用适当的流速,也可使理论塔板的高度降低,增大理论塔板数。太高或太低的流速都是不可取的。对于一个层析柱,它有一个最佳的流速。特别是对于气相色谱,流速影响相当大。

(2)改变容量因子D(固定相与流动相中溶质量的分布比)。一般是加大D,但D的数值通常不超过10,再大对提高R_s不明显,反而使洗脱的时间延长,谱带加宽。一般D限制在$1 \leqslant D \leqslant 10$,最佳范围在1.5~5之间。我们可以通过改变柱温(一般降低温度),改变流动相的性质及组成(如改变pH值,离子强度,盐浓度,有机溶剂比例等),或改变固定相体积与流动相体积之比(如用细颗粒固定相,填充得紧密与均匀些),提高D值,使分离度增大。

(3)增大分离因子a(也称选择性因子,是两组分容量因子D之比),使R_s变大。实际上,使a增大,就是使两种组分的分配系数差值增大。同样,可以通过改变固定相的性质、组成,改变流动相的性质、组成,或者改变层析的温度,使a发生改变。应当指出的是,温度对分辨率的影响,是对分离因子与理论塔板高度的综合效应。因为温度升高,理论塔板高度有时会降低,有时会升高,这要根据实际情况去选择。通常,a的变化对R_s影响最明显。

总之,影响分离度或者说分离效率的因素是多方面的。应当根据实际情况综合考虑,特别是对于生物大分子,还必须考虑它的稳定性、活性等问题。如pH值、温度等都会产生较大的影响,这是生化分离绝不能忽视的。

(五)正相色谱与反相色谱

正相色谱是指固定相的极性高于流动相的极性,因此,在这种层析过程中非极性分子或极性小的分子比极性大的分子移动的速度快,先从柱中流出来。反相色谱是指固定相的极性低于流动相的极性,在这种层析过程中,极性大的分子比极性小的分子移动的速度快而先从柱中流出。

一般来说,分离纯化极性大的分子(带电离子等)采用正相色谱(或正相柱),而分离纯化极性小的有机分子(有机酸、醇、酚等)多采用反相色谱(或反相柱)。

(六)操作容量(或交换容量)

在一定条件下,某种组分与基质(固定相)反应达到平衡时,存在于基质上的饱和容量,我们称为操作容量(或交换容量)。它的单位是毫摩尔(或毫克)每克(基质)或毫摩尔(或毫克)每毫升(基质),数值越大,表明基质对该物质的亲和力越强。应当注意,同一种基质对不同种类分子的操作容量是不相同的,这主要是由于分子大小(空间效应)、带电荷的多少、溶剂的性质等多种因素的影响。因此,实际操作时,加入的样品量要尽量少些,特别是生物大分子,样品的加入量更要进行控制,否则用层析办法不能得到有效的分离。

三、层析法的分类

层析根据不同的标准可以分为多种类型:

(一)根据固定相基质的形式分类

根据固定相基质的形式层析可以分为纸层析、薄层层析和柱层析。纸层析是指以滤纸作为基质的层析。薄层层析是将基质在玻璃或塑料等光滑表面铺成一薄层,在薄层上进行层析。柱层析则是指将基质填装在管中形成柱形,在柱中进行层析。纸层析和薄层层析主要适用于小分子物质的快速检测分析和少量分离制备,通常为一次性使用,而柱层析是常用的层析形式,适用于样品分析、分离。生物化学中常用的凝胶层析、离子交换层析、亲和层析、高效液相色谱等都通常采用柱层析形式。

(二)根据流动相的形式分类

根据流动相的形式层析可以分为液相层析和气相层析。气相层析是指流动相为气体的层析,而液相层析指流动相为液体的层析。气相层析测定样品时需要气化,大大限制了其在生化领域的应用,主要用于氨基酸、核酸、糖类、脂肪酸等小分子的分析鉴定。而液相层析是生物领域最常用的层析形式,适于生物样品的分析、分离。

(三)根据分离的原理分类

根据分离的原理层析主要可以分为吸附层析、分配层析、凝胶过滤层析、离子交换层析、亲和层析等。吸附层析是以吸附剂为固定相,根据待分离物与吸附剂之间吸附力不同而达到分离目的的一种层析技术。分配层析是根据在一个有两相同时存在的溶剂系统中,不同物质的分配系数不同而达到分离目的的一种层析技术。凝胶过滤层析是以具有网状结构的凝胶颗粒作为固定相,根据物质的分子大小进行分离的一种层析技术。离子交换层析是以离子交换剂为固定相,根据物质的带电性质不同而进行分离的一种层析技术。亲和层析是根据生物大分子和配体之间的特异性亲和力(如酶和抑制剂、抗体和抗原、激素和受体等),将某种配体连接在载体上作为固定相,而对能与配体特异性结合的生物大分子进行分离的一种层析技术。亲和层析是分离生物大分子最为有效的层析技术,具有很高分辨率。

四、几种常用的层析方法

(一)纸层析

1. 纸层析的原理　纸层析所依据的原理是分配层析,故属于分配层析的范畴。分配层析法是利用不同的物质在两个互不相溶的溶剂中的分配系数不同而使之得到分离的方法。纸层析法是以纸作为惰性支持物的分配层析。纸的成分是纤维素,纤维素的–OH基为亲水性基团,可吸附一层水或其他溶剂作为固定相。通常把有机溶剂作为流动相。当将溶质样品(被分离物)点在滤纸的一端后,该物质溶解在吸附于支持物上的水分子或其他溶剂分子的固定相中,然后在密闭的槽中用适宜溶剂进行展开。流动相流经支持物时与固定相对溶质进行连续的抽提,溶质在两相间不断分配,各组分移动距离不同,最后形成互相分离的斑点。将纸取出,待溶剂挥发后,用显色剂或其他适宜方法确定斑点位置。根据组分移动距离(R_f值)与已知样比较,进行定性。

2. 纸层析的用途　纸层析通常用于叶绿素的色素成分检验,氨基酸的鉴定及测定,橘皮精油成分检验及一些特定细胞筛查等实验。

(二)凝胶层析

1. 凝胶层析的基本原理　凝胶层析也称作凝胶过滤层析(Gel filtration chromatography),又称分子排阻层析(Molecular-exclusion chromatography),它是一类按分子大小顺序分离样品中各个组分的液相色谱方法。凝胶层析的基本原理如图6.1。凝胶层析的固定相是惰性的珠状凝胶颗粒,凝胶颗粒的内部具有立体网状结构,形成很多孔穴。当含有不同分子大小组分的样品进入凝胶层析柱后,各个组分就随流动相向固定相的孔穴内扩散,组分的扩散程度取决于孔穴的大小和组分分子大小。比孔穴孔径大的分子不能扩散到孔穴内部,完全被排阻在孔外,只能在凝胶颗粒外的空间随流动相向下流动,它们经历的流程短,流动速度快,所以首先流出;而较小的分子则可以完全渗透进入凝胶颗粒内部,经历的流程长,流动速度慢,所以最后流出;而分子大小介于二者之间的分子在流动中部分渗透,渗透的程度取决于它们分子的大小,所以它们流出的时间介于二者之间。这样样品经过凝胶层析后,各个组分便按分子从大到小的顺序依次流出,从而达到了分离的目的。

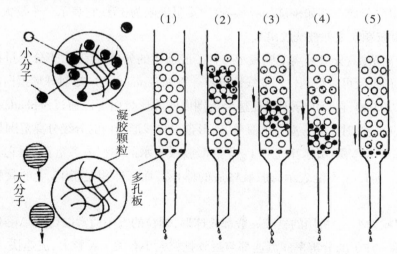

图6.1　凝胶层析的基本原理

凝胶过滤层析的突出优点是层析所用的凝胶属于惰性载体,不带电荷,吸附力弱,操作条件比较温和,可在相当广的温度范围下进行,不需要有机溶剂,并且对分离成分的结构和理化性质没有影响,对于高分子物质有很好的分离效果。

2. 凝胶层析涉及的几个基本概念

(1)外水体积、内水体积、基质体积、柱床体积、洗脱体积:外水体积是指凝胶柱中凝胶颗粒周围空间的体积,也就是凝胶颗粒间液体流动相的体积。内水体积是指凝胶颗粒中孔穴的体积,凝胶层析中固定相体积就是指内水体积。基质体积是指凝胶颗粒实际骨架体积。而柱床体积就是指凝胶柱所能容纳的总体积。洗脱体积是指将样品中某一组分洗脱下来所需洗脱液的体积。设柱床体积为Vt,外水体积为Vo,内水体积为Vi,基质体积为Vg,则有:$Vt = Vo + Vi + Vg$,由于Vg相对很小,可以忽略不计,则有:$Vt = Vo + Vi$。设洗脱体积为Ve,Ve一般是介于Vo和Vt之间的。对于完全排阻的大分子,由于其不进入凝胶颗粒内部,而只存在于流动相中,故其洗脱体积$Ve = Vo$;对于完全渗透的小分子,由于它们可以存在于凝胶柱整个体积内(忽略凝胶本身体积Vg),故其洗脱体积$Ve = Vt$。分子量介于二者之间的分子,它们的洗脱体积也介于二者之间。有时可能会出现$Ve > Vt$,这是由于这种分子与凝胶有吸附作用造成的。

柱床体积Vt可以通过加入一定量的水至层析柱预定标记处,然后测量水的体积来测定。外水体积Vo可以通过测定完全排阻的大分子物质的洗脱体积来测定,一般常用蓝色葡聚糖–2000作为测定外水体积的物质。因为它的分子量大(为200万),在各种型号的凝胶中都被排阻,并且它呈蓝色,易于观察和检测。

(2)分配系数:分配系数是指某个组分在固定相和流动相中的浓度比。对于凝胶层析,分配系数实质上表示某个组分在内水体积和在外水体积中的浓度分配关系。

(3)排阻极限:排阻极限是指不能进入凝胶颗粒孔穴内部的最小分子的分子量。所有大于排阻极限的分子都不能进入凝胶颗粒内部,直接从凝胶颗粒外流出,所以它们同时被最先洗脱出来。排阻极限代表一种凝胶能有效分离的最大分子量,大于这种凝胶的排阻极限的分子用这种凝胶不能得到分离。例如Sephadex G–50的排阻极限为3万,它表示分子量大于3万的分子都将直接从凝胶颗粒之外被洗脱出来。

(4)分级分离范围:分级分离范围表示一种凝胶适用的分离范围,对于分子量在这个范围内的分子,用这种凝胶可以得到较好的线性分离。例如Sephadex G–75对球形蛋白的分级分离范围为3 000 ~ 70 000,它表示分子量在这个范围内的球形蛋白可以通过Sephadex G–75得到较好的分离。应注意,对于同一型号的凝胶,球形蛋白与线形蛋白的分级分离范围是不同的。

(5)吸水率和床体积:吸水率是指1 g干的凝胶吸收水的体积或者重量,但它不包括颗粒间吸附的水分。所以它不能表示凝胶装柱后的体积。而床体积是指1 g干的凝胶吸水后的最终体积。

(6)凝胶颗粒大小:层析用的凝胶一般都成球形,颗粒的大小通常以目数(Mesh)或者颗粒直径(m)来表示。柱子的分辨率和流速都与凝胶颗粒大小有关。颗粒大,流速快,但分离效果差;颗粒小,分离效果较好,但流速慢。一般比较常用的是100 ~ 200目。

3.凝胶的种类和性质 凝胶的种类很多,常用的凝胶主要有葡聚糖凝胶(dextran)、聚丙烯酰胺凝胶(Polyacrylamide)、琼脂糖凝胶(Agarose)以及聚丙烯酰胺和琼脂糖之间的交联物。另外还有多孔玻璃珠、多孔硅胶、聚苯乙烯凝胶等等。

(1)葡聚糖凝胶:葡聚糖凝胶是指由天然高分子–葡聚糖与其他交联剂交联而成的凝胶。葡聚糖凝胶主要由 Pharmacia Biotech 生产。常见的有两大类,商品名分别为 Sephadex 和 Sephacryl。葡聚糖凝胶中最常见的是 Sephadex 系列,它由葡聚糖与3-氯-1,2环氧丙烷(交联剂)相互交联而成,交联度由环氧氯丙烷的百分比控制。Sephadex 的主要型号是 G-10～G-200,后面的数字是凝胶的吸水率(单位是 mL/g 干胶)乘以10。如 Sephadex G-50,表示吸水率是5mL/g 干胶。Sephadex 的亲水性很好,在水中极易膨胀,不同型号的 Sephadex 的吸水率不同,它们的孔穴大小和分离范围也不同。数字越大的,排阻极限越大,分离范围也越大。Sephadex 中排阻极限最大的 G-200 为 8×10^5。

Sephadex 在水溶液、盐溶液、碱溶液、弱酸溶液以及有机溶液中都是比较稳定的,可以多次重复使用。Sephadex 稳定工作的 pH 一般为 2～10。强酸溶液和氧化剂会使交联的糖苷键水解断裂,所以要避免 Sephadex 与强酸和氧化剂接触。Sephadex 在高温下稳定,可以煮沸消毒,在100 ℃下 40 min 对凝胶的结构和性能都没有明显的影响。Sephadex 由于含有羟基基团,故呈弱酸性,这使得它有可能与分离物中的一些带电基团(尤其是碱性蛋白)发生吸附作用。但一般在离子强度大于0.05的条件下,几乎没有吸附作用。所以在用 Sephadex 进行凝胶层析实验时常使用一定浓度的盐溶液作为洗脱液,这样就可以避免 Sephadex 与蛋白发生吸附,但应注意如果盐浓度过高,会引起凝胶柱床体积发生较大的变化。Sephadex 有各种颗粒大小(一般有粗、中、细、超细)可以选择,一般粗颗粒流速快,但分辨率较差;细颗粒流速慢,但分辨率高。要根据分离要求来选择颗粒大小。Sephadex 的机械稳定性相对较差,它不耐压,分辨率高的细颗粒要求流速较慢,所以不能实现快速而高效的分离。另外,Sephadex G-25 和 G-50 中分别加入羟丙基基团反应,形成 LH 型烷基化葡聚糖凝胶,主要型号为 Sephadex LH-20 和 LH-60,适用于以有机溶剂为流动相,分离脂溶性物质,例如胆固醇、脂肪酸激素等。

Sephacryl 由葡聚糖与甲叉双丙烯酰胺(N,N'-methylenebisacrylamide)交联而成,是一种比较新型的葡聚糖凝胶。Sephacryl 的优点就是它的分离范围很大,排阻极限甚至可以达到10^8,远远大于 Sephadex 的范围。所以它不仅可以用于分离一般蛋白,也可以用于分离蛋白多糖、质粒,甚至较大的病毒颗粒。Sephacryl 与 Sephadex 相比另一个优点就是它的化学和机械稳定性更高:Sephacryl 在各种溶剂中很少发生溶解或降解,可以用各种去污剂、胍、脲等作为洗脱液,耐高温,Sephacryl 稳定工作的 pH 一般为 3～11。另外 Sephacryl 的机械性能较好,可以以较高的流速洗脱,比较耐压,分辨率也较高,所以 Sephacryl 相比 Sephadex 可以实现相对较快速而且较高分辨率的分离。

(2)聚丙烯酰胺凝胶:聚丙烯酰胺凝胶是一种人工合成凝胶,丙烯酰胺(Acrylamide)与甲叉双丙烯酰胺交联,在催化剂过硫酸铵作用下聚合形成凝胶,经干燥粉碎或加工成形制成粒状,控制交联剂的用量可制成各种型号的凝胶。改变丙烯酰胺的浓度,就可以得到不同交联度的产物。以常用的商品名为 Bio-Gel P 聚丙烯酰胺凝(Bio-Rad Laboratories 生产)胶为例,主要型号有 Bio-Gel P-2～Bio-Gel P-300 等10种,后面的数字基本代表它们的排阻极限的10^{-3},所以数字越大,可分离的分子量也就越大。各种型号的主要参数见附录。聚丙烯酰胺凝胶的分离范围、吸水率等性能基本近似于 Sephadex。排阻极限最大的 Bio-Gel P-300 为 4×10^5。聚丙烯酰胺凝胶在水溶液、一般的有机溶液、盐溶液中都比较稳定。聚丙烯酰胺凝胶在酸中的稳定性较好，在 pH 为 1～10 之间比较稳定。但在较强的碱性条件下或较高的温度下，聚丙烯酰胺凝胶易发生分解。聚丙烯酰胺凝胶非常亲水，基本不带电荷，所以吸附效应较小。另外，聚丙烯酰胺凝胶不会像葡聚糖凝胶和琼脂糖凝胶那样可能生长微生物。聚丙烯酰胺凝胶对芳香族、酸性、碱性化合物可能略有吸附作用，使用离子强度略高的洗脱液就可以避免。

(3)琼脂糖凝胶：琼脂糖(Agarose，AG)是从琼脂中分离出来的天然线性多糖，它是琼脂去掉其中带电荷的琼脂胶得到的，是琼脂中不带电荷的中性组成成分。琼脂糖是由 D-半乳糖(D-galactose)和 3,6-脱水半乳糖(Anhydrogalactose)交替构成的多糖链。它在 100°C 时呈液态，当温度降至 45 °C 以下时，多糖链以氢键方式相互连接形成双链单环的琼脂糖，经凝聚即成为束状的琼脂糖凝胶。琼脂糖凝胶的商品名因生产厂家不同而异，常见的主要有 Pharmacia Biotech 生产的 Sepharose(2～4B)和 Bio-Rad Laboratories 生产的 Bio-gel A 等。琼脂糖凝胶对样品的吸附作用很小，在 pH 4～9 之间，室温下很稳定，稳定性要超过一般的葡聚糖凝胶和聚丙烯酰胺凝胶。另外琼脂糖凝胶的机械强度和孔穴的稳定性都很好，一般好于前两种凝胶，在高盐浓度下，柱床体积一般不会发生明显变化，使用琼脂糖凝胶时洗脱速度可以比较快。琼脂糖凝胶的排阻极限很大，分离范围很广，适合于分离大分子物质，但分辨率较低。琼脂糖凝胶不耐高温，使用温度以 0 °C～30 °C 为宜 Sepharose 与 2,3-二溴丙醇反应，形成 Sepharose CL 型凝胶(CL-2B～CL-4B)，它们的分离特性基本没有改变，但热稳定性和化学稳定性都有所提高，可以在更广泛的 pH 范围内应用，稳定工作的 pH 范围为 3～13。Sepharose CL 型凝胶还特别适合于含有有机溶剂的分离。

(4)聚丙烯酰胺和琼脂糖交联凝胶：这类凝胶由交联的聚丙烯酰胺和嵌入凝胶内部的琼脂糖组成。这种凝胶由于含有聚丙烯酰胺，所以有较高分辨率；而它又含有琼脂糖，这使得它又有较高的机械稳定性，可以使用较高的洗脱速度。调整聚丙烯酰胺和琼脂糖的浓度可以使凝胶有不同的分离范围。

(5)多孔硅胶、多孔玻璃珠：多孔硅胶和多孔玻璃珠都属于无机凝胶。顾名思义，它们就是将硅胶或玻璃制成具有一定直径的网孔状结构的球形颗粒。这类凝胶属于硬质无机凝胶，它们最大的特点是机械强度很高、化学稳定性好，使用方便而且寿命长，无机凝胶一般柱效较低，但用微粒的多孔硅胶制成的 HPLC 柱也可以有很高的柱效，可以达到 4×10^4 塔板/m。多孔玻璃珠易破碎，不能填装紧密，所以柱效相对较低。多孔硅胶和多孔玻璃珠的分离范围都比较宽，多孔硅胶一般为 10^2～5×10^6，多孔玻璃珠一般为 3×10^3～9×10^6。它们的最大缺点是吸附效应较强(尤其是多孔硅胶)，可能会吸附比较多的蛋白，但可以通过表面处理和选择洗脱液来降低吸附。另外，它们不能用于强碱性溶液，一般使用时 pH 应小于 8。

另外，值得指出的是各类凝胶技术近年来发展得很快，目前已研制出很多性能优越的新型凝胶。例如 Pharmacia Biotech 的 Superdex 和 Superrose，Superdex 的分辨率非常高，化学物理稳定性也很好，可以用于 FPLC、HPLC 分析；而 Superose 的分离范围很广，分辨率较高，可以一次性地分离分子量差异较大的混合物，同时它的机械稳定性也很好。

4. 凝胶的选择、处理和保存

(1)凝胶的选择：不同类型的凝胶在性质以及分离范围上都有较大的差别，所以在进行凝胶层析实验时要根据样品的性质以及分离的要求选择合适的凝胶，这是影响凝胶层析效果好坏的一个关键因素。

一般来讲，选择凝胶首先要根据样品确定一个合适的分离范围，根据分离范围来选择合适型号的凝胶。一般的凝胶层析实验可以分为两类：分组分离（Group separations）和分级分离（Fractionations）。分组分离是指将样品混合物按分子量大小分成两组，一组分子量较大，另一组分子量较小。例如蛋白、核酸溶液去除小分子杂质以及一些注射剂去除大分子热源物质等等。分级分离则是指将一组分子量比较接近的组分分开。在分组分离时要选择能将大分子完全排阻而小分子完全渗透的凝胶，这样分离效果好。一般常用排阻极限较小的凝胶类型。分级分离时则要根据样品组分的具体情况来选择凝胶的类型，凝胶的分离范围一方面应包括所要的各个组分的分子量，另一方面要合适，不能过大。如果分离范围选择过小，则某些组分不能得到分离；如分离范围选择过大，则分辨率较低，分离效果也不好。

选择凝胶另外一个方面就是凝胶颗粒的大小。颗粒小，分辨率高，但相对流速慢，实验时间长，有时会造成扩散现象严重；颗粒大，流速快，分辨率较低但条件得当也可以得到满意的结果。选择时要依据分离样品的具体情况而定，例如样品中各个组分差别较大，则可以选用大颗粒的凝胶，这样可以很快地达到分离的目的；如果有个别组分差别较小，则要考虑使用小颗粒凝胶以提高分辨率。由于凝胶一般都比较稳定，所以它在一般的实验条件下都可以正常的工作。如果实验条件比较特殊，如在较强的酸碱中进行或含有有机溶剂等等，则要仔细查看凝胶的工作参数，选择合适类型的凝胶。

(2)凝胶的处理：凝胶使用前要首先要进行处理。选择好凝胶的类型后，首先要根据选择的层析柱估算出凝胶的用量。由于市售的葡聚糖凝胶和丙烯酰胺凝胶通常是无水的干胶，所以要计算干胶用量：干胶用量 (g) = 柱床体积(mL)/凝胶的床体积(mL/g)。由于凝胶处理过程以及实验过程可能有一定损失，所以一般凝胶用量在计算的基础上再增加10 % ~ 20 %。

葡聚糖凝胶和丙烯酰胺凝胶干胶的处理首先是在水中膨化，不同类型的凝胶所需的膨化时间不同。一般吸水率较小的凝胶（即型号较小、排阻极限较小的凝胶）膨化时间较短，在20 ℃条件下需3 ~ 4 h；但吸水率较大的凝胶（即型号较大、排阻极限较大的凝胶）膨化时间则较长，20 ℃条件下需十几个到几十个小时，如Sephadex G-100以上的干胶膨化时间都要在72 h以上。如果加热煮沸，则膨化时间会大大缩短，一般在1 ~ 5 h即可完成，而且煮沸也可以去除凝胶颗粒中的气泡。但应注意尽量避免在酸或碱中加热，以免凝胶被破坏。

琼脂糖凝胶和有些市售凝胶是水悬浮的状态，所以不需膨化处理。另外多孔玻璃珠和多孔硅胶也不需膨化处理。

膨化处理后，要对凝胶进行纯化和排除气泡。纯化可以反复漂洗，倾泻去除表面的杂质和不均一的细小凝胶颗粒。也可以在一定的酸或碱中浸泡一段时间，再用水洗至中性。排除凝胶中的气泡是很重要的，否则会影响分离效果，可以通过抽气或加热煮沸的方法排除气泡。

(3)凝胶的保存。凝胶的保存一般是反复洗涤去除蛋白等杂质,然后加入适当的抗菌剂,通常加入0.02%的叠氮化钠,4℃下保存。如果要较长时间的保存,则要将凝胶洗涤后脱水、干燥,可以将凝胶过滤抽干后浸泡在50%的乙醇中脱水,抽干后再逐步提高乙醇浓度反复浸泡脱水,至95%乙醇脱水后将凝胶抽干。置于60℃烘箱中烘干,即可装瓶保存。

注意膨化的凝胶不能直接高温烘干,否则可能会破坏凝胶的结构。

5. 凝胶层析操作中应注意的问题

(1)层析柱的选择:层析柱大小主要是根据样品量的多少以及对分辨率的要求来进行选择。一般来讲,主要是层析柱的长度对分辨率影响较大,长的层析柱分辨率要比短的高;但层析柱长度不能过长,否则会引起柱子不均一、流速过慢等实验上的一些困难。一般柱长度不超过100 cm,为得到高分辨率,可以将柱子串联使用。层析柱的直径和长度比一般在1∶25～1∶100之间。用于分组分离的凝胶柱,如脱盐柱,由于对分辨率要求较低,所以一般比较短。

(2)凝胶层析装柱效果的鉴定:凝胶柱的填装情况将直接影响分离效果,凝胶柱填装后用肉眼观察应均匀、无纹路、无气泡(装柱过程见图6.2)。另外通常可以采用一种有色的物质,如蓝色葡聚糖-2 000、血红蛋白等上柱,观察有色区带在柱中的洗脱行为以检测凝胶柱的均匀程度。如果色带狭窄、平整、均匀下降,则表明柱中的凝胶填装情况较好;如果色带弥散、歪曲,则需重新装柱。有时为了防止新凝胶柱对样品的吸附,可以用一些物质预先过柱,以消除吸附。

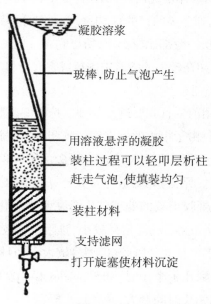

图6.2　凝胶过滤层析装柱过程

(3)洗脱液的选择:由于凝胶层析的分离原理是分子筛作用,在凝胶层析中流动相只是起运载工具的作用,一般不依赖流动相性质和组成的改变来提高分辨率,改变洗脱液的主要目的是为了消除组分与固定相的吸附等相互作用,所以和其他层析方法相比,凝胶层析洗脱液的选择不那么严格。由于凝胶层析的分离机理简单,凝胶稳定工作的pH范围较广,所以洗脱液的选择主要取决于待分离样品,一般来说只要能溶解被洗脱物质并不使其变性的缓冲液都可以用于凝胶层析。为了防止凝胶可能有吸附作用,一般洗脱液都含有一定浓度的盐。

（4）加样量：关于加样，要尽量快速、均匀。另外加样量对实验结果也可能造成较大的影响，加样过多，会造成洗脱峰的重叠，影响分离效果；加样过少，提纯后各组分量少、浓度较低，实验效率低。加样量的多少要根据具体的实验要求而定：凝胶柱较大，当然加样量就可以较大；样品中各组分分子量差异较大，加样量也可以较大；一般分级分离时，加样体积约为凝胶柱床体积的1%～5%，而分组分离时加样体积可以较大，一般约为凝胶柱床体积的10%～25%。如果有条件，可以首先以较小的加样量先进行一次分析，根据洗脱峰的情况来选择合适的加样量。设要分离的两个组分的洗脱体积分别为V_{e1}和V_{e2}，那么加样量不能超过$(V_{e1}-V_{e2})$。实际由于样品扩散，所以加样量应小于这个值。从洗脱峰上看，如果所要的各个组分的洗脱峰分得很开，为了提高效率，可以适当增加加样量；如果各个组分的洗脱峰只是刚好分开或没有完全分开，则不能再加大加样量，甚至要减小加样量。另外要注意，样品中的不溶物必须在上样前去掉，以免污染凝胶柱。

（5）洗脱速度：洗脱速度也会影响凝胶层析的分离效果，洗脱速度要合适而且恒定。保持洗脱速度恒定通常有两种方法：一种是使用恒流泵，另一种是恒压重力洗脱。洗脱速度取决于很多因素，包括柱长、凝胶种类、颗粒大小等。一般来讲，洗脱速度慢，样品可以与凝胶基质充分平衡，分离效果好。但洗脱速度过慢会造成样品扩散，使得区带变宽，反而会降低分辨率，实验时间也会大大延长。所以实验中可以通过进行预备实验来选择洗脱速度。一般凝胶的流速是2～10 cm/h，市售的凝胶一般会提供一个建议流速，可供参考。

总之，凝胶层析的各种条件，包括凝胶类型、层析柱大小、洗脱液、上样量、洗脱速度等等，都要根据具体的实验要求来选择。实验前应尽可能地参考相关实验和文献以及进行预实验，以选择最合适的实验条件。

6. 凝胶层析的应用

前面介绍了凝胶层析的基本理论以及基本实验操作，下面简单介绍一下凝胶层析在生物学方面的应用。

（1）生物大分子的纯化：凝胶层析是依据分子量的不同来进行分离的，由于这一分离特性，以及它具有简单、方便、不改变样品生物学活性等优点，使得凝胶层析成为分离纯化生物大分子的一种重要手段，尤其是对于一些大小不同，但理化性质相似的分子，用其他方法较难分开，而凝胶层析无疑是一种合适的方法。例如对于不同聚合程度的多聚体的分离等。

（2）分子量测定：在一定的范围内，各个组分的K_{av}以及V_e与其分子量的对数呈线性关系。

$$K_{av}=-b\lg M_W+c$$
$$V_e=-b'\lg M_W+c'$$

K_{av}为分配系数；V_e为洗脱体积。由此通过对已知分子量的标准物质进行洗脱，作出V_e或K_{av}对分子量对数的标准曲线，然后在相同的条件下测定未知物的V_e或K_{av}，通过标准曲线即可求出其分子量。凝胶层析测定分子量操作比较简单，所需样品量也较少，是一种初步测定蛋白分子量的有效方法。这种方法的缺点是测量结果的准确性受很多因素影响。由于这种方法假定标准物和样品与凝胶都没有吸附作用，所以如果标准物或样品与凝胶有一定的吸附作用，那么测量的误差就会比较大;上面公式成立的条件是蛋白基本是球形的,对于一些纤维蛋白等细长的形状的蛋白不成立,所以凝胶层析不能用于测定这类分子的分子量;另外由于糖的水合作用较强,所以用凝胶层析测定糖蛋白时,测定的分子量偏大,而测定铁蛋白时则发现测定值偏小;还要注意的是标准蛋白和所测定的蛋白都要在凝胶层析的线性范围之内。

(3)脱盐及去除小分子杂质:利用凝胶层析进行脱盐及去除小分子杂质是一种简便、有效、快速的方法,它比一般用透析的方法脱盐要快得多,而且一般不会造成样品较大的稀释,生物分子不易变性。一般常用的是Sephadex G-25,另外还有Bio-Gel P-6 DG 或MLtragel AcA 202等排阻极限较小的凝胶类型。目前已有多种脱盐柱成品出售,使用方便,但价格较贵。

(4)去热源物质:热源物质是指微生物产生的某些多糖蛋白复合物等使人体发热的物质。它们是一类分子量很大的物质,所以可以利用凝胶层析的排阻效应将这些大分子热源物质与其他相对分子量较小的物质分开。例如对于去除水、氨基酸、一些注射液中的热源物质,凝胶层析是一种简单而有效的方法。

(5)溶液的浓缩:利用凝胶颗粒的吸水性可以对大分子样品溶液进行浓缩。例如将干燥的Sephadex(粗颗粒)加入溶液中,Sephadex可以吸收大量的水,溶液中的小分子物质也会渗透进入凝胶孔穴内部,而大分子物质则被排阻在外。通过离心或过滤去除凝胶颗粒,即可得到浓缩的样品溶液。这种浓缩方法基本不改变溶液的离子强度和pH值。

(三)离子交换层析

1. **离子交换层析的基本原理**　　离子交换层析(Ion Exchange Chromatography,IEC)是以离子交换剂为固定相,依据流动相中的组分离子与交换剂上的平衡离子进行可逆交换时的结合力大小的差别而进行分离的一种层析方法。离子交换层析的固定相是离子交换剂,它是由一类不溶于水的惰性高分子聚合物基质通过一定的化学反应共价结合上某种电荷基团形成的。离子交换剂可以分为三部分:高分子聚合物基质、电荷基团和平衡离子。电荷基团与高分子聚合物共价结合,形成一个带电的可进行离子交换的基团。平衡离子是结合于电荷基团上的相反离子,它能与溶液中其他的离子基团发生可逆的交换反应。平衡离子带正电的离子交换剂能与带正电的离子基团发生交换作用,称为阳离子交换剂;平衡离子带负电的离子交换剂与带负电的离子基团发生交换作用,称为阴离子交换剂。离子交换反应可以表示为:

阳离子交换反应:$(RX^-)Y^+ + A^+ \Leftrightarrow (RX^-)A^+ + Y^+$

阴离子交换反应:$(RX^+)Y^- + A^- \Leftrightarrow (RX^+)A^- + Y^-$

其中R代表离子交换剂的高分子聚合物基质,X^-和X^+分别代表阳离子交换剂和阴离子交换剂中与高分子聚合物共价结合的电荷基团,Y^+和Y^-分别代表阳离子交换剂和阴离子交换剂的平衡离子,A^+和A^-分别代表溶液中的离子基团。

从上面的反应式中可以看出,如果A离子与离子交换剂的结合力强于Y离子,或者提高A离子的浓度,或者通过改变其他一些条件,可以使A离子将Y离子从离子交换剂上置换出来。也就是说,在一定条件下,溶液中的某种离子基团可以把平衡离子置换出来,并通过电荷基团结合到固定相上,而平衡离子则进入流动相,这就是离子交换层析的基本置换反应。通过在不同条件下的多次置换反应,就可以对溶液中不同的离子基团进行分离。

下面以阴离子交换剂为例简单介绍离子交换层析的基本分离过程。

阴离子交换剂的电荷基团带正电，装柱平衡后，与缓冲溶液中带负电的平衡离子结合。待分离溶液中可能有正电基团、负电基团和中性基团。加样后，负电基团可以与平衡离子进行可逆的置换反应而结合到离子交换剂上。而正电基团和中性基团则不能与离子交换剂结合，随流动相流出而被去除。然后通过选择合适的洗脱方式和洗脱液，如增加离子强度的梯度洗脱，可将结合于离子交换剂上的基团洗脱出来。随着洗脱液离子强度的增加，洗脱液中的离子可以逐步与结合在离子交换剂上的各种负电基团进行交换，而将各种负电基团置换出来，随洗脱液流出。与离子交换剂结合力小的负电基团先被置换出来，而与离子交换剂结合力强的需要较高的离子强度才能被置换出来，这样各种负电基团就会按其与离子交换剂结合力从小到大的顺序逐步被洗脱下来，从而达到分离目的。

各种离子与离子交换剂上的电荷基团的结合是由静电力产生的，是一个可逆的过程。结合的强度与很多因素有关，包括离子交换剂的性质、离子本身的性质、离子强度、pH、温度、溶剂组成等等。离子交换层析就是利用各种离子本身与离子交换剂结合力的差异，并通过改变离子强度、pH等条件改变各种离子与离子交换剂的结合力而达到分离的目的。离子交换剂的电荷基团对不同的离子有不同的结合力。一般来讲，离子价数越高，结合力越大；价数相同时，原子序数越高，结合力越大。蛋白质等生物大分子通常呈两性，它们与离子交换剂的结合与它们的性质及pH有较大关系。以用阳离子交换剂分离蛋白质为例，在一定的pH条件下，等电点pI < pH的蛋白带负电，不能与阳离子交换剂结合；等电点pI > pH的蛋白带正电，能与阳离子交换剂结合，一般pI越大的蛋白与离子交换剂结合力越强。但由于生物样品的复杂性以及其他因素影响，一般生物大分子与离子交换剂的结合情况较难估计，往往要通过实验进行摸索。

2. 离子交换剂的种类和性质

(1)离子交换剂的基质：离子交换剂的大分子聚合物基质可以由多种材料制成，聚苯乙烯离子交换剂(又称为聚苯乙烯树脂)是以苯乙烯和二乙烯苯合成的具有多孔网状结构的聚苯乙烯为基质。聚苯乙烯离子交换剂机械强度大、流速快。但它与水的亲和力较小，具有较强的疏水性，容易引起蛋白的变性。故一般常用于分离小分子物质，如无机离子、氨基酸、核苷酸等。以纤维素(Cellulose)、球状纤维素(Sephacel)、葡聚糖(Sephadex)、琼脂糖(Sepharose)为基质的离子交换剂都与水有较强的亲和力，适合于分离蛋白质等大分子物质，葡聚糖离子交换剂一般以Sephadex G-25和G-50为基质，琼脂糖离子交换剂一般以Sepharose CL-6B为基质。关于这些离子交换剂的性质可以参阅相应的产品介绍。

(2)离子交换剂的电荷基团：根据与基质共价结合的电荷基团的性质，可以将离子交换剂分为阳离子交换剂和阴离子交换剂。阳离子交换剂的电荷基团带负电，可以交换阳离子物质。根据电荷解离基团的解离度不同，又可分为强酸型、中等酸型和弱酸型。它们的区别在于它们电荷基团完全解离的pH范围，强酸型离子交换剂在较大的pH范围内电荷基团完全解离，而弱酸型完全解离的pH范围则较小，如羧甲基在pH小于6时就失去了交换能力。一般磺酸基团($-SO_3H$)，如磺酸甲基(简写为SM)、磺酸乙基(SE)等为强酸型离子交换剂；结合磷酸基团($-PO_3H_2$)和亚磷酸基团($-PO_2H$)为中等酸型离子交换剂；结合酚羟基($-OH$)或羧基($-COOH$)，如羧甲基(CM)为弱酸型离子交换剂。一般来讲,强酸型离子交换剂对H^+的结合力比Na^+小,弱酸型离子交换剂对H^+的结合力比Na^+大。

阴离子交换剂的电荷基团带正电,可以交换阴离子物质。同样根据电荷解离基团的解离度不同,又可分为强碱型、中等碱型和弱碱型。一般结合季胺基团($-N(CH_3)_3$),如季胺乙基(QAE)为强碱型离子交换剂;结合叔胺($-N(CH_3)_2$)、仲胺($-NHCH_3$)、伯胺($-NH_2$)等为中等或弱碱型离子交换剂;结合二乙基氨基乙基(DEAE)为弱碱型离子交换剂。一般来讲,强碱型离子交换剂对OH^-的结合力比Cl^-小,弱酸型离子交换剂对OH^-的结合力比Cl^-大。

(3)交换容量:交换容量是指离子交换剂能提供交换离子的量,它反映离子交换剂与溶液中离子进行交换的能力。通常所说的离子交换剂的交换容量是指离子交换剂所能提供交换离子的总量,又称为总交换容量,它只和离子交换剂本身的性质有关。在实际实验中关心的是层析柱与样品中各个待分离组分进行交换时的交换容量,它不仅与所用的离子交换剂有关,还与实验条件有很大的关系,一般又称为有效交换容量。文献中提到的交换容量如未经说明都是指有效交换容量。

影响交换容量的因素很多,主要可以分为两个方面,一方面是离子交换剂颗粒大小、颗粒内孔隙大小以及所分离的样品组分的大小等。这些因素主要影响离子交换剂中能与样品组分进行作用的有效表面积。样品组分与离子交换剂作用的表面积越大,当然交换容量越高。一般离子交换剂的孔隙应尽量能够让样品组分进入,这样样品组分与离子交换剂作用面积大。分离小分子样品,可以选择较小孔隙的交换剂,因为小分子可以自由的进入孔隙,而小孔隙离子交换剂的表面积大于大孔隙的离子交换剂。对于较大分子样品,可以选择小颗粒交换剂,因为对于很大的分子,一般不能进入孔隙内部,交换只限于颗粒表面,而小颗粒的离子交换剂表面积大。

另一方面如实验中的离子强度、pH值等主要影响样品中组分和离子交换剂的带电性质。一般pH对弱酸和弱碱型离子交换剂影响较大,如对于弱酸型离子交换剂在pH较高时,电荷基团充分解离,交换容量大,而在较低的pH时,电荷基团不易解离,交换容量小。同时pH也影响样品组分的带电性。尤其对于蛋白质等两性物质,在离子交换层析中要选择合适的pH以使样品组分能充分的与离子交换剂交换、结合。一般来说,离子强度增大,交换容量下降。实验中增大离子强度进行洗脱,就是要降低交换容量以将结合在离子交换剂上的样品组分洗脱下来。

离子交换剂的总交换容量通常以每毫克或每毫升交换剂含有可解离基团的毫克当量数(meq/mg或meq/mL)来表示,通常可以由滴定法测定。阳离子交换剂首先用HCl处理,使其平衡离子为H^+,再用水洗至中性,对于强酸型离子交换剂,用NaCl充分置换出H^+,再用标准浓度的NaOH滴定生成的HCl,就可以计算出离子交换剂的交换容量;对于弱酸型离子交换剂,用一定量的碱将H^+充分置换出来,再用酸滴定,计算出离子交换剂消耗的碱量,就可以算出交换容量。阴离子交换剂的交换容量也可以用类似的方法测定。对于一些常用于蛋白质分离的离子交换剂也通常用每毫克或每毫升交换剂能够吸附某种蛋白质的量来表示,一般这种表示方法对于分离蛋白质等生物大分子具有更大的参考价值。实验前可以参阅相应的产品介绍了解各种离子交换剂的交换容量。

3. 离子交换剂的选择、处理和保存

(1)离子交换剂的选择:离子交换剂的种类很多,离子交换层析要取得较好的效果首先要选择合适的离子交换剂。

首先是对离子交换剂电荷基团的选择,确定是选择阳离子交换剂还是选择阴离子交换剂。这要取决于被分离的物质在其稳定的pH下所带的电荷,如果带正电,则选择阳离子交换剂;如带负电,则选择阴离子交换剂。例如待分离的蛋白等电点为4,稳定的pH范围为6~9,由于这时蛋白带负电,故应选择阴离子交换剂进行分离。强酸或强碱型离子交换剂适用的pH范围广,常用于分离一些小分子物质或在极端pH下的分离。由于弱酸型或弱碱型离子交换剂不易使蛋白质失活,故一般分离蛋白质等大分子物质常用弱酸型或弱碱型离子交换剂。

其次是对离子交换剂基质的选择。聚苯乙烯等疏水性较强的离子交换剂一般常用于分离小分子物质,如无机离子、氨基酸、核苷酸等。而纤维素、葡聚糖、琼脂糖等离子交换剂亲水性较强,适合于分离蛋白质等大分子物质。一般纤维素离子交换剂价格较低,但分辨率和稳定性都较低,适于初步分离和大量制备。葡聚糖离子交换剂的分辨率和价格适中,但受外界影响较大,体积可能随离子强度和pH变化有较大改变,影响分辨率。琼脂糖离子交换剂机械稳定性较好,分辨率也较高,但价格较贵。

(2)离子交换剂的处理和保存:离子交换剂使用前一般要进行处理。干粉状的离子交换剂首先要进行膨化,将干粉在水中充分溶胀,以使离子交换剂颗粒的孔隙增大,具有交换活性的电荷基团充分暴露出来。而后用水悬浮去除杂质和细小颗粒。再用酸碱分别浸泡,每一种试剂处理后要用水洗至中性,再用另一种试剂处理,最后再用水洗至中性,这是为了进一步去除杂质,并使离子交换剂带上需要的平衡离子。市售的离子交换剂中通常阳离子交换剂为Na型(即平衡离子是Na离子),阴离子交换剂为Cl型,因为通常这样比较稳定。处理时一般阳离子交换剂最后用碱处理,阴离子交换剂最后用酸处理。常用的酸是HCl,碱是NaOH或再加一定的NaCl,这样处理后阳离子交换剂为Na型,阴离子交换剂为Cl型。使用的酸碱浓度一般小于0.5 mol/L,浸泡时间一般30 min。处理时应注意酸碱浓度不宜过高、处理时间不宜过长、温度不宜过高,以免离子交换剂被破坏。另外要注意的是离子交换剂使用前要排除气泡,否则会影响分离效果。

离子交换剂的再生是指对使用过的离子交换剂进行处理,使其恢复原来性状的过程。前面介绍的酸碱交替浸泡的处理方法就可以使离子交换剂再生。离子交换剂的转型是指离子交换剂由一种平衡离子转为另一种平衡离子的过程。如对阴离子交换剂用HCl处理可将其转为Cl型,用NaOH处理可转为OH型,用甲酸钠处理可转为甲酸型等等。对离子交换剂的处理、再生和转型的目的是一致的,都是为了使离子交换剂带上所需的平衡离子。

4. 离子交换层析基本操作及应注意的问题

(1)层析柱:离子交换层析要根据分离的样品量选择合适的层析柱,离子交换用的层析柱一般粗而短,不宜过长。直径和柱长比一般为1:10到1:50之间,层析柱安装要垂直。装柱时要均匀平整,不能有气泡。

（2）平衡缓冲液：平衡缓冲液是指装柱后及上样后用于平衡离子交换柱的缓冲液。平衡缓冲液的离子强度和pH的选择首先要保证各个待分离物质如蛋白质的稳定。其次是要使各个待分离物质与离子交换剂有适当的结合，并尽量使待分离样品和杂质与离子交换剂的结合有较大的差别。一般是使待分离样品与离子交换剂有较稳定的结合。而尽量使杂质不与离子交换剂结合或结合不稳定。在一些情况下（如污水处理）可以使杂质与离子交换剂有牢固的结合，而样品与离子交换剂结合不稳定，也可以达到分离的目的。另外注意平衡缓冲液中不能有与离子交换剂结合力强的离子，否则会大大降低交换容量，影响分离效果。

（3）上样：离子交换层析的上样时应注意样品液的离子强度和pH值，上样量也不宜过大，一般为柱床体积的1%～5%为宜，以使样品能吸附在层析柱的上层，得到较好的分离效果。

（4）洗脱缓冲液：在离子交换层析中一般常用梯度洗脱，通常有改变离子强度和改变pH两种方式。改变离子强度通常是在洗脱过程中逐步增大离子强度，从而使与离子交换剂结合的各个组分被洗脱下来；而改变pH的洗脱，对于阳离子交换剂一般是pH从低到高洗脱，阴离子交换剂一般是pH从高到低。由于pH可能对蛋白的稳定性有较大的影响，故一般通常采用改变离子强度的梯度洗脱。梯度洗脱有线性梯度、凹形梯度、凸形梯度以及分级梯度等洗脱方式。一般线性梯度洗脱分离效果较好，故通常采用线性梯度进行洗脱。

洗脱液的选择首先也是要保证在整个洗脱液梯度范围内，所有待分离组分都是稳定的。其次是要使结合在离子交换剂上的所有待分离组分在洗脱液梯度范围内都能够被洗脱下来。另外可以使梯度范围尽量小一些，以提高分辨率。

（5）洗脱速度：洗脱液的流速也会影响离子交换层析分离效果，洗脱速度通常要保持恒定。一般来说洗脱速度慢比快的分辨率要好，但洗脱速度过慢会造成分离时间长、样品扩散、谱峰变宽、分辨率降低等副作用，所以要根据实际情况选择合适的洗脱速度。如果洗脱峰相对集中某个区域造成重叠，则应适当缩小梯度范围或降低洗脱速度来提高分辨率；如果分辨率较好，但洗脱峰过宽，则可适当提高洗脱速度。

（6）样品的浓缩、脱盐：离子交换层析得到的样品往往盐浓度较高，而且体积较大，样品浓度较低。所以一般离子交换层析得到的样品要进行浓缩、脱盐处理。

5. 离子交换层析的应用

（1）水处理：离子交换层析是一种简单而有效的去除水中的杂质及各种离子的方法，聚苯乙烯树脂广泛地应用于高纯水的制备、硬水软化以及污水处理等方面。纯水的制备可以用蒸馏的方法，但要消耗大量的能源，而且制备量小、速度慢，也得不到高纯度。用离子交换层析方法可以大量、快速制备高纯水。一般是将水依次通过H^+型强阳离子交换剂，去除各种阳离子及与阳离子交换剂吸附的杂质；再通过OH^-型强阴离子交换剂，去除各种阴离子及与阴离子交换剂吸附的杂质，即可得到纯水。再通过弱型阳离子和弱型阴离子交换剂进一步纯化，就可以得到纯度较高的纯水。离子交换剂使用一段时间后可以通过再生处理重复使用。

（2）分离纯化小分子物质：离子交换层析也广泛地应用于无机离子、有机酸、核苷酸、氨基酸、抗生素等小分子物质的分离纯化。例如对氨基酸的分析，使用强酸性阳离子聚苯乙烯树脂,将氨基酸混合液在pH 2~3上柱。这时氨基酸都结合在树脂上,再逐步提高洗脱液的离子强度和pH,这样各种氨基酸将以不同的速度被洗脱下来,可以进行分离鉴定。目前已有全部自动的氨基酸分析仪。

(3)分离纯化生物大分子物质:离子交换层析是依据物质带电性质的不同来进行分离纯化的,是分离纯化蛋白质等生物大分子的一种重要手段。由于生物样品中蛋白的复杂性,一般很难只经过一次离子交换层析就达到高纯度,往往要与其他分离方法配合使用。使用离子交换层析分离样品要充分利用其按带电性质来分离的特性,只要选择合适的条件,通过离子交换层析可以得到较满意的分离效果。

(四)亲和层析

1. 亲和层析的基本原理　亲和层析(Affinity Chromatography)是利用某些生物分子之间专一可逆结合特性而进行分离的一种层析技术。生物分子间存在很多特异性的相互作用,如我们熟悉的抗原－抗体、酶－底物或抑制剂、激素－受体等等,它们之间都能够专一而可逆地结合,这种结合力就称为亲和力。亲和层析的分离原理简单的说就是通过将具有亲和力的两个分子中的一个固定在不溶性基质上,利用分子间亲和力的特异性和可逆性,对另一个分子进行分离纯化。被固定在基质上的分子称为配体,配体和基质是共价结合的,构成亲和层析的固定相,称为亲和吸附剂。亲和层析时首先选择与待分离的生物大分子有亲和力的物质作为配体,例如分离酶可以选择其底物类似物或竞争性抑制剂为配体,分离抗体可以选择抗原作为配体等等,并将配体共价结合在适当的不溶性基质上,如常用的Sepharose-4B等。将制备的亲和吸附剂装柱平衡,当样品溶液通过亲和层析柱的时候,待分离的生物分子就与配体发生特异性的结合,从而留在固定相上;而其他杂质不能与配体结合,仍在流动相中,并随洗脱液流出,这样层析柱中就只有待分离的生物分子。通过适当的洗脱液将其从配体上洗脱下来,就得到了纯化的待分离物质(图6.3)。

亲和层析是利用生物分子所具有的特异的生物学性质——亲和力来进行分离纯化的。由于亲和力具有高度的专一性,使得亲和层析的分辨率很高,是分离生物大分子的一种理想的层析方法。亲和层析是分离纯化蛋白质、酶等生物大分子最为特异而有效的层析技术,分离过程简单、快速,具有很高的分辨率,在生物分离中有广泛的应用。同时它也可以用于某些生物大分子结构和功能的研究。

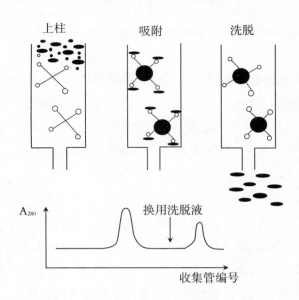

图6.3　亲和层析示意图

2. 亲和吸附剂　选择并制备合适的亲和吸附剂是亲和层析的关键步骤之一。它包括基质和配体的选择、基质的活化、配体与基质的偶联等等。这里主要介绍一些基本的原理,关于活化、偶联等过程的具体实验操作可以参阅本书后面的实验部分或相应的参考书。

(1)基质:①基质的性质。基质构成固定相的骨架,亲和层析的基质应该具有以下一些性质:

a.具有较好的物理化学稳定性。在与配体偶联、层析过程中配体与待分离物结合,以及洗脱时的pH、离子强度等条件下,基质的性质都没有明显的改变。

b.能够和配体稳定的结合。亲和层析的基质应具有较多的化学活性基团,通过一定的化学处理能够与配体稳定的共价结合,并且结合后不改变基质和配体的基本性质。

c.基质的结构应是均匀的多孔网状结构。以使被分离的生物分子能够均匀、稳定地通透,并充分与配体结合。

d.基质本身与样品中的各个组分均没有明显的非特异性吸附,不影响配体与待分离物的结合。基质应具有较好的亲水性,以使生物分子易于靠近并与配体作用。

在亲和层析中可用琼脂糖、聚丙烯酰胺凝胶和受控多孔玻璃球做层析介质,以琼脂糖最为常用,它是琼脂脱胶产物,是由D-半乳糖-3,6-脱水半乳糖组成的链状高聚物。用琼脂糖做载体,非特异性吸附低,与被分离分子作用微弱。多孔结构具有很好的液体流动性。在较宽的pH、离子强度和变性剂浓度范围内具有化学和机械稳定性。根据需要对其进行不同程度活化处理,可以很好地与配基共价结合。

②基质的活化:基质的活化是指通过对基质进行一定的化学处理,使基质表面上的一些化学基团转变为易于和特定配体结合的活性基团。配体和基质的偶联,通常首先要进行基质的活化。

a.多糖基质的活化。多糖基质尤其是琼脂糖是一种常用的基质。琼脂糖通常含有大量的羟基,通过一定的处理可以引入各种适宜的活性基团。琼脂糖的活化方法很多,常用的有溴化氰活化。活化过程主要是生成亚胺碳酸活性基团,它可以($-NH_2$)反应,主要生成异脲衍生物。还有环氧乙烷基活化。这类方法活化后的基质都含有环氧乙烷基。如在含有 $NaBH_4$ 的碱性条件下,1,4-丁二醇-双缩水甘油醚的一个环氧乙烷基可以与羟基反应,而将另一个环氧乙烷基结合在基质上。

　　b.聚丙烯酰胺的活化。聚丙烯酰胺凝胶有大量的甲酰胺基,可以通过对甲酰胺基的修饰而对聚丙烯酰胺凝胶进行活化。一般有以下三种方式:氨乙基化作用、肼解作用和碱解作用。另外在偶联蛋白质配体时也通常用戊二醛活化聚丙烯酰胺凝胶。

　　c.多孔玻璃珠的活化。对于多孔玻璃珠等无机凝胶的活化通常采用硅烷化试剂与玻璃反应生成烷基胺-玻璃,在多孔玻璃上引进氨基,再通过这些氨基进一步反应引入活性基团,与适当的配体偶联。

　　(2)配体:①配体的性质。亲和层析是利用配体和待分离物质的亲和力而进行分离纯化的,所以选择合适的配体对于亲和层析的分离效果是非常重要的。根据配体对待分离物质的亲和性的不同,可以将其分为两类:特异性配体(Specific ligand)和通用性配体(General ligand)。特异性配体一般是指只与单一或很少种类的蛋白质等生物大分子结合的配体。如生物素和亲和素、抗原和抗体、酶和它的抑制剂、激素-受体等,它们结合都具有很高的特异性,用这些物质作为配体都属于特异性配体。配体的特异性是保证亲和层析高分辨率的重要因素,但寻找特异性配体一般是比较困难的,尤其对于一些性质不很了解的生物大分子,要找到合适的特异性配体通常需要大量的实验。解决这一问题的方法是使用通用性配体。通用性配体一般是指特异性不是很强,能和某一类的蛋白质等生物大分子结合的配体,如各种凝集素(Lectine)可以结合各种糖蛋白,核酸可以结合 RNA、结合 RNA 的蛋白质等。通用性配体对生物大分子的专一性虽然不如特异性配体,但通过选择合适的洗脱条件也可以得到很高的分辨率。

　　理想的配体应具有以下一些性质:

　　a.配体与待分离的物质有适当的亲和力。亲和力太弱,待分离物质不易与配体结合,造成亲和层析吸附效率很低。而且吸附洗脱过程中易受非特异性吸附的影响,引起分辨率下降。但如果亲和力太强,待分离物质很难与配体分离,这又会造成洗脱的困难。应根据实验要求尽量选择与待分离物质具有适当的亲和力的配体。

　　b.配体与待分离的物质之间的亲和力要有较强的特异性,这是保证亲和层析具有高分辨率的重要因素。

　　c.配体要能够与基质稳定的共价结合,在实验过程中不易脱落,并且配体与基质偶联后,对其结构没有明显改变,对配体与待分离物质的结合没有明显影响。

　　d.配体自身应具有较好的稳定性,在实验中能够耐受偶联以及洗脱时可能的较剧烈的条件,可以多次重复使用。

实际上,能完全满足上述条件的配体很难找到,在实验中应根据具体的条件来尽量选择最适宜的配体。

②配体与基质的偶联。前面已经介绍了基质的活化方法,通过对活化基质的进一步处理,使得几乎任何一种配体都可以找到适当的方法与基质偶联。配体和基质偶联完毕后,必须要反复洗涤,以去除未偶联的配体。另外要用适当的方法封闭基质中未偶联上配体的活性基团,也就是使基质失活,以免影响后面的亲和层析分离。配体与基质偶联后,通常要测定配体的结合量以了解其与基质的偶联情况,同时也可以推断亲和层析过程中对待分离的生物大分子吸附容量。配体结合量通常是用每毫升或每克基质结合的配体的量来表示。常用的测定配体结合量的方法有:

a.差量分析。根据加入配体的总量减去配体与基质偶联后洗涤出来的量即可大致推算出配体的结合量。当配体可以用光谱法准确定量时,这种方法还是相当准确的。

b.直接光谱测量。对于能够吸收250 nm以上波长的配体,可以直接用光谱法测定与基质结合的配体的量。

c.酸或酶的水解。用酸或酶作用,使得基质释放出配体或配体的裂解物进行分析。

d.2,4,6－三硝基苯磺酸钠(TNBS)分析。利用TNBS与未结合配体和结合某些配体的基质作用呈现不同的颜色,可以计算出配体结合量。

e.元素分析。如果配体中含有某种特别的元素,通过元素分析就可以确定配体结合量。

f.放射性分析法。偶联中加入一定量带有同位素的配体,通过放射性分析确定配体结合量,这是一种非常灵敏的方法。

影响配体结合量的因素很多,包括基质和配体的性质、基质的活化方法及条件、基质和配体偶联反应的条件等等。例如通常溴化氰活化的基质的活性基团比环氧基活化的基质多,配体结合量可能较大。在用溴化氰活化时,增加溴化氰的量及反应的pH,可以增加基质上活化基团的量,从而增大配体结合量。偶联过程中增加配体的量及增大反应的pH,也可以增大配体结合量。实验中通常希望配体结合量较高,但应注意增加配体结合量应根据实际情况,还要考虑到其他因素的影响。

③亲和吸附剂的再生和保存。亲和吸附剂的再生就是指使用过的亲和吸附剂,通过适当的方法使去除吸附在其基质和配体(主要是配体)上结合的杂质,使亲和吸附剂恢复亲和吸附能力。一般情况下,使用过的亲和层析柱,用大量的洗脱液或较高浓度的盐溶液洗涤,再用平衡液重新平衡即可再次使用。但在一些情况下,尤其是当待分离样品组分比较复杂的时候,亲和吸附剂可能会产生较严重的不可逆吸附,使亲和吸附剂的吸附效率明显下降。这时需要使用一些比较强烈的处理手段,使用高浓度的盐溶液、尿素等变性剂或加入适当的非专一性蛋白酶。但如果配体是蛋白质等一些易于变性的物质,则应注意处理时不能改变配体的活性。

亲和吸附剂的保存一般是加入0.01 %的叠氮化钠4 ℃下保存。也可以加入0.5 %的醋酸洗必泰或0.05 %的苯甲酸。

3. 亲和层析的基本操作　亲和层析的其他操作与一般的柱层析基本类似。下面主要介绍亲和层析过程中的一些注意事项。

（1）上样　一般生物大分子和配体之间达到平衡的速度很慢，所以样品液的浓度不宜过高，上样时流速应比较慢，以保证样品和亲和吸附剂有充分的接触时间进行吸附。特别是当配体和待分离的生物大分子的亲和力比较小或样品浓度较高、杂质较多时，可以在上样后停止流动，让样品在层析柱中反应一段时间，或者将上样后流出液进行二次上样，以增加吸附量。样品缓冲液的选择也是要使待分离的生物大分子与配体有较强的亲和力。另外，样品缓冲液中一般有一定的离子强度，以减小基质、配体与样品其他组分之间的非特异性吸附。

生物分子间的亲和力是受温度影响的，通常亲和力随温度的升高而下降。所以在上样时可以选择适当较低的温度，使待分离的物质与配体有较大的亲和力，能够充分的结合；而在后面的洗脱过程可以选择适当较高的温度，使待分离的物质与配体的亲和力下降，以便于将待分离的物质从配体上洗脱下来。

（2）洗脱　亲和层析的另一个重要的步骤就是要选择合适的条件使待分离物质与配体分开而被洗脱出来。亲和层析的洗脱方法可以分为两种：特异性洗脱和非特异性洗脱。

特异性洗脱是指利用洗脱液中的物质与待分离物质或与配体的亲和特性而将待分离物质从亲和吸附剂上洗脱下来。特异性洗脱又可分为两种：一种是选择与配体有亲和力的物质进行洗脱，另一种是选择与待分离物质有亲和力的物质进行洗脱。前者在洗脱时，在洗脱液加入一种与配体亲和力较强的物质，这种物质与待分离物质竞争对配体的结合，在适当的条件下，如这种物质与配体的亲和力强或浓度较大，配体就会基本被这种物质占据，原来与配体结合的待分离物质被取代而脱离配体，从而被洗脱下来；后一种方法洗脱时，在洗脱液加入一种与待分离物质有较强亲和力的物质，这种物质与配体竞争对待分离物质的结合，在适当的条件下，如这种物质与待分离物质的亲和力强或浓度较大，待分离物质就会基本被这种物质结合而脱离配体，从而被洗脱下来。特异性洗脱方法的优点是特异性强，可以进一步消除非特异性吸附的影响，从而得到较高的分辨率。另外对于待分离物质与配体亲和力很强的情况，使用非特异性洗脱方法需要较强烈的洗脱条件，很可能使蛋白质等生物大分子变性，有时甚至只能使待分离的生物大分子变性才能够洗脱下来，使用特异性洗脱则可以避免这种情况。

非特异性洗脱是指通过改变洗脱缓冲液 pH、离子强度、温度等条件，降低待分离物质与配体的亲和力而将待分离物质洗脱下来。

当待分离物质与配体亲和力较小时，一般通过连续大体积平衡缓冲液冲洗，就可以在杂质之后将待分离物质洗脱下来，这种洗脱方式简单、条件温和，不会影响待分离物质的活性。但洗脱体积一般比较大，得到的待分离物质浓度较低。当待分离物质和配体结合较强时，可以通过选择适当的 pH、离子强度等条件降低待分离物质与配体的亲和力，具体的条件需要在实验中摸索。可以选择梯度洗脱方式，这样可能将亲和力不同的物质分开。

4. 亲和层析的应用

亲和层析主要应用于生物大分子的分离、纯化。

(1)抗原和抗体　利用抗原、抗体之间高特异的亲和力而进行分离的方法又称为免疫亲和层析。例如将抗原结合于亲和层析基质上,就可以从血清中分离其对应的抗体。在蛋白质工程菌发酵液中所需蛋白质的浓度通常较低,用离子交换、凝胶过滤等方法都难于进行分离,而亲和层析则是一种非常有效的方法。将所需蛋白质作为抗原,经动物免疫后制备抗体,将抗体与适当基质偶联形成亲和吸附剂,就可以对发酵液中的所需蛋白质进行分离纯化。抗原、抗体间亲和力一般比较强,其解离常数为 $10^{-12} \sim 10^{-8}$ M,所以洗脱时是比较困难的,通常需要较强烈的洗脱条件。可以采取适当的方法如改变抗原、抗体种类或使用类似物等来降低二者的亲和力,以便于洗脱。

另外金黄色葡萄球菌蛋白A(Protein A)能够与免疫球蛋白G(IgG)结合,可以用于分离各种IgG。

(2)生物素和亲和素　生物素(Biotion)和亲和素(Avidin)之间具有很强的特异亲和力,可以用于亲和层析。如用亲和素分离含有生物素的蛋白等。另外,可以利用生物素和亲和素间的高亲和力,将某种配体固定在基质上。例如将生物素酰化的胰岛素与以亲和素为配体的琼脂糖作用,通过生物素与亲和素的亲和力,胰岛素就被固定在琼脂糖上,可以用于亲和层析分离与胰岛素有亲和力的生物大分子物质。这种非共价的间接结合比直接将胰岛素共价结合与CNBr活化的琼脂糖上更稳定。很多种生物大分子可以用生物素标记试剂(如生物素与NHS生成的酯)作用结合生物素,并且不改变其生物活性,这使得生物素和亲和素在亲和层析分离中有更广泛的用途。

(3)维生素、激素和结合转运蛋白　通常结合蛋白含量很低,用通常的层析技术难于分离。利用维生素或激素与其结合蛋白具有强而特异的亲和力(解离常数为 10^{-16} M)而进行亲和层析则可以获得较好的分离效果。

(4)激素和受体蛋白　激素的受体蛋白属于膜蛋白,利用去污剂溶解后的膜蛋白往往具有相似的物理性质,难于用通常的层析技术分离。但去污剂溶解通常不影响受体蛋白与其对应激素的结合。所以利用激素和受体蛋白间的高亲和力($10^{-12} \sim 10^{-6}$ M)而进行亲和层析是分离受体蛋白的重要方法。目前已经用亲和层析方法纯化出了大量的受体蛋白,如乙酰胆碱、肾上腺素、生长激素、吗啡、胰岛素等等多种激素的受体。

(5)凝集素和糖蛋白　用凝集素作为配体的亲和层析是分离糖蛋白的主要方法。凝集素是一类具有多种特性的糖蛋白,几乎都是从植物中提取。它们能识别特殊的糖,因此可以用于分离多糖、各种糖蛋白、免疫球蛋白、血清蛋白甚至完整的细胞。用适当的糖蛋白或单糖、多糖作为配体也可以分离各种凝集素。

(6)辅酶　核苷酸及其许多衍生物、各种维生素等是多种酶的辅酶或辅助因子,利用它们与对应酶的亲和力可以对多种酶类进行分离纯化。例如固定的各种腺嘌呤核苷酸辅酶,包括AMP、cAMP、ADP、ATP、CoA、NAD$^+$、NADP$^+$等,可以用于分离各种激酶和脱氢酶。

（7）多核苷酸和核酸　利用poly-U作为配体可以用于分离mRNA以及各种poly-U结合蛋白。poly-A可以用于分离各种RNA、RNA聚合酶以及其他poly-A结合蛋白。以DNA作为配体可以用于分离各种DNA结合蛋白、DNA聚合酶、RNA聚合酶、核酸外切酶等多种酶类。

（8）氨基酸　固定化氨基酸是多用途的介质，通过氨基酸与其互补蛋白间的亲和力，或者通过氨基酸的疏水性等性质，可以用于多种蛋白质、酶的分离纯化。例如L-精氨酸可以用于分离羧肽酶，L-赖氨酸则广泛地应用于分离各种rRNA。

（9）分离病毒、细胞　利用配体与病毒、细胞表面受体的相互作用，亲和层析也可以用于病毒和细胞的分离。利用凝集素、抗原、抗体等作为配体都可以用于细胞的分离。例如各种凝集素可以用于分离红细胞以及各种淋巴细胞，胰岛素可以用于分离脂肪细胞等。由于细胞体积大、非特异性吸附强，所以亲和层析时要注意选择合适的基质。目前已有特别的基质如Pharmacia公司生产的Sepharose 6MB，颗粒大、非特异性吸附小，适用于细胞亲和层析。

（五）薄层层析

1. **薄层层析的基本原理**

薄层层析(Thin layer chromatography)，又称薄层色谱，其技术原理与其他层析一样，是一种利用样品中各组成成分的不同物理特性把它们分离开来的技术。这些物理特性包括分子的大小、形状、所带电荷、挥发性、溶解性及吸附性等。薄层色谱分离一般是由几种分离机理综合的结果，最多的是吸附和分配，也有离子交换或凝胶渗透。

薄层层析法将吸附剂、载体或其他活性物质均匀涂铺在平面板（如玻璃板、塑料片、金属片等）上，形成薄层（常用厚度为0.25 mm左右）作为层析静相(Stationary phase)，再将混合物试样点附在此薄层静相上，以液体展开剂作为流动相(Mobile phase)，透过毛细作用由下往上移动。由于不同的化合物与静相之吸附力，和流动相间溶解度的差异，当展开剂上升、流经所吸附的试样点时，吸附力弱的物质移动快，吸附力强的移动慢。由于各种物质移动的速率不同，使混合物最后在静相薄层上分开，达到分离目的。一个化合物在层析片上上升的高度与展开剂上升高度的比值，是化合物在该分析条件下的特性参数，称为R_f值。利用R_f值，可以判断两化合物是否为相同的化合物，也可用于分析混合物中至少含有多少种成分，作为管柱层析抽提剂选择的参考，或用来检视分离纯化方法的离析成效，还可以追踪化学反应的进行程度。

2. **薄层层析法基本步骤**

薄层层析法以吸附层析使用最为普遍。常用的吸附剂为硅胶、氧化铝等。除吸附法外，也可进行分配、离子交换、分子排阻等机理的层析，即将铺制薄层的材料相应换为涂以固定相的载体、离子交换剂、凝胶等，其操作与吸附法基本相同。

（1）制板　铺制薄层板时，要求基底板洁净平整，可用干法或湿法铺制。现常用湿法制板，即将吸附剂和黏合剂（如烧石膏）按一定比例混合，加入适量水调匀，用涂布器将此匀浆缓慢地移过基底板，放置晾干，再经适当烘烤活化后即可使用。如不加黏合剂和水，直接将吸附剂均匀地铺成薄层，则为干法制板。现在市场上已有各种制好的薄层板出售，统称预制板。

（2）展开　有多种方式，以上行法最为常用。将薄层板垂直或倾斜放置，将展开溶剂加于低部，使之自下向上移动。下行法则为用滤纸将溶剂引至薄层上端，使其自上向下流动。平行展开时，将板平放，溶剂被吸至薄层板点有样品的一端，进行展开。使用圆形薄层板时，将样品点在圆心附近，使溶剂自圆心向圆周方向移动，称为环形展开或径向展开；将样品点在圆周位置，使溶剂自圆周向圆心移动的为向心展开，适用于R值大的组分的分离。将点样品处附近的吸附剂刮去，使溶剂只能通过样品点附近的较窄部分前进展开，因而溶剂前缘呈弧形的展开方式，也称径向展开，这种方式对较难分离的组分可能效果好些。

展开一次后取出薄层板使溶剂挥发，再用同一溶剂或换用其他溶剂再次沿此方向展开的称多次展开。将样品点在方形薄层板的一角，先沿着一个方向展开，然后将板转动90°，再沿着另一方向展开的为双向展开。多次展开和双向展开都可加强分离效果。

3. 薄层层析的应用

薄层层析兼备了柱层析和纸层析的优点，一方面适用于少量样品（几微克，甚至 0.01 μg）的分离；另一方面在制作薄层板时，把吸附层加厚加大，因此，又可用来精制样品，此法特别适用于挥发性较小或较高温度易发生变化而不能用气相色谱分析的物质。

第二节　层析技术实验举例

实验一　氨基酸的分离鉴定——薄层层析法

一、实验目的

(1)掌握薄层层析的原理,学习氨基酸薄层层析法的操作技术;

(2)学习未知样品的氨基酸成分层析鉴定分析的方法。

二、实验原理

依据薄层层析原理,用硅胶作为固相支持物,用羧甲基纤维素钠作为黏合剂,以正丁醇、冰醋酸及水的混合液为展开剂,当液相(展开溶剂)在固定相上流动时,由于吸附剂对不同氨基酸的吸附力不一样,不同氨基酸在展开溶剂中的溶解度不一样,点在薄板上的混合氨基酸样品随着展开剂的移动速率也不同,通过吸附–解吸附–再吸附–再解吸的反复进行,而将样品各组分分离开。测定混合氨基酸中各分离斑点的 R_f 值,以分离和鉴别混合氨基酸的成分。

氨基酸的显色反应:茚三酮水化后生成水化茚三酮,它与氨基酸发生羧基反应生成还原茚三酮、氨基醛,与此同时,还原茚三酮又与氨基茚三酮缩合生成蓝色化合物而使氨基酸斑点显色。

三、试剂和器材

1. 试剂

(1)氨基酸标准溶液:

①0.01 mol/L丙氨酸:称取丙氨酸8.9 mg溶于90 %异丙醇溶液至10 mL。

②0.01 mol/L精氨酸:称取精氨酸17.4 mg溶于90 %异丙醇溶液至10 mL。

③0.01 mol/L甘氨酸:称取甘氨酸7.5 mg溶于90 %异丙醇溶液至10 mL。

(2)混合氨基酸溶液:将0.01 mol/L丙氨酸、精氨酸、甘氨酸按等体积制成混合溶液。

(3)硅胶G(C.P.)。

(4)0.5 %羧甲基纤维素钠(CMC–Na):取羧甲基纤维素钠5 g溶于1 000 mL蒸馏水中,煮沸,静置冷却,弃沉淀,取上清备用。

(5)展开溶剂:按80∶10∶10比例(V/V)混合正丁醇、冰醋酸及蒸馏水,临用前配制。

(6)0.1 %茚三酮溶液:取茚三酮(A.R.)0.1 g溶于无水丙酮(A.R.)至100 mL。

(7)展层–显色剂:按照10∶1比例(V/V)混匀展开剂和0.1 %茚三酮溶液。

2. 实验器材

层析板(6 × 15 cm)、小烧杯、量筒(10 mL)、小尺子、电吹风、毛细玻璃管、层析缸、烘箱。

四、实验操作

1. 制板

(1)调浆　称取硅胶3 g,加0.5 %的羧甲基纤维素钠8 mL,调成均匀的糊。

(2)涂布　取洁净的干燥玻璃板,将硅胶浆均匀涂成薄层。黏在玻璃板侧面边上的硅胶粉应去掉,否则在层析时会有较强的边缘效应。

(3)干燥　将玻璃板水平放置,室温下放置0.5 h,自然晾干。

(4)活化　70 ℃烘干60 min。注意应逐步加温,温度过高易导致涂层裂开。

2. 点样

(1)标记　用铅笔在距底边2 cm水平线上均匀确定4个点并做好标记。每个样品间相距1 cm。

(2)点样　用毛细管分别吸取丙氨酸、精氨酸、甘氨酸及混合氨基酸溶液,轻轻接触薄层表面点样。加样原点扩散直径不超过2 mm。点样后用电吹风轻轻吹干。注意:用冷风吹干,避免破坏氨基酸。

3. 层析

将薄层板点样端浸入展层–显色剂,展层–显色剂液面应低于点样线,样品不能进入溶液。盖好层析缸盖,上行展层(见图6.4)。当展层剂前沿离薄板顶端2 cm时,停止展层,取出薄板,用铅笔描出溶剂前沿界线。

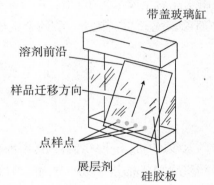

图6.4　薄层层析装置

4. 显色　用热风吹干或在90℃下烘干30min,即可显出各层斑点。

五、结果与分析

实验结果示意见图6.5。量取并记录各氨基酸色斑中心至样品原点中心距离(a)及溶剂前缘至样品原点中心距离(b),计算R_f值,记录到表6.1中。然后根据R_f值判定混合样品分离的色斑的氨基酸名称。

$$R_f = \frac{\text{原点到层析斑点中心的距离}(a)}{\text{原点到溶剂前沿的距离}(b)}$$

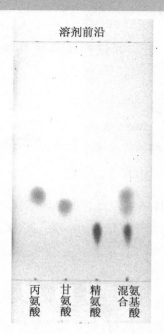

图6.5 薄层层析实验结果示意图

表6.1 氨基酸薄层层析结果记录表

氨基酸斑点	(a)	(b)	R_f值(a/b)	氨基酸名称
丙氨酸				—
甘氨酸				—
精氨酸				—
混合样品色斑1				
混合样品色斑2				
混合样品色斑3				

六、注意事项

(1)吸附剂 薄层层析用的吸附剂如氧化铝和硅胶的颗粒大小一般以通过200目左右筛孔为宜,如果颗粒太大,展开时溶剂推进速度太快,分离效果不好。反之,颗粒太小,展开时太慢,斑点易拖尾,分离效果也不好。

(2)点样 点样的次数依照样品溶液的浓度而定,样品量太少时,有的成分不易显示,样品量太多时易造成斑点过大,互相交叉或拖尾,不能得到很好的分离,点样后的斑点直径一般为0.2 cm。

(3)避免污染 整个层析过程中,避免用手接触层析板,必要时戴上手套。

七、思考题

(1)何谓吸附层析?叙述薄层层析的原理。

(2)简述氨基酸薄层层析操作中应注意的问题。

实验二　纸层析法检测谷丙转氨酶活性

一、实验目的

(1)掌握纸层析的原理;

(2)学习掌握纸层析检测氨基酸的实验操作技术。

二、实验原理

转氨基作用广泛地存在于机体各组织器官中,是体内氨基酸代谢的重要途径。氨基酸反应时均由专一的转氨酶催化,此酶催化氨基酸的α-氨基转移到另一α-酮基酸上。各种转氨酶的活性不同,其中肝脏的谷丙转氨酶(Glutamic Pyruvic Transaminase,GPT)活性较高,它催化如下反应:

$$丙氨酸+α-酮戊二酸 \underset{37℃}{\overset{GPT}{\rightleftharpoons}} 谷氨酸+丙酮酸$$

本实验以丙氨酸和α-酮戊二酸为底物,加肝匀浆保温后,用纸层析法检查谷氨酸的出现,以证明转氨基作用。

本实验以滤纸为支持物,滤纸纤维与水亲和力强,能吸收20%～22%的水。而且其中6%～7%的水是以氢键形式与纤维素的羟基结合,在一般情况下很难脱去,而滤纸纤维与有机溶剂的亲和力甚弱。所以纸层析是以滤纸纤维结合水作为固定相,以有机溶剂作为流动相。在用纸层析法分离氨基酸时,由于各种氨基酸在此二相中的分配系数不同,各有一定的迁移率。极性弱的氨基酸,易溶于有机溶剂即分配系数小,随流动相移动较快,R_f值大;而极性强的氨基酸相反,据此可以分离鉴定氨基酸。

用圆滤纸进行水平型层析,除待测液外,点加对照液和标准液,层析后用茚三酮法显色,观察色斑,判定结果。

三、试剂和器材

1. 试剂

(1)0.01 mol/L pH 7.4磷酸盐缓冲液:0.2 mol/L Na_2HPO_4溶液81 mL与0.2 mol/L NaH_2PO_4溶液19 mL混匀,用蒸馏水稀释20倍。

(2)0.1 mol/L丙氨酸溶液:称取丙氨酸0.891 g,先溶于少量0.01 mol/L pH 7.4磷酸盐缓冲液中,以1.0 N NaOH仔细调至pH 7.4后,加磷酸盐缓冲液至100 mL。

(3)0.1 mol/L α-酮戊二酸:称取α-酮戊二酸1.461 g,先溶于少量0.01 mol/L pH 7.4磷酸盐缓冲液中,以1.0 N NaOH仔细调至pH 7.4后,加磷酸盐缓冲液至100 mL。

(4)0.1 mol/L 谷氨酸溶液:称取谷氨酸0.735 g,先溶于少量0.01 mol/L pH 7.4磷酸盐缓冲液中,以1.0 N NaOH仔细调至pH 7.4后,加磷酸盐缓冲液至50 mL。

(5)0.5%茚三酮溶液:称取茚三酮0.5 g于100 ml丙酮中溶解。

(6)层析溶剂:酚:水=4:1(V/V)混匀备用。现用现配。

2. 实验器材

玻璃匀浆器、离心管、10 mL试管、培养皿、表面皿、沸水浴锅、37 ℃恒温水浴箱、10 cm圆滤纸、吹风机、手术剪刀。

四、操作步骤

1. 匀浆制备

取新鲜动物肝0.5 g,剪碎后放入匀浆器,加入冷0.01 mol/L pH 7.4磷酸盐缓冲液1.0 mL,迅速研成匀浆,用上述缓冲液3.5 mL混匀备用。

2. 酶促反应过程

(1)取离心管两支,编号为1(测定管)、2(对照管),各加肝匀浆0.5 mL。把对照管放沸水浴中加热5 min,取出冷却。

(2)分别向两支试管中各加0.1 mol/L丙氨酸0.5 mL,0.1 mol/L α-酮戊二酸0.5 mL,0.01 mol/L pH 7.4磷酸盐缓冲液1.5 mL,摇匀。

(3)两支试管同时37 ℃保温,1 h后取出。

(4)把测定管放沸水浴中煮5 min,取出后冷却。

(5)两管同时2 000 rpm离心5 min,把上清液分别移入小试管中,标清管号,供层析用。

3. 层析

(1)取圆形滤纸一张(直径10 cm)放洁白纸上,以滤纸圆心为中心,半径1 cm,用铅笔划一圆线作为基线,在圆线上四等份处标记四个点,编号,作为点样原点。

(2)点样:用四根毛细玻璃管分别进行点样。把丙氨酸液、谷氨酸液分别点在原点2、4处。把测定液、对照液分别点在原点1、3处。具体方法是用毛细玻璃管吸取少量液体,点到滤纸点上。注意点样点不宜过大(应在直径0.4 cm以下)。如果测定液中氨基酸浓度低时,可在第一次点样点干后,再在原处同样点1~2次。

(3)层析:先在滤纸圆心处打一小孔(铅笔芯粗细),再取同样滤纸一条(约1 cm×2.5 cm)卷成捻如灯芯状,上端插入滤纸中心孔中。

(4)把层析溶剂(酚:水=4:1溶液)数毫升放入干燥的直径约5 cm的表面皿内。把此皿放在直径10 cm的培养皿中。

(5)把滤纸平放在上述培养皿上,使纸芯下浸入酚液中,盖上培养皿盖,进行层析。

可见酚液沿纸芯上升到滤纸中心,渐向四周扩散。当酚液前缘到离滤纸边缘约1 cm时(30~50 min),取出滤纸,用镊子小心取下纸芯,并用吹风机吹干滤纸。

4. 显色

用喷雾器向上述滤纸均匀喷上0.5%茚三酮溶液,用吹风机热风吹干,可见出现同心弧状色斑,用铅笔圈下各色斑。

五、结果与分析

比较各色斑的位置及颜色深浅,并按下列公式计算各色斑的 R_f 值,以此判定结果。

$$R_f = \frac{溶质层析点中心到原点中心的距离}{溶剂前缘到原点中心的距离}$$

根据 R_f 值判断实验中有无谷氨酸生成。

六、注意事项

(1)层析点样时手要洗净,操作中尽可能少量接触滤纸,以免污染。

(2)点样点不宜过大,直径小于 0.4 cm。

七、思考题

(1)何谓纸层析?

(2)简述用纸层析法检测氨基酸的实验操作原理。

实验三　离子交换法纯化血清IgG

一、实验目的

掌握离子交换法纯化IgG的原理和方法。

二、实验原理

DEAE–纤维素是一种阴离子交换剂,溶液中带负电荷的离子可以与其结合,带正电荷的离子则不能与其结合。蛋白质是两性电解质,在pH 6.5时血清蛋白(等电点为4.9)、α–球蛋白(等电点小于6.0)、β–球蛋白(等电点小于6.0)都带负电荷,能与带正电荷的DEAE–纤维素结合;而IgG(等电点为pH 7.3)带正电荷,不与DEAE–纤维素结合,因而在溶液中只留下IgG。

三、试剂和器材

1. 试剂

(1)DEAE–纤维素。

(2)0.5 mol/L盐酸:量取浓盐酸42 mL,用蒸馏水稀释并定容至1 000 mL。

(3)0.5 mol/L NaOH溶液:称取氢氧化钠20 g,用蒸馏水溶解,定容至1 000 mL。

(4)0.3 mol/L pH 6.5醋酸铵溶液:称取醋酸铵23.13 g,加蒸馏水约800 mL溶解。用稀氨水或稀醋酸准确调节至pH 6.5,再用蒸馏水定容至1 000 mL。

(5)0.02 mol/L pH6.5醋酸铵缓冲液:取0.3 mol/L醋酸铵溶液66.7 mL,用蒸馏水稀释至1 000 mL。

(6)1 mol/L醋酸:取59 mol的冰醋酸,用蒸馏水溶解,定容至1 000 mL。

(7)1.5 mol/L氯化钠–0.3 mol/L醋酸铵缓冲液:称取氯化钠187.7 g,用0.3 mol/L pH 6.5醋酸铵溶液溶解,最后定容至1 000 mL。

(8)20 %磺基水杨酸(W/V):称取20 g磺基水杨酸,用蒸馏水溶解,定容至100 mL。

(9)葡聚糖凝胶G25。

2. 器材

层析柱(1.5 cm × 30 cm),烧杯,试管,胶头吸管,铁架台,黑色比色盘,酸度计。

四、操作步骤

1. DEAE–纤维素处理

称取DEAE–纤维素3.0 g置于烧杯中,加0.5 mol/L的稀盐酸45 mL,搅拌后放置30 min,再加蒸馏水250 mL,搅拌均匀。待DEAE–纤维素大部分下沉后,弃去含有细微颗粒的上层液体,如此反复2～3次,再用蒸馏水洗至pH 6.0左右。然后加入0.5 mol/L的NaOH溶液45 mL,搅拌后放置30 min,弃去上层液体。再用蒸馏水洗至pH 8.0左右,弃去上层液体后加0.02 mol/L pH 6.5的醋酸铵缓冲液200 mL,再用1 mol/L醋酸调节pH至6.5(约用5 mL),留待装柱。

2. 装柱

将层析柱(1.5 ～ 3 cm)垂直固定在铁架台上,关闭出液阀,用0.02 mol/L pH 6.5的醋酸铵缓冲液将处理好的DEAE-纤维素拌成匀浆,灌入层析柱中,直至柱床高度为7 cm为止,再加入0.02 mol/L pH 6.5的醋酸铵缓冲液10 mL,打开出液阀,保持流速为0.5 mL/min,进行平衡。

3. 上样

平衡完成后,关闭出液阀,用吸管轻轻吸去柱床上层的溶液。再将脱盐后的IgG蛋白溶液5 mL加于DEAE-纤维素柱上,打开出液阀,流速控制在0.5 mL/min,直至样品液全部进入柱床。

4. 洗脱

用0.02 mol/L pH 6.5的醋酸铵缓冲液洗脱,流速为0.5 mL/min,用小试管连续收集流出液(每管约1.5 mL),并用20 %磺基水杨酸检测洗出液中是否含有蛋白质,合并含有蛋白质的各管中的溶液,其中的蛋白质就是不被吸附的IgG蛋白。

5. DEAE-纤维素再生与保存

将用过的DEAE-纤维素柱先用1.5 mol/L氯化钠-0.3 mol/L醋酸铵缓冲液洗脱掉其中结合的蛋白质,直至流出液用20 %磺基水杨酸检测转为阴性,再用0.02 mol/L pH 6.5醋酸铵缓冲液冲洗平衡。用pH试纸检测洗出液的pH为6.5,便可重复应用。

6. 浓缩

测量纯化后IgG蛋白溶液的体积,每毫升加0.15 g葡聚糖凝胶G25干胶,摇动2 ～ 3 min。3 000 r/min离心5 min,上清液即为浓缩的IgG蛋白溶液。

浓缩的IgG溶液可进一步用于IgG含量、纯度和活性的测定。

五、注意事项

(1)层析柱应装填均匀。

(2)上样和洗脱时应保持上层填充物的平整。

六、思考题

(1)DEAE-离子交换剂法纯化血清IgG的原理是什么?

(2)还可以用哪些方法分离纯化血清IgG?

实验四　亲和层析法纯化胰蛋白酶

一、实验目的

（1）掌握亲和层析的基本原理及亲和层析介质合成技术；

（2）掌握亲和层析纯化蛋白质的基本原理和操作技术。

二、实验原理

亲和层析主要是根据生物分子与特定的固相化配基之间的亲和力而使生物分子得到分离。它是由吸附层析衍生、发展起来的分离技术。

本实验采用猪胰蛋白酶的天然抑制剂——鸡卵类黏蛋白作为配基，偶联在已经活化的琼脂糖凝胶层析介质Sepharose 4B上，制备成鸡卵黏蛋白亲和层析介质（CHOM-Sepharose 4B）从猪胰脏的粗提液中分离纯化胰蛋白酶。鸡卵黏蛋白(ovomucoid，简称CHOM)是一种专一性很强的胰蛋白酶的抑制剂，对猪和牛的胰蛋白酶有很强的抑制作用。而对胰凝乳蛋白酶无抑制作用。在pH7.6～8.0的范围内，猪或牛胰蛋白酶能牢固地吸附在鸡卵类黏蛋白上，在pH2.5～3.0的范围内，能从鸡卵类黏蛋白上被洗脱下来。因此，采用鸡卵类黏蛋白作为配基合成亲和吸附剂，可以从猪胰脏的粗提液中，通过亲和层析直接获得纯度很高的猪胰蛋白酶。比活力可以达 $(1.5\sim2.0)\times10^4$ BAEE单位每毫克酶蛋白，相当5次重结晶的胰蛋白酶，纯化效率可提高10～20倍以上。

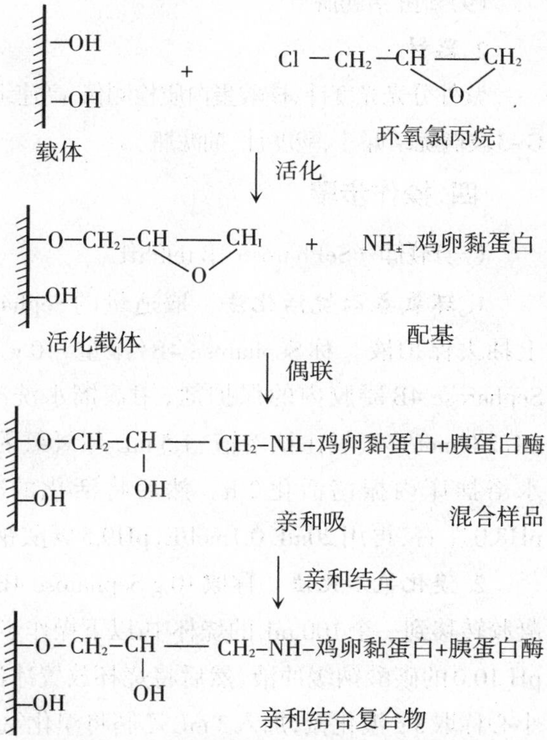

图6.6　氯氯丙烷活化载体与蛋白质配基的偶联

常用的载体活化与蛋白质配基偶联的方法有环氧氯丙烷活化和溴化氰活化法。

氯氯丙烷活化载体与蛋白质配基的偶联原理见图6.6。溴化氰活化载体与蛋白质配基的偶联见图6.7。

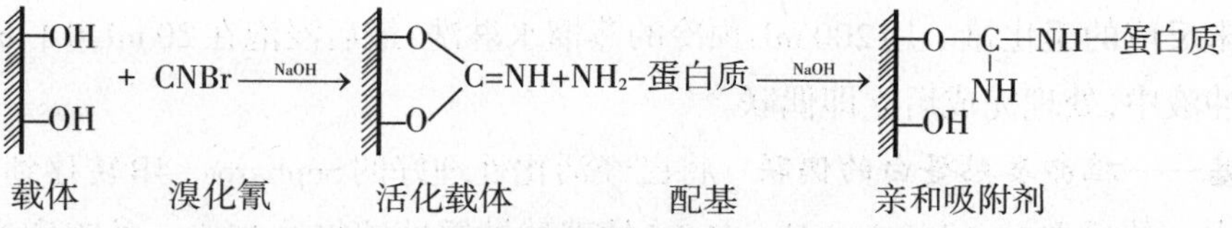

图6.7　溴化氰活化载体与蛋白质配基的偶联

三、试剂和器材

1. 试剂

(1)环氧氯丙烷,1,4-二氧六环,乙烯,乙腈,溴化氰。

(2)5 mol/L 硫酸。

(3)5 mol/L 氢氧化钠。

(4)0.2 mol/L pH 9.5 碳酸钠缓冲液。

(5)亲和柱平衡液:0.5 mol/L 氯化钾-0.05 mol/L 氯化钙-0.1 mol/L,pH 7.8 Tris-HCl 缓冲液。

(6)亲和柱洗脱液:0.1 mol/L 甲酸-0.5 mol/L 氯化钾,pH 2.5 混合液。

(7)pH 2.5 ~ 3.0 乙酸酸化水。

(8)Sepharose 4B,鸡卵类黏蛋白,纯胰蛋白酶。

(9)新鲜猪胰脏。

2. 器材

紫外分光光度计、核酸蛋白质检测仪、高速组织捣碎机、恒温水浴摇床、层析柱(1 cm × 10 cm)、G-3 玻璃烧结漏斗、酸度计、抽滤瓶。

四、操作步骤

(一)载体—SePharose 4B 的活化

1. 环氧氯丙烷活化法　取适量的 Sepharose 4B,于 G-3 玻璃烧结漏斗(简称 G-3 漏斗)上抽去保护液。称 Sepharose 4B(湿重)10 g,用 100 mL 0.5 mol/L 在试剂中添加淋洗,除去 Sepharose 4B 凝胶内的保护剂,用蒸馏水洗净,转移到 100 mL 的锥形瓶内。然后加入 6.5 mL 2.0 mol/L 氢氧比钠溶液、1.5 mL 环氧氯丙烷、15 mL 56 %1,4-二氧六环,于 45 ℃的恒温水浴摇床内振荡活化 2 h。然后将活化的凝胶转移到 G-3 漏斗内抽干,用蒸馏水洗至 pH8.0 左右,再用20mL 0.1mol/L,pH9.5 碳酸钠缓冲液淋洗。处理完毕后立即偶联。

2. 溴化氰活化法　称取 10 g Sepharose 4B(湿重),凝胶处理方法与 1 相同,把 SePharose 4B 凝胶转移到一个 100 mL 的烧杯中(以下操作步骤必须在通风橱内进行)。加入 15 mL 0.2 mol/L pH 10.0 的碳酸钠缓冲液,然后将烧杯放置冰浴中,用电磁搅拌器慢慢搅拌。戴上胶皮手套,小心称取 3 g 溴化氰,加入 3 mL 乙腈将溴化氰溶解。

取一支滴管向烧杯内滴加溴化氰使它与 Sepharose 4B 反应,同时取另一支滴管向烧杯内滴加 6 mol/L 的氢氧化钠。使反应体系的 pH 值保持在 pH 10.0 左右(在酸度计上校正),待溴化氰加完以后继续搅拌,反应 5 min。此时反应体系的 pH 值不再下降,仍维持在 pH 10.0 左右,停止反应。迅速转移到 G-3 漏斗内抽滤,抽滤瓶内应预先加入一定量的固体硫酸亚铁,以破坏滤液中未反应的溴化氰。用 200 mL 预冷的蒸馏水淋洗,最后浸泡在 20 mL 0.1 mol/L pH 9.5 碳酸钠缓冲液中,处理完成后立即偶联。

3. 配基——鸡卵类黏蛋白的偶联　将已经活化处理好的 Sepharose 4B 转移到一个 50 mL 的锥形瓶内。然后取 10 mL 0.1 mol/L pH 9.5 的碳酸钠缓冲液将约 150 mg 的鸡卵类黏蛋白溶解,取出0.1 mL蛋白溶液稀释30倍,在紫外分光光度仪上测定A_{280}。根据消光系数 A = 4.13 计算出偶联前的蛋白含量。再将9.9 mL蛋白溶液加入到盛有活化Sepharose 4B的三角瓶内,混匀,在40 ℃~45 ℃的恒温水浴摇床内振荡偶联20~24 h左右,终止偶联。

将凝胶转移到G-3漏斗内,用100 mL 0.5 mol/L的氯化钠溶液淋洗,以除去未被偶联的鸡卵类黏蛋白。取一个干净的抽滤瓶收集滤液,测定滤液A_{280},计算出末被偶联蛋白的量,然后用100 mL的蒸馏水洗,用50 mL 0.1 mol/L甲酸-0.5 mol/L氯化钾,pH 2.5混合液洗,最后用蒸馏水洗至约 pH 6.5 即可。将凝胶转移至50mL小烧杯内,用30mL 0.5mol/L氯化钾-0.05 mol/L氯化钙-0.1 mol/L pH 7.8 Tris-HCl缓冲液浸泡20 min。脱气后装柱或置4℃冰箱保存。

(二)胰蛋白酶粗提液的制备

取50 g猪新鲜胰脏(除去脂肪和结缔组织)剪碎置于高速组织捣碎机内,加入200 mL预冷的 pH 2.5~3.0的乙酸酸化水,匀浆。于10 ℃提取4 h以上,4层纱布过滤,收集滤液并用5 mol/L的氢氧化钠调至 pH 8.0,加入终浓度为0.1 mol/L氯化钙及12 mg胰蛋白酶晶种,置4 ℃激活12~16 h或在室温(25 ℃左右)激活2~4 h。待胰蛋白酶比活达到1 000~1 500 BAEE单位每毫克以后,用6 mol/L硫酸调至 pH 3.0停止激活。放置4 ℃冰箱内备用。测定胰蛋白酶活性。

(三)亲和层析纯化胰蛋白酶

取一支层析柱(1 cm × 10 cm),装入少量亲和柱平衡液(0.5 mol/L 氯化钾-0.05 mol/L 氯化钙-0.1 mol/L pH 7.8 Tris-HCl 缓冲液),将亲和吸附剂一次装入柱内,待亲和吸附剂自然沉降至约1/2总体积后,调节合适的流速。用亲和柱平衡液平衡。用核酸蛋白质检测仪检测流出液,待基线达到稳定后即可。

取一定体积的蛋白酶粗提液(30~50 mL,视酶液的蛋白浓度及比活而定)调至 pH 8.0。用滤纸过滤,取滤液上柱吸附,然后用亲和柱平衡液平衡。用核酸蛋白质检测仪检测流出液,待基线达到稳定后改用亲和柱洗脱液(0.1 mol/L 甲酸-0.5 mol/L 氯化钾,pH 2.5混合液)洗脱。收集洗脱峰2,测定酶蛋白含量及活性,层析图谱,如图6.8。

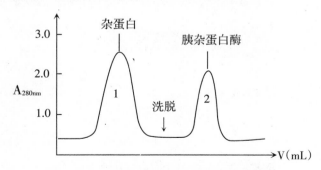

图6.8 亲和层析纯化胰蛋白酶洗脱曲线

平衡液:0.5 mol/L 氯化钾,0.05 mol/L 氯化钙-0.1 mol/L pH 7.8 Tris-HCl 缓冲液;洗脱液:0.1 mol/L 甲酸-0.5 mol/L 氯化钾,pH 2.5混合液。

(四)胰蛋白酶的保存

经亲和层析分离得到的胰蛋白酶,一般是比较纯的酶,但是酶蛋白的浓度往往很低。通常可用pH 5.0的乙酸透析除去溶液中的无机盐,然后冰冻干燥成粉末,长期保存。也可将酶溶液放在-20 ℃的冰箱冰冻保存或者在4 ℃,pH 3.0的酸性溶液中保存,可保存两年左右。

五、结果与分析

$$偶联量 = \frac{偶联前配基数 - 偶联后配基数}{凝胶毫升数}$$

$$活性回收率（\%） = \frac{纯酶的总活力}{上样粗酶总活力} \times 100\%$$

$$纯化倍数 = \frac{纯酶比活力}{粗酶比活力}$$

六、注意事项

(1)亲和层析所用的载体应具有下列基本条件:①不溶于水,但高度亲水;②惰性物质,非特异性吸附少;③具有相当量的化学基团可供活化;④理化性质稳定;⑤机械性能好,具有一定的颗粒形式以保持一定的流速;⑥通透性好,最好为多孔的网状结构,使大分子能自由通过;⑦能抵抗微生物和醇的作用。

(2)亲和层析实验中配体的选择至关重要,优良配体须具备的条件:①与待纯化的物质有较强的可逆的亲和力。②具有与基质共价结合的基团。

七、思考题

(1)何谓亲和层析?

(2)叙述亲和层析纯化蛋白质的基本原理和操作方法。

第七章　免疫化学技术

第一节　免疫化学技术原理

免疫学是研究抗原物质的结构和功能、免疫应答产物的结构和功能，以及抗原刺激机体产生免疫应答的规律的一门学科。

在高等动物体内，存在着具有免疫功能的组织结构，即免疫系统，包括淋巴组织（胸腺、脾脏、淋巴结等）、免疫活性细胞（T、B淋巴细胞等）和免疫活性介质（抗体、补体、细胞因子等）。当外源异体物质，如细菌、病毒、异体蛋白质等进入动物机体后，可激活机体的免疫系统，产生对外源物质的排除作用，从而保护机体免受外源物质的侵害。机体的这一特异免疫应答功能的细胞基础是淋巴细胞。当淋巴细胞受到抗原物质的刺激后，即进行分化、增殖，最后产生两类免疫应答反应：一、由免疫球蛋白（抗体）介导的体液免疫；二、由特异性T细胞介导的细胞免疫。免疫应答的产生，除了依赖抗原物质特定的化学结构（抗原决定簇）外，还依赖于动物机体的免疫应答能力（抗原的免疫原性）。机体的这种免疫应答能力又受遗传因素、动物机体的生理状况、抗原物质进入机体的途径和佐剂的使用等因素的影响。

由于动物的遗传性不同，同一抗原对不同动物或同种不同品系动物，甚至是不同个体，产生特异免疫应答的强弱是不同的。因此进行动物免疫时，必须选择对该抗原敏感的、年轻健康的动物。常用的实验动物有：豚鼠、兔子、老鼠、羊和马。

抗原初次进入动物体内后，经过一段较长的潜伏期才出现抗体，又经过一段高峰期后，抗体量逐渐下降至消失。这段时期总的抗体量是较低的，主要的抗体成分是IgM，此为机体对抗原的"初次应答"。当抗原再次进入该机体时，血清中抗体很快出现，含量和亲和力也高于初次应答，其抗体的主要成分是IgG，此为"再次应答"。佐剂是非特异性免疫增强剂，有吸附和包埋抗原的"贮藏所"作用，延长了抗原在体内的存留时间，使抗原较长时间，不间断地刺激机体免疫系统，使初次应答和再次应答结合在一起，免疫效果更加理想。因此要获得高效价的抗血清，常使用各种类型的佐剂。

动物个体的不同部位对抗原刺激的敏感性也是不同的。淋巴结、脾脏、足掌、眼结膜等是反应的敏感部位，是免疫动物的常用部位。

抗血清是指含有某种特异抗体的动物血清。抗原与抗体反应具有高度特异性，因此，往往无需纯化而直接用于检测。抗体的化学本质是专门对抗抗原特异结构的球蛋白,分为IgG、IgM、IgA、IgE和IgD五大类。

特异性是免疫反应的一个特点,是免疫化学技术的理论基础和基本原理。抗原与效应T细胞或抗体的反应,不仅能在动物机体内发生,也可在体外进行。用抗血清进行免疫反应的检测统称为"血清学检测",主要包括凝集实验、补体结合实验和沉淀反应实验等方法。这些检测方法既可定性,也可定量地检测抗原或抗体。由于抗原、抗体反应有高度的特异性,可用已知抗原(或抗体)检测未知抗体(或抗原)。近年来由于生物化学技术的发展,大大地提高了免疫学方法的准确性和敏感性。尤其是荧光素、酶标抗体、放射性同位素的应用等扩大了血清学检测方法的应用范围。

第二节　免疫技术实验举例

免疫化学检测技术包括免疫沉淀、环状沉淀、絮状沉淀、凝胶(琼脂)内沉淀(单双琼扩)、免疫电泳、放射免疫、酶免疫、发光免疫、免疫芯片,免疫比浊测定等。在本章我们将介绍最基本、最常用的免疫检测技术,即抗血清的制备、抗血清效价测定、酶联免疫吸附法、细胞免疫荧光实验和免疫印迹法。

实验一　抗血清的制备

一、实验目的

抗血清是机体受到抗原物质刺激后的血清,含有特异性免疫球蛋白,可用于病原的诊断或感染性疾病的紧急预防和治疗。本实验的目的是掌握抗血清的制备方法。

二、实验原理

用抗原刺激机体可以使机体产生抗体,抗原与抗体是一对概念,抗原的纯度和活性,影响着其免疫动物后获得的抗体的特异性和滴度。根据抗体产生的一般规律,视抗原的性质选择不同的途径免疫动物,经初次、再次免疫的过程,使得动物血清中产生足量的特异性抗体,继而分离血清并纯化免疫球蛋白,得到免疫血清或抗体。

三、试剂与器材

(1)实验动物:家兔,体重2~3 kg为宜。

(2)抗原:小牛血清。

(3)器材:剪刀、镊子、手术刀、线、止血钳、注射器及针头、恒温箱、离心机。

(4)试剂:卡介苗(75 mg/mL)、液体石蜡(医用)、羊毛蜡、灭菌生理盐水、75 %酒精、碘酒、0.02 %叠氮化钠(NaN_3)。

四、操作步骤

1. 福氏佐剂制备

(1)福氏不完全佐剂:称取羊毛脂5 g,逐滴加入液体石蜡20 mL(羊毛脂:液体石蜡可为1:1~1:4),高压灭菌后4 ℃保存备用。

(2)免疫前制备抗原乳剂时,按2~20 mg/mL的量加入卡介苗,即为福氏完全佐剂。

2. 抗原乳剂制备

将小牛血清与福氏完全佐剂按照体积1:1的比例混合,制成油包水状态。具体方法如下:

(1)将等量的完全佐剂和抗原溶液分别吸入两个5 mL注射器内,在两个注射器的针头间套上一根长8~12 cm的消毒塑料管,将两个注射器连接在一起,反复推动针蕊,直至形成油包水乳剂。

(2)取福氏完全佐剂置于无菌研钵中,然后逐滴加入等量的小牛血清,边加边研磨,直至形成油包水乳剂。

检查是否已经形成油包水乳剂的方法是将乳剂滴一滴在凉水(自来水)表面,如不扩散,则乳剂已研磨成功。

3. 免疫动物

取健康家兔,用剪刀剪去家兔双后足掌的毛,碘酒和酒精棉球消毒。每只足掌注射抗原乳剂0.5 mL,每只家兔注射量1 mL。两周后,再于腋窝内注射抗原乳剂,每侧注射量为0.5 mL。上述免疫一周后,耳缘静脉注射小牛血清(1∶1稀释)0.5 mL左右以加强免疫,如此重复1～2次,并于最后一次注射一周后采血。

4. 试血

为检测免疫效果,可在第三次加强免疫前,取耳缘静脉血做抗体效价测定。采集耳缘静脉血1 mL,置室温30 min,离心(3 500 r/min)10 min,取出血清。用双向免疫琼扩法测定抗血清的效价,效价达到1∶16以上即可放血收集血清。如效价不够,可追加免疫。

5. 颈动脉放血及抗血清的收集

将兔仰卧固定四肢,颈部剪毛、消毒后纵向切开前颈部皮肤长约10 cm,用止血钳将皮肤分开夹住,剥离皮下组织,露出肌层,用刀柄加以分离,即见搏动的颈动脉。小心将颈动脉和迷走神经剥离长约5 cm,选择血管中段,用止血钳夹住血管壁周围的筋膜。远心端用丝线结扎,近心端用动脉钳夹住,用酒精棉花球消毒血管周围,用无菌剪刀剪一"V"形缺口。取长2.5 cm、直径为1.6 mm塑料管一段,将一端剪成针头样斜面,并将此端插入颈动脉中,另一端放入200 mL无菌三角瓶内,然后放开止血钳,血液即流入三角瓶内。

收集好的血液置37 ℃恒温箱1～2 h后,于4 ℃冰箱过夜,血清可充分析出。析出的血清可直接用无菌滴管吸出,也可以离心分离(1 500 r/min,10 min)。

6. 抗血清的保存

在血清里添加0.02 %的叠氮化钠,将血清进行小量分装,-20 ℃保存。

五、注意事项

(1)取血容器必须干燥,取血过程切忌摇动容器,否则会产生溶血,影响血清质量。

(2)在耳缘静脉加强注射时,要极为缓慢。

(3)佐剂与抗原混合时,应充分乳化,否则难以达到预期的免疫效果。

(4)叠氮化钠毒性非常大,它阻断细胞色素电子转运系统,可因吸入、咽下或皮肤吸收而损害健康,操作时要格外小心。

(5)免疫程序并非固定不变。当发现免疫效果不佳时,可改用其他途径或佐剂。

六、思考题

(1)佐剂应用于可溶性抗原免疫的作用是什么?

(2)在兔耳缘静脉注射时,为什么动作要极为缓慢?

实验二 双向免疫扩散法测定抗血清效价

一、实验目的

双向免疫扩散法操作简便、灵敏度高，是最为常用的免疫学测定抗原和抗血清效价的方法。本实验的目的是学习掌握双向免疫扩散法检测抗血清效价。

二、实验原理

双向免疫扩散法又称为双向琼脂扩散法，是利用琼脂凝胶作为介质的一种沉淀反应。相应的抗原与抗体，在琼脂凝胶板上的相应孔内，分别向周围自由扩散。在抗原孔和抗体孔之间，扩散的抗原与抗体相遇而发生特异性反应，并与两者浓度比例合适处形成肉眼可见的白色沉淀线。沉淀线的形状、位置，与抗原和抗体的浓度、扩散速度相关。当抗原、抗体存在多种系统时，会出现多条沉淀线。根据沉淀线可以定性抗原，诊断疾病。

三、试剂与器材

(1)器材：载玻片、湿盒、微量加样器、直径3 mm的打孔器、注射器针头、水浴锅、恒温箱等。

(2)试剂：生理盐水(0.9 %氯化钠)、琼脂、抗原(小牛血清)、抗体(兔抗小牛血清抗血清)(自制)。

四、实验方法

1. 5 %生理盐水琼脂制备

100 mL生理盐水中加1.5 g优质琼脂粉，置水浴中溶化。

2. 浇板

用5～10 mL吸管吸取溶化的琼脂凝胶，于一张洁净载玻片的后三分之一处浇注，使琼脂凝胶均匀布满玻片，不要留有气泡。每张标准载玻片约需4 mL琼脂。

3. 稀释抗原和抗体

小牛血清做100倍稀释作为抗原。将兔抗小牛血清抗血清按二倍稀释法稀释成1∶2、1∶4、1∶8、1∶16、1∶32的不同浓度。

4. 打孔

待琼脂凝固后，用打孔器打孔，每孔之间的距离为4~5 mm，孔的分布呈梅花状。打孔后用注射器针头将孔内琼脂挑出。

5. 加样扩散

将稀释好的抗体用微量加样器依次加到外周孔内，中心孔加入抗原。将加好样的琼脂板置于湿盒中，放置于37 ℃恒温箱中，24 h后观察结果。以出现沉淀线的抗体最高稀释孔作为抗体的免疫双扩效价。

五、注意事项

(1)本实验用琼脂糖效果最好,琼脂粉次之,琼脂所含杂质较多时,制备出的琼脂凝胶板透明度较差,影响沉淀线的观察。

(2)玻片需要清洁,边缘无破损。使用时避免玻片上有水,浇制时置于水平处。

(3)浇制琼脂时动作要快慢适中,保持匀速。打孔时应避免水平移动。

(4)加样时应尽量避免气泡或加至孔外,以保证结果的准确性。

六、思考题

(1)在双向琼扩中,沉淀线有无可能出现在抗原抗体孔区域的外边?

(2)在此实验中,孔与孔之间的距离能不能随意更改?

实验三 酶联免疫吸附法测定血清中IgG

一、实验目的

酶联免疫分析技术是目前主流的免疫学检测技术,在临床实验室中有着广泛应用。本实验的目的是了解酶联免疫吸附法的基本原理,学习双抗体夹心法检测抗原物质的基本操作。

二、实验原理

酶联免疫吸附法(Enzyme Linked Immunosorbent Assay, ELISA)是以免疫学反应为基础,将抗原、抗体的特异性反应与酶对底物的高效催化相结合起来的一种测定方法。ELISA有4种常用方法:直接法(测定抗原)、间接法(测定抗体)、双抗体夹心法(测定大分子抗原)和竞争法(测定小分子抗原及半抗原)。

ELISA的一般过程包括抗原(抗体)吸附在固相载体上(称为包被),加待测抗体(抗原),再加相应酶标记抗体(抗原),生成抗原(抗体)-待测抗体(抗原)-酶标记抗体的复合物,再与该酶的底物反应生成有色产物。有色产物的量与待测抗体的量呈正比,分光光度法可进行待测抗体(抗原)的定量。

本实验采用双抗体夹心法测定兔血清中免疫球蛋白(IgG)。特异抗体(羊抗兔IgG抗体)吸附在固相载体表面(聚苯乙烯塑料微孔板表面),再加待测抗原(待测兔血清),形成抗原-抗体复合物,然后加酶标抗体(酶标羊抗兔IgG抗体)反应后,洗去未结合的抗原或抗体,最后加入酶显色底物显色,显色深浅与待测抗原的含量成正比。

三、试剂与器材

(1)器材:酶标板(96孔板)、酶联免疫检测仪、恒温箱、冰箱、移液器、保鲜膜。

(2)试剂:

①羊抗兔IgG抗体。

②兔血清。

③兔IgG标准品。

④辣根过氧化物酶标记的羊抗兔IgG (HRP-羊抗兔IgG)。

⑤包被缓冲液(0.05 mol/L pH 9.5碳酸缓冲液):Na_2CO_3 1.59 g,$NaHCO_3$ 2.93 g,加重蒸水至1 000 mL。

⑥磷酸盐缓冲液(Phosphate Buffered Saline, PBS, pH 7.4):NaCl 8 g,KH_2PO_4 0.2 g,$Na_2HPO_4 \cdot 12H_2O$ 2.9 g,KCl 0.2 g,加重蒸水至1 000 mL。

⑦封闭液:小牛血清2 mL,加PBS 98 mL。

⑧洗涤液(PBST, pH 7.4):NaCl 8 g,KH_2PO_4 0.2 g,$Na_2HPO_4 \cdot 12H_2O$ 2.9 g,KCl 0.2 g,Tween20 0.5 mL。

⑨底物溶液(邻苯二胺-过氧化氢溶液,现配现用,避光保存)

A液(0.1 mol/L柠檬酸溶液):柠檬酸19.2 g加蒸馏水至1 000 mL。

B液(0.2 mol/L Na_2HPO_4溶液):$Na_2HPO_4 \cdot 12H_2O$ 71.7 g加蒸馏水至1 000 mL。

临用前取A液4.86 mL与B液5.14 mL混合,加入邻苯二胺(OPD)4 mg,待充分溶解后加入30 %(V/V)的H_2O_2 50 μL,置棕色瓶中,冷暗处保存,可用4 h。

⑩终止液(2 mol/L H_2SO_4溶液):重蒸水60 mL,慢慢滴加10 mL浓H_2SO_4并不断搅拌,加重蒸水至90 mL。

四、操作步骤

(1)抗体包被:将羊抗兔IgG抗体用包被缓冲液稀释成工作浓度,加入到酶标板各孔中,每孔100 μL,包上保鲜膜,4 ℃冰箱过夜。

(2)洗涤:次日甩净酶标板各孔内的包被液。用洗涤液洗3次,甩干。

(3)封闭:每孔加入100 μL封闭液,37 ℃封闭1 h。洗涤,甩干。

(4)加待测抗原:A排孔依次加入连续倍比稀释的IgG标准品100 μL,浓度分别是200 IU/mL、100 IU/mL、50 IU/mL、25 IU/mL、12.5 IU/mL、6.25 IU/mL;B排孔加入1∶10和1∶100的待检血清100 μL,各设两个复孔,同时设空白对照孔(只加包被缓冲液)。包上保鲜膜,37 ℃温育2 h。洗涤,甩干。

(5)加酶标抗体:加工作浓度的HRP-羊抗兔IgG,每孔100 μL,包上保鲜膜,37 ℃温育2 h。洗涤,甩干。

(6)加底物溶液:在所有小孔内分别加入100 μL底物溶液,置37 ℃显色20 min。

(7)终止反应:每孔加入终止液50 μL。

(8)测定光吸收:20 min内,用酶标仪于492 nm波长处测定各孔的吸光度。

(9)以光吸收A_{492}为纵坐标,IgG浓度为横坐标,绘制标准曲线,由样品吸收值从标准曲线上查出相应的IgG含量,再计算两个样品浓度并求平均值。

五、注意事项

(1)抗原与抗体质量是实验成功的关键因素,要求抗原纯度高,抗体效价高、亲和力强。

(2)洗涤过程很重要,不充分的洗涤易造成假阳性。

(3)一次加样时间最好控制在5min之内。

(4)每次测定都需要作标准曲线。

(5)如果样本中待测物质含量过高,应先稀释后再进行测定,计算时最后乘以稀释倍数。

六、思考题

封闭液中加入小牛血清和洗涤液中加入Tween20的作用是什么?

实验四　免疫荧光法观察甲胎蛋白在人胎肝细胞中的分布

一、实验目的

免疫荧光技术将免疫学的特异性与显微镜的精密度结合起来,能比较快速地检测出少量抗原或抗体在细胞内或组织内的定位及分布。免疫荧光技术已成为生物学研究中的一种重要观察手段。本实验的目的是学习免疫荧光法的基本操作过程。

二、实验原理

用荧光素标记已知的抗原或抗体制成荧光标记物,用荧光抗体或抗原作为分子探针检测细胞或组织内的相应抗原或抗体,可分为直接法和间接法。直接法是用荧光素标记的特异性抗体直接与相应抗原反应。间接法是特异性抗体与相应抗原反应,然后荧光素标记的抗抗体再与第一抗体结合。本实验将采用间接法观察甲胎蛋白在人胎肝细胞中的分布。本实验以人胎肝细胞爬片作为抗原片,将兔抗人甲胎蛋白血清作为第一抗体,其将与肝细胞内的甲胎蛋白结合,加入荧光素标记的羊抗兔IgG作为抗抗体与兔血清IgG结合,在荧光显微镜下可观察到荧光。

三、试剂与器材

1. 器材

荧光显微镜、恒温箱、有盖湿盒(内铺浸湿海绵或纱布)、染色缸(内装PBS)、吸管、试管等。

2. 试剂:

(1)人胎肝细胞系L-02,有商品供应。

(2)异硫氰酸荧光素(FITC)标记的羊抗兔IgG抗体(FITC-羊抗兔IgG抗体),有商品供应,临用时按效价稀释。

(3)兔抗人甲胎蛋白血清,有商品供应。

(4)0.01 mol/L pH 7.2磷酸盐缓冲液(PBS):$Na_2HPO_4 \cdot 12H_2O$ 2.58 g,$NaH_2PO_4 \cdot 2H_2O$ 0.48 g,NaCl 7.50 g,加蒸馏水至1 000 mL。

(5)缓冲甘油:取甘油9份加PBS1份,混匀。

四、操作步骤

1. 细胞爬片制备

经适宜培养人胎肝细胞在载玻片上形成单层细胞爬片,用洗涤液洗去培养基,干燥后,用95%乙醇固定。

2. 间接荧光染色

(1)将兔抗人甲胎蛋白血清滴加在细胞爬片上,放湿盒内,37 ℃温育30 min。

(2)用PBS充分浸泡洗涤3次,每次15～30 min,干燥。

(3)滴加FITC-羊抗兔IgG抗体,放湿盒内,37 ℃温育30 min。

(4)用PBS充分浸泡洗涤3次,每次15～30 min,干燥。

3.封片、镜检

滴加缓冲甘油封片,用荧光显微镜观察。甲胎蛋白分布于胎肝细胞质内,在荧光显微镜下,可观察到胎肝组织的细胞质呈阳性,细胞核呈阴性。

五、注意事项

(1)细胞密度要合适,状态要好。

(2)从加入荧光标记的抗抗体开始,要注意避光。

六、思考题

(1)为什么从加入荧光标记的抗抗体开始,要注意避光操作?

(2)观察甲胎蛋白为什么要选择胎肝组织?

实验五　　Western 印迹法鉴定牛血清 IgG

一、实验目的

免疫印迹技术是生物大分子物质(核酸或蛋白质)通过不同的途径转移到固相载体上,然后与相应的探针发生化学或免疫学反应,显示谱带。用来分析 DNA 的称为 Southern blotting,用来分析 RNA 的称为 Northern blotting,用来分析蛋白质的称为 Western blotting。本实验的目的是了解 Western 印迹的基本原理,掌握 Western 印迹的基本操作方法。

二、实验原理

Western 印迹(Western blotting)即蛋白质印迹是把电泳或分离的蛋白质转移到固定基质上,然后进行探针结合,检测特定蛋白质的过程。固定基质一般是硝酸纤维素膜、尼龙膜和特殊的纸等。很多不同的蛋白质和配体可用于探测印迹蛋白,外源凝集素能探测糖蛋白上的糖基信息;配体能用于探测相应的受体;核酸能探测各自的结合蛋白;抗体是最常用的专一探针。当用抗体作为探针时称为免疫印迹。典型的印迹实验一般包括四个步骤:(1)蛋白质在固相基质上固定化,可以是转移电泳或直接加样;(2)用非特异性,非反应活性分子封阻固定基质上未被吸附的蛋白质区域,这一步称为"封阻"或"淬灭";(3)用探针检出固定基质上的目的蛋白质;(4)探针上标记物的显色反应。

三、试剂与器材

1. 器材

滤纸、硝酸纤维素膜(NC 膜)、小塑料盒若干、一次性乳胶手套、微量进样器、带针头注射器、镊子、大培养皿、刀片、小锥形瓶、电泳仪、垂直板状电泳槽、转移电泳槽、脱色摇床等。

2. 试剂

(1)预染蛋白质标准品,相对分子量为 45 000 ~ 210 000。

(2)牛血清样品。

(3)辣根过氧化物酶标记的羊抗牛 IgG 抗体 (HRP–羊抗牛 IgG)。

(4)甘氨酸(Gly)。

(5)甲醇。

(6)三羟甲基氨基甲烷(Tris)。

(7)吐温 20(Tween 20)。

(8)氯化钠。

(9)电泳缓冲液:见第四章,实验四。

(10)印迹缓冲液(25 mmol/L Tris, 192 mmol/L Gly,体积分数为 20 ％甲醇, pH 8.3):Tris 6.05 g, Gly 28.83 g,甲醇 400 mL,加重蒸水至 2 000 mL,现配现用。

（11）Tris缓冲盐液（TBS）：Tris 12.1 g，NaCl 292.2 g，加重蒸水约700 mL，调pH至7.5，用重蒸水定容至1 000 mL。临用前用重蒸水稀释10倍。

（12）T-TBS：TBS加0.05 % Tween 20。

（13）封闭液：3 % BSA的TBS缓冲液。

（14）底物溶液（邻苯二胺-过氧化氢溶液，现配现用，避光保存）。

A液（0.1 mol/L柠檬酸溶液）：柠檬酸19.2 g加蒸馏水至1 000 mL。

B液（0.2 mol/L Na_2HPO_4溶液）：$Na_2HPO_4 \cdot 12H_2O$ 71.7 g加蒸馏水至1 000 mL。

临用前取A液4.86 mL与B液5.14 mL混合，加入邻苯二胺（OPD）4 mg，待充分溶解后加入30 %（V/V）的H_2O_2 50 μL，置棕色瓶中，冷暗处保存，可用4 h。

四、操作步骤

1. SDS-PAGE（见第四章，实验四）

将预染蛋白质标准品和血清样品按顺序加入到梳孔中，进行SDS-PAGE。

2. 免疫印迹

（1）戴好乳胶手套，NC膜裁成与需要印迹凝胶相似而略大的小块。

（2）将SDS-PAGE后准备印迹的凝胶块和NC膜分别放入装有印迹缓冲液的小塑料盒里漂洗10 min。

（3）将电转移的夹子（印迹夹）置于盛有印迹缓冲液的容器中。在夹板底部加垫一块预先用印迹缓冲液浸透的海绵（其大小与夹板相同），然后铺放一块比凝胶略大的预先用印迹缓冲液浸透的滤纸。

（4）小心地把凝胶铺放在滤纸上，此为电泳槽负极侧。用玻璃棒在凝胶上轻轻滚动，以除去气泡。

（5）将一片预先用蒸馏水浸透并在印迹缓冲液中平衡10 min的NC膜小心铺在凝胶上。小心赶走气泡。

（6）在膜上铺放一片预先用印迹缓冲液浸透的滤纸，并除去膜和滤纸间的气泡。再在滤纸上铺放一层纤维状物或海绵。此时形成海绵、滤纸、NC膜、凝胶、滤纸、海绵形成的夹心"三明治"状。

（7）转移电泳槽中倒入印迹缓冲液，将印迹夹放入，凝胶朝负极，NC膜朝正极，印迹时电流从负极到正极，凝胶上的蛋白质从负极向正极转移，即印迹到NC膜上。

（8）电印迹：接通电源，调电压至100 V，4 ℃条件下印迹1～2 h后，切断电源。

3. 免疫学检测

（1）印迹完毕，用镊子小心取出NC膜，放在装有TBS的小塑料盒中，洗3次。

（2）在装有NC膜的小塑料盒中加入封闭液，室温在水平摇床上摇1 h。

（3）用TBS洗NC膜2次。

（4）从NC膜上剪下预染蛋白质标准品条带，晾干，并保存好。

（5）加入按商品要求稀释的 HRP–羊抗牛 IgG 抗体溶液,室温下摇至少 2 h。

（6）用 T–TBS 洗 3 次,每次 5 min。

（7）加底物溶液,在室温反应 10～30 min,直至抗原区带显色清晰,取出 NC 膜,以重蒸水洗涤以终止反应,将 NC 膜夹在滤纸间,干燥,暗处保存。

五、注意事项

（1）凝胶和固相纸膜之间以及凝胶和湿滤纸之间必须无气泡。

（2）要注意电流方向性。固相纸膜通常只放在凝胶的一侧,故需预先了解所需转移的分子带何种电荷。

（3）要使用大电流直流电源和配备冷却装置。

六、思考题

（1）在印迹缓冲液中加入甲醇的作用是什么?

（2）如果某些中低分子量的蛋白质区带即使延长电转移的时间也不能从凝胶转移到固相纸膜上,这种现象发生的可能原因是什么?

第 八 章 核酸技术

第一节 核酸技术原理

核酸(Nucleic Acids)是位于细胞内的生物大分子,可以分为脱氧核糖核酸(DNA)和核糖核酸(RNA)。核酸存在于所有动植物细胞、微生物和病毒、噬菌体内,是生命的最基本物质之一。DNA分子含有多数生物物种的遗传信息,为双链分子,其中真核生物的基因组DNA是线性大分子,原核生物的基因组DNA、真核生物的线粒体及叶绿体DNA、质粒DNA等均为环状DNA分子。RNA主要负责DNA遗传信息的表达,为单链分子,分子量一般比DNA要小得多。真核细胞内DNA主要分布在细胞核中,不同生物的细胞核中的DNA含量有很大差异,但同种生物的体细胞核中的DNA含量是相同的,而性细胞核中DNA含量为体细胞的一半。在细胞核内,DNA呈高度卷曲的双股螺旋状态,与组蛋白结合成为染色质,每一个染色质含一个线状DNA分子;原核细胞的DNA呈环状,存在于拟核内。RNA主要存在于细胞质中,不论动、植、微生物细胞内都含有三种主要的RNA,即转运RNA(tRNA)、核糖体RNA(rRNA)和信使RNA(mRNA)。

核酸技术包括核酸提取技术、核酸电泳技术、DNA扩增技术、核酸杂交技术和DNA重组技术等。本节就核酸提取技术、核酸电泳技术和核酸杂交技术基本原理进行简介。

一、核酸提取技术原理

提取纯化核酸首要任务是采集样品。在动物样品采集上,由于DNA没有组织特异性,因此,除了组织样品外,可以根据实际情况采集活体动物的血液和发根等。RNA的提取则应该根据研究的目的基因的表达特点,选择动物特定生理阶段的特定组织样品。不论是提取DNA还是提取RNA,为了防止核酸降解和污染,都要求样品的采集要迅速,采集后迅速保存在低温。尤其是提取RNA的样品,应该在动物致死后立即取样,取样后立即置于液氮或特定试剂(如RANlater等)中,带回实验室后应保存在-70℃冰箱中。

从采集的动物组织样品中提取核酸的第一步是样品的匀浆,充分匀浆可以加快组织的消化。在RNA的提取过程中匀浆要在低温下快速操作,实验室中常用的匀浆技术包括液氮研磨样品或微量电动匀浆器快速匀浆。

提取核酸的具体方法不尽相同,但基本的原则是用合适的试剂使细胞裂解,并使蛋白质核酸复合物分解,最后DNA(或RNA)同蛋白质、RNA(或DNA)和其他有机和无机小分子分离开。同时,在提取的过程中要通过利用特殊的试剂防止核酸的降解,即抑制核酸酶的活性。由于DNase需要二价阳离子作为激活剂,因此,DNA提取过程中的相关试剂中都加入二价阳离子螯合剂EDTA。但RNase不需要二价阳离子作为激活剂,而且该酶具有极其稳定的高级结构,因此抑制该酶的活性是RNA提取过程中的核心。

二、核酸凝胶电泳技术原理

DNA琼脂糖和聚丙烯酰胺凝胶电泳是分子生物技术中最基本的技术之一,应用于DNA和RNA片段的分离、鉴定和纯化等。利用电泳通过支持介质分析DNA是结合摩擦力和电场力可以分离不同形状、大小的DNA分子。琼脂糖和聚丙烯酰胺凝胶是核酸电泳技术中使用的电泳支持介质,能灌制成各种形状、大小的孔径。通过改变凝胶浓度可以改变孔径大小。在一定范围内,凝胶的孔径越大,能被分离的DNA就越大。

琼脂糖凝胶与聚丙烯酰胺凝胶分辨率和分离范围有很大的区别,前者分离范围大得多,可以分离50 bp(碱基对)到1 000 000 bp长的DNA分子,在脉冲场电泳中甚至可以分离6 000 kb的DNA分子,而后者只能分离2 000 bp之内的双链DNA分子或1 000 bp之内的单链DNA分子。但后者较前者有更高的分辨率,可以分离程度仅相差0.1%的DNA分子,而且有更大的装载量,一个标准加样孔中可以加入10 μg的DNA时分辨率不会受到影响,而且从聚丙烯酰胺凝胶中回收的DNA纯度更高,因此可用于高标准的DNA纯化。

核酸分子在凝胶电泳的迁移速率与核酸分子大小、凝胶浓度、核酸分子的构象、所用电流大小、电泳缓冲液以及核酸染料等相关。对于双链DNA分子来说,分子越大,凝胶浓度越大,所用电流越小,DNA分子迁移越慢。单链DNA或RNA分子,可以产生不同的构象,其迁移速率不仅与分子大小有关,而且与其构象有关。在利用聚丙烯酰胺凝胶电泳时,可以根据需要采用非变性聚丙烯酰胺凝胶和变性聚丙烯酰胺凝胶,前者用于双链DNA片段的分离纯化,双链DNA的迁移速率与片段大小的常用对数值成反比;后者用于单链DNA片段的分离纯化,迁移速率与DNA单链的碱基组成无关。

琼脂糖核酸电泳技术中核酸分子的检测是通过特殊染色法来实现的,利用溴化乙啶及其替代品等染料作为标记物。溴化乙啶可以嵌入到核酸碱基平面之间,而且与核酸结合后呈现荧光,其荧光率比其游离状态下高20~30倍,所以当凝胶中含有游离的溴化乙啶时,在凝胶成像系统中可以检测到与之结合的DNA条带(DNA含量在10 ng以上)。聚丙烯酰胺凝胶电泳技术中,核酸染料溴化乙啶和SYBR Gold都不能加入到凝胶中,前者会影响聚丙烯酰胺的聚合,后者妨碍DNA分子的迁移,因此只能在电泳后用这些染料进行染色,由于聚丙烯酰胺会淬灭溴化乙啶的荧光,所以利用溴化乙啶染色时检测DNA的灵敏度较低。用聚丙烯酰胺凝胶电泳技术还常常用银染方法或放射自显影方法检测核酸分子,但银染方法相对比较麻烦,后者则需要特定的防护。

三、核酸杂交技术的原理

核酸杂交的基本原理是具有序列同源性的两条核酸单链在一定条件下（适当的温度和离子强度等）可按碱基互补原则退火形成异源性双链。这种结合是特异的，即按照严格的碱基互补配对原则进行。核酸杂交不仅能在 DNA 和 DNA 之间进行，也能在 DNA 和 RNA 之间，以及 RNA 与 RNA 之间进行。DNA-DNA 杂交通常称为 Southern 杂交或 Southern 印迹，RNA-RNA 杂交称为 Northern 杂交。当用一段已知基因的核酸序列作探针，与 RNA 或变性后的单链基因组 DNA 接触时，如果被测基因组 DNA 中含有已知的基因序列或被检测组织（或细胞）中表达该基因，则会产生杂交信号。

常见的核酸杂交技术为固-液相杂交，其中包括杂交膜上印迹杂交和原位杂交。膜上印迹杂交的基本程序包括在一定条件下将待检的样品进行琼脂糖凝胶电泳，然后将分离的核酸转移到尼龙膜上，与放射性标记（或非同位素标记）的探针进行杂交，最后通过放射性自显影或成像系统或酶促反应显示杂交信号。原位杂交技术是将标记的核酸探针与固定在细胞或组织中的核酸进行杂交。液相杂交是指待测核酸和探针都存在于杂交液中，碱基互补的单链核酸分子在液体中配对形成杂交分子的过程。RNA 酶保护分析法是核酸液相杂交方法中一种，该方法的基本原理是 RNaseA 和 RNaseT1 专一水解杂交体系中的单链 RNA，不能水解探针 RNA 与待测 RNA 互补形成的双链 RNA，使杂交分子得到保护，然后通过电泳分离 RNA，最后用放射自显性检测杂交结果。

核酸杂交广泛应用于特定基因的染色体定位、基因突变分析以及基因表达的定位和定量分析等。

第二节　核酸技术实验举例

实验一　动物基因组DNA的提取及质量鉴定

一、实验目的

掌握从动物血液或组织中提取基因组DNA的传统方法（酚仿抽提法）和试剂盒方法。

二、实验原理

1. DNA提取原理

DNA是遗传信息的载体。真核生物的基因组包括核DNA和线粒体DNA，它们分别存在于细胞核和线粒体中，外有核膜（或线粒体膜）及胞膜，从组织中提取DNA必须先将组织分散成单个细胞，然后破碎胞膜及核膜（或线粒体膜），使染色体或线粒体DNA释放出来，同时去除与DNA结合的组蛋白及非组蛋白，并同脂类和糖类等分离。

提取DNA的一般过程是将分散好的组织细胞在含SDS（十二烷基硫酸钠）和蛋白酶K的溶液中消化分解蛋白质，再用酚和氯仿/异戊醇抽提分离蛋白质，得到的DNA溶液经乙醇沉淀使DNA从溶液中析出。在提取DNA的反应体系中，SDS可破坏细胞膜和核膜，并使组织蛋白与DNA分离，EDTA–2Na则通过螯合二价阳离子而抑制细胞中DNase的活性，而蛋白酶K可将蛋白质降解成小肽或氨基酸，使DNA分子完整地分离出来。蛋白酶K的一个重要特性是能在SDS和EDTA–2Na（乙二胺四乙酸二钠）存在下保持很高的酶活性。

双链DNA潜在的反应基团隐藏在螺旋内，并经氢键紧密连接在一起，其碱基对外侧受磷酸和核糖形成的外侧骨架结构的保护，而且碱基之间的碱基堆积力加强了这种保护作用，因此双链DNA是比较惰性的化学物质。但DNA在物理上是易碎的，尤其是大分子DNA，容易受到流体剪切力的伤害，由吸液、振荡和搅拌等所导致的水流对黏滞的DNA产生拖拉力，这种力会切断DNA的双链，DNA分子越大，断裂所需的力越小，因此基因组DNA在提取的过程中被剪切成较小的分子，提取策略和操作方式决定最终提取DNA分子的大小。

2. DNA浓度测定和质量鉴定原理

DNA和RNA都有吸收紫外光的性质，它们的吸收高峰在260 nm波长处。吸收紫外光的性质是嘌呤环和嘧啶环的共轭双键系统所具有的，所以嘌呤和嘧啶以及一切含有它们的物质，不论是核苷、核苷酸或核酸都有吸收紫外光的特性。但DNA和RNA分子中存在碱基相互堆积，因此，和相同数量的单核苷酸比较，其紫外吸收值要低。采用紫外分光光度法测定核酸含量时，在260 nm波长下，浓度为1 μg/mL的DNA溶液其光密度为0.020，而浓度为1 μg/mL的RNA溶液其光密度为0.024。因此，测定未知浓度的DNA（RNA）溶液的光密度OD_{260nm}，即可计算测出其中核酸的含量。

蛋白质由于含有芳香氨基酸,因此也能吸收紫外光,通常蛋白质的吸收高峰在280 nm波长处,在260 nm处的吸收值仅为核酸的十分之一或更低。通过分析样品在260 nm与280 nm的吸收值的比值,可以判断DNA(或RNA)样品中蛋白质污染程度,RNA在260 nm与280 nm吸收的比值应该在2.0左右;DNA的260 nm与280 nm吸收的比值则在1.9左右。当样品中蛋白质含量较高时该比值下降。当DNA或RNA样品降解严重,该比值升高。

三、仪器及试剂

1. 仪器及耗材

恒温水浴摇床、台式高速离心机、紫外分光光度计、玻璃匀浆器(或电动匀浆器)、移液器、离心管(灭菌)和吸头(灭菌)等。

2. 试剂

(1)1M Tris–HCl (pH 8.0):将121.1 g Tris溶于800 mL双蒸水中,加浓盐酸调pH至8.0,定容至1 000 mL,高压灭菌。

(2)0.5 M EDTA–2Na·2H$_2$O(pH 8.0):溶解186.1 g乙二胺四乙酸二钠(EDTA–2Na·2H$_2$O)800 mL双蒸水中,调pH至8.0,定容至1 000 mL,高压灭菌。

(3)10 % SDS:10 g SDS溶于双蒸水中,68 ℃的温度下使之溶解,定容至100 mL,0.2 mm的滤膜过滤除菌保存。

(4)0.5 M NaCl(高压灭菌)。

(5)TE缓冲液(pH 8.0):含20 mM Tris·HCl (pH 8.0)和1 mM EDTA–2Na·2H$_2$O(pH 8.0)。

(6)蛋白酶K(20 mg/mL):将适量蛋白酶溶解在灭菌的纯水中,配制成20 mg/mL的蛋白酶溶液,小体积分装后,保存在–20 ℃。

(7)10 M 乙酸铵。

(8)全血抗凝剂(ACD):柠檬酸4.8 g、柠檬酸钠13.2 g、葡萄糖14.7 g溶解于1 000 mL双蒸水中,高压灭菌。

(9)血样裂解液(STE)配方见表8.1。

表8.1　血细胞裂解液配方

贮存液浓度	体积	工作浓度
1 M Tris–HCl(pH 8.0)	1 mL	10 mM
0.5 M EDTA(pH 8.0)	20 mL	100 mM
10 %SDS	5 mL	0.5 %
ddH$_2$O	74 mL	—
总体积	100 mL	—

(10)组织DNA提取液配方见表8.2。

表8.2   组织DNA提取液配方

贮存液浓度	体积	工作浓度
1 M Tris−HCl(pH 8.0)	5 mL	50 mM
0.5 M EDTA(pH 8.0)	20 mL	100 mM
0.5 MNaCl	20 mL	100 mM
10 %SDS	10 mL	1%
ddH₂O	45 mL	—
总体积	100 mL	—

(11)无DNA酶的RNA酶溶液(10 mg/mL):胰RNA酶(RNA酶A)溶于10 mM Tris−HCl(pH 7.5)和15 mM NaCl中,100 ℃煮沸15 min,缓慢冷却至室温,分装后于−20 ℃保存。

(12)天根(TIANGEN)血液/细胞/组织基因组DNA提取试剂盒。

四、操作步骤

1. 哺乳动物血液基因组DNA的提取方法

(1)冰冻血样室温融化,将约3 mL抗凝全血加入7 mL离心管中,加入等体积PBS缓冲液,充分混合10 min,然后8 000 rpm离心5 min,弃上清得到白细胞,重复洗涤2次。加入2 mL STE,混匀5～10 min,37 ℃水浴1 h。

(2)加入蛋白酶K(20 mg/mL)至终浓度为100 μg/μL,充分混匀(混匀时要避免产生泡沫),再加入200 mL 10 % SDS,于56 ℃水浴温和振荡,消化过夜至不见黏稠团块。

(3)加入等体积的Tris饱和酚,缓慢颠倒混合15～20 min,12 000 rpm、4 ℃离心10 min,将上清转移至一新的灭菌离心管中,用Tris饱和酚重复抽提一次;向上清中加入等体积的酚:氯仿:异戊醇(25:24:1)混合液,缓慢颠倒离心管10～15 min,使溶液两相充分混匀,12 000 rpm、4 ℃离心10 min;转移上清至另一灭菌离心管中,加入等体积氯仿:异戊醇(24:1)。

(4)向所收集的上清液中加入2倍体积冷乙醇(或等体积的冷异丙醇)沉淀DNA,盖紧离心管、缓慢颠倒摇数次即可看到絮状DNA沉淀;离心(或将DNA沉淀挑出),置于1.5 mL灭菌离心管中,加入1 mL 70 %的乙醇洗涤DNA沉淀2次(每次都要彻底除去乙醇液),12 000 rpm、4 ℃离心10 min,小心倒掉乙醇,将离心管倒扣于纸巾上,置于37 ℃温箱干燥,待乙醇完全挥发尽(不可过度干燥),加入100~200 μL TE(根据沉淀大小确定加入的体积),4 ℃过夜以溶解DNA(可进行PCR反应等,需要进一步纯化的按(5)进行)。

(5)取上层溶液至另一管,加入0.2倍体积的10 mol/L乙酸铵和2倍体积的无水乙醇,旋转混匀至出现沉淀,12 000 rpm离心5~10 min(如果为絮状沉淀,可以勾出并转移到装有70%乙醇的离心管中);小心倒掉上清液,将离心管倒置于吸水纸上,将附于管壁的残余液滴除掉,用1 mL 70 %乙醇洗涤沉淀物2次,12 000 rpm离心5 min。小心倒掉上清液,将离心管倒置于吸水纸上,将附于管壁的残余液滴除掉,室温干燥(不可过度干燥),加100~200 μL TE重新溶解沉淀物,然后置于4 ℃或−20 ℃保存备用。

(6)吸取适量样品于GeneQuant上检测浓度和纯度。

2. 试剂盒方法提取动物组织DNA

（1）处理材料：取动物组织10 mg，尽量切碎，加200 μL缓冲液GA（天根DNA提取试剂盒），振荡至彻底悬浮。

（2）细胞裂解：加入20 μL蛋白酶K溶液，混匀后56 ℃水浴，直至组织溶解（不同组织裂解时间不同，通常需1～3小时即可完成）。简短离心以去除管盖内壁的水珠，再进行下一步骤。

（3）溶解DNA：加入200 μL缓冲液GB，充分颠倒混匀，70 ℃放置10 min，溶液应变清亮，简短离心以去除管盖内壁水珠。

注意：加入缓冲液GB时可能会产生白色沉淀，一般70 ℃放置时会消失，不会影响后续实验。如溶液未变清亮，说明细胞裂解不彻底，可能导致提取DNA量少和提取出的DNA不纯。

（4）沉淀DNA：加入200 μL无水乙醇，充分振荡混匀15 s，此时可能出现絮状沉淀，简短离心以去除管盖内壁的水珠。

（5）吸附沉淀：将上一步所得溶液和絮状沉淀都加入一个吸附柱CB3中，吸附柱放入收集管中，12 000 rpm（～13 400 × g）离心30 s，倒掉废液，将吸附柱CB3放回收集管中。

（6）漂洗：向吸附柱CB3中加入500 μL缓冲液GD（使用前先检查是否已加入无水乙醇），12 000 rpm（～13 400 × g）离心30 s，倒掉废液，将吸附柱CB3放回收集管中。

（7）漂洗：向吸附柱CB3中加入700 μL漂洗液PW（使用前先检查是否已加入无水乙醇），12 000 rpm（～13 400 × g）离心30 s，倒掉废液，将吸附柱CB3放回收集管中，向吸附柱CB3中加入500 μL漂洗液PW，12 000 rpm（～13 400 × g）离心30 s，倒掉废液。将吸附柱CB3放回收集管中，12 000 rpm（～13 400 × g）离心2 min，倒掉废液。将吸附柱CB3置于室温放置数分钟，以彻底晾干吸附材料中残余的漂洗液。

（8）溶解洗脱DNA：将吸附柱CB3转入一个干净的离心管中，向吸附膜的中间部位悬空滴加50-200 μL洗脱缓冲液TE，室温放置2~5 min，12 000 rpm（～13 400 × g）离心2 min，将溶液收集到离心管中。

注意：采用硅基质膜吸附的DNA，可将DNA在低盐高pH值条件下洗脱下来。pH值在7.0～8.5之间洗脱效率较高，pH值低于7.0则洗脱效率很低。

（9）洗脱缓冲液体积不应该少于50 μL，体积过小影响回收效率。为增加基因组DNA的得率，可将离心得到的溶液再加入吸附柱CB3中，室温放置2 min，12 000 rpm（～13 400 × g）离心2 min。

（10）DNA产物应保存在-20 ℃，以防止DNA降解。

五、DNA浓度测定及质量分析

(1)吸取充分溶解的DNA样品适量于TE中,使总体积为1 mL。

(2)将溶液转入厚度1 mL比色皿,分别测定在230 nm、260 nm和280 nm处的吸光值。

(3)根据公式计算样品中DNA的浓度:

$$DNA(mg/mL) = 50 \times OD_{260} \times 稀释倍数 / 1\ 000$$

(4)计算各样品OD_{260}/OD_{280}以及OD_{230}/OD_{260}值,分析提取的DNA样品的质量。

如果实验室有微量核酸分光光度计,则只需1 μL样品就可以进行样品浓度和质量的分析。

提取出来的DNA可用琼脂糖凝胶电泳来检测(见第四章,实验三琼脂糖凝胶电泳法分离核酸)。

六、注意问题

(1)选择的实验材料要新鲜或保存在-20 ℃(或-70 ℃),处理时间不宜过长。

(2)在加入细胞裂解缓冲液前,细胞应该均匀分散,以减少DNA团块形成。

(3)提取过程中,颠倒混合动作要温和,转移上清时,尽量用剪去尖端部分的移液器枪头,以减少DNA分子的机械性断裂。

(4)沉淀物干燥时间不宜过长,否则DNA不易溶解。

七、思考题

(1)如何用紫外分光光度技术判定所提取的DNA的纯度?

(2)在DNA提取的过程中,如何采取措施防止DNA被DNA水解酶水解?

实验二 PCR技术

一、实验目的

（1）掌握PCR反应的基本原理；

（2）掌握PCR反应体系的构成；

（3）学习PCR反应程序的设置，学习PCR反应结果的鉴定和分析。

二、聚合酶链式反应的基本原理

PCR(Polymerase Chain Reaction)是聚合酶链式反应的简称，是指在引物指导下由DNA聚合酶催化的体外特异性扩增DNA片段的一种技术。在分子生物学中应用广泛，包括DNA作图、DNA测序和分子系统遗传学等。

在PCR反应体系中，加入与待扩增的DNA片段两端已知序列分别互补的两个引物、适量的缓冲液、微量的DNA模板、四种dNTP溶液、耐热Taq DNA聚合酶和Mg^{2+}等。反应时先将上述溶液加热，使模板DNA在95 ℃下变性，双链解开为单链状态；然后降低溶液温度，使合成引物在低温下与其靶序列配对，形成部分双链（退火）；再将温度升至72 ℃，在Taq DNA聚合酶的催化下，以dNTP为原料，使引物沿5'→3'方向延伸，形成新的DNA片段，该片段又可作为下一轮反应的模板，如此重复由高温变性、低温退火和适温延伸组成一个周期，反复循环，使目的DNA片段得以迅速扩增。简单地说，PCR循环过程为三部分构成：模板变性、引物退火、热稳定DNA聚合酶在适当温度下催化DNA链延伸合成（见图8.1）。

PCR反应最终的DNA扩增量可用$Y = (1 + E)^n$计算。Y代表DNA片段扩增后的拷贝数，E表示平均每次的扩增效率，n代表循环次数。平均扩增效率的理论值为100 %，但在实际反应中平均效率达不到理论值。反应初期，靶序列DNA片段的增加呈指数形式，随着PCR产物的逐渐积累，被扩增的DNA片段不再呈指数增加，而进入线性增长期，最后进入平台期。

三、仪器和试剂

1. 仪器

PCR扩增仪，制冰机，离心机，移液器等。

2. 试剂

dNTPs（每种dNTP为2 mM），Taq DNA聚合酶（1000 U/mL），10×扩增缓冲液（包含15 mM $MgCl_2$，500 mM KCl，100 mM Tris–HCl (pH 9.0, 25 ℃)，1 % Triton X–100），上游引物（4 μM），下游引物（4 μM），模板DNA（100 ng/μL），超纯水。

四、操作步骤(见图8.1)

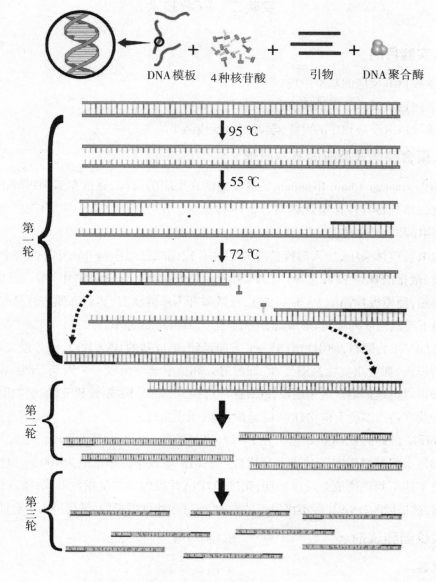

DNA模板　　　4种核苷酸　　　引物　　　DNA聚合酶

第一轮

95 ℃

55 ℃

72 ℃

第二轮

第三轮

图8.1　PCR反应程序

1. PCR反应体系

根据反应体系中各试剂的终浓度和试剂贮存液浓度,计算总体积为20 μL的体系中,各试剂应该加入的体积,按照计算的体积将下述试剂分别加入PCR管中。加入后,盖好PCR管后,在涡旋振荡器上(或用手指弹PCR管数次)短时间混合反应混合液,在离心机上低速(1 000 rpm)短暂离心。标准的PCR反应体系:

试剂名称	终浓度
10 × 扩增缓冲液	1 × 扩增缓冲液
dNTPs	各0.2 mM

上游引物	0.2 ～ 0.4 μM
下游引物	0.2 ～ 0.4 μM
模板 DNA	0.1 ～ 1 μg
Taq DNA 聚合酶	0.5 U
加灭菌双蒸水或纯水至	20 μL

2. PCR 反应程序

根据引物退火温度和扩增产物的长度,在 PCR 仪上设置反应程序。PCR 反应的基本反应程序为:

(1)95 ℃变性 5 分钟。

(2)95 ℃变性 30 s;适当温度(不同引物退火温度不一样)退火 30 s;72 ℃延伸适当时间(延伸时间与目的片段的长度有关,一般 1 000 bp 的目的片段延伸时间约为 1 min。重复(2)的三步反应 25~40 循环。

(3)72 ℃补平 4~7 min。

(4)4 ℃保存。

3. 琼脂糖凝胶电泳检测 PCR 产物

制备 1.2 % 琼脂糖凝胶电泳,将 PCR 反应产物上样,同时点上一个 DNA Marker(扩增片段应该在 Marker 条带范围内),进行电泳检测。

4. 分析 PCR 反应结果

PCR 检测的结果可能有:(1)无任何条带;(2)有引物二聚体,但无其他条带;(3)有其他条带,但无目的条带;(4)有目的条带,也有其他条带。根据我们掌握的理论知识,分析 PCR 产物电泳检测结果。

五、注意问题

(1)在反应体系中,一般 Taq DNA 聚合酶最后加入,而且加入后尽快进行 PCR 扩增;Taq DNA 聚合酶加入前后都要存放在 -20 ℃。

(2)反应前,要确保 PCR 管盖严,否则水分蒸发,反应体系变化太大,影响扩增。

六、思考题

(1)PCR 在兽医临床诊断中有何用途?

(2)PCR 反应中,需要哪些试剂?

实验三　RNA的提取及鉴定

一、实验目的

(1)掌握提取RNA的原理；

(2)掌握提取RNA的过程及注意事项。

二、实验原理

细胞中的RNA可分为信使RNA、转运RNA和核糖体RNA三大类,不同组织总RNA提取实质就是将细胞裂解,释放出RNA,并通过不同方式去除蛋白、DNA等杂质,最终获得纯度高且长度完整RNA的过程。

RNA很容易降解,因此,RNA提取过程中,从样品采集到RNA提取后的保存,每一步都要严防RNA降解。导致RNA容易降解的原因,一是从化学稳定性来说,RNA比DNA活跃,3'-5'磷酸二酯键更容易断裂,二是RNase无处不在,而且其高级结构非常稳定,分子内具有较多的二硫键(4对),使得RNase的高级结构特别紧凑,不容易变性失活,如一般的高压灭菌都不足以使其失活,而且其活性的发挥不需要二价阳离子,因此,提取液或溶剂中加入EDTA不会影响其酶活。为防止RNA降解,提取RNA的样品一定要新鲜,获取样品后最好立即提取RNA(或立即保存在-80 ℃或液氮中);提取时取出样品后立即在低温下研磨,研磨后立即裂解细胞,以防RNA降解;提取液中应该有抑制RNA酶活性的特殊试剂;提取后的样品应该保存在-80 ℃。

目前普遍使用的RNA提取法有两种:基于异硫氰酸胍/苯酚混合试剂的液相提取法(即TRIzol类试剂)和基于硅胶膜特异性吸附的离心柱提取法。TRIzol试剂中的主要成分为异硫氰酸胍和苯酚,其中异硫氰酸胍是强变形剂,不仅可裂解细胞,促使核蛋白体的解离,使RNA与蛋白质分离释放到溶液中,而且可以破坏RNase的高级结构而使其失活。

三、仪器和试剂

1. 仪器

微量电动匀浆器、高速低温离心机。

2. 试剂

氯仿,异丙醇,75 %乙醇(溶液均需用DEPC处理过的水配制),TRIzol试剂,焦碳酸二乙酯(DEPC),无RNase的水

四、操作步骤

(1)匀浆处理

①组织:将组织在液氮中磨碎,每50～100 mg组织加入1 mL TRIzol,或用微量电动匀浆器进行匀浆处理。样品体积不应超过TRIzol体积10 %。

②单层培养细胞:直接在培养板中加入TRIzol裂解细胞,每10 cm²面积(即3.5 cm直径的

培养板)加1 mL,用移液器吸打几次。TRIzol的用量应根据培养板面积而定,不取决于细胞数。TRIzol加量不足可能导致提取的RNA有DNA污染。

③细胞悬液:离心收集细胞,每$(5 \sim 10) \times 10^6$动物、植物、酵母细胞或1×10^7细菌细胞加入1 mL TRIzol,反复吸打。加TRIzol之前不要洗涤细胞以免mRNA降解。一些酵母和细菌细胞需用匀浆仪处理。

(2)将匀浆样品在室温(15 ℃~30 ℃)放置5 min,使核酸蛋白复合物完全分离。

(3)可选步骤:如样品中含有较多蛋白质,脂肪,多糖或胞外物质(肌肉,植物结节部分等)可于2 ℃~8 ℃10 000×g离心10 min,取上清。离心得到的沉淀中包括细胞外膜,多糖,高分子量DNA,上清中含有RNA。处理脂肪组织时,上层有大量油脂应去除。取澄清的匀浆液进行下一步操作。

(4)每使用1 mL TRIzol加入0.2 mL氯仿,剧烈振荡15 s,室温放置5~10 min。

(5)2 ℃~8 ℃12 000 rpm离心15 min。样品分为三层:底层为黄色有机相,上层为无色水相和一个中间层。RNA主要在水相中,水相体积约为所用TRIzol试剂的60 %。

(6)把水相转移到新管中,用异丙醇沉淀水相中的RNA。每使用1 mL TRIzol加入0.5 mL异丙醇,室温放置30 min(或−20 ℃放置30 min)。

(7)2 ℃~8 ℃12 000 rpm离心10 min,离心前看不出RNA沉淀,离心后在管侧和管底出现胶状沉淀。移去上清。

(8)用75 %乙醇洗涤RNA沉淀。每使用1 mL TRIzol至少加1 mL 75 %乙醇。2 ℃~8 ℃不超过8 000 rpm离心5 min,弃上清。

(9)室温放置干燥或真空抽干RNA沉淀,晾5 ~ 10 min,使乙醇充分挥发即可。不要真空离心干燥,过于干燥会导致RNA的溶解性大大降低。加入25 ~ 200 μL无RNase的水,用枪头吸打几次,55 ℃ ~ 60 ℃放置10分钟使RNA溶解。RNA也可用100 %的去离子甲酰胺溶解。−70 ℃保存。

五、注意事项

(1)从少量样品(1 ~ 10 mg组织或$10^2 \sim 10^4$细胞)中提取RNA时可加入少许糖原以促进RNA沉淀。例如加800 mL TRIzol匀浆样品,沉淀RNA前加5 ~ 10 μg RNase-free糖原。糖原会与RNA一同沉淀出来,糖原浓度不高于4 mg/mL是不影响第一链的合成,也不影响PCR反应。

(2)匀浆后加氯仿之前样品可以在−60 ℃至−70 ℃保存至少一个月。RNA沉淀可以保存于75 %酒精中2 ℃~8 ℃保存一星期以上,或−20 ℃保存一年以上。

六、思考题

(1)如何区分核酸样品中的DNA和RNA?

(2)如何去除RNA样品中的DNA?

实验四　质粒DNA的提取、纯化及验证

一、实验目的

(1)掌握碱变性提取法的原理及各种试剂的作用;

(2)掌握碱变性法提取质粒DNA的方法。

二、实验原理

在细菌细胞中,染色体DNA以双螺旋结构存在,质粒DNA以共价闭合环状形式存在。细胞破碎后,染色体DNA和质粒DNA均被释放出来,但是两者变性与复性所依赖的溶液pH不同。在pH高达12.0的碱性溶液中,染色体DNA氢键断裂,双螺旋结构被破坏;共价闭合环状质粒DNA的大部分氢键断裂,但两条互补链由于环状双螺旋结构而无法完全分离。当用pH值4.6的KAc(或NaAc)高盐溶液添加到碱性溶液至中性时,变性的质粒DNA可恢复原来的共价闭合环状超螺旋结构而溶解于溶液中;但染色体DNA不能复性,而是与不稳定的大分子RNA,蛋白质-SDS复合物等一起形成缠联的、可见的白色絮状沉淀,可通过离心分离除去。溶于上清液的质粒DNA,可用无水乙醇和盐溶液,使之凝聚而形成共沉淀。由于DNA和RNA性质相似,乙醇沉淀DNA的同时,也伴随着RNA沉淀,可用RNase A将RNA降解。质粒DNA溶液中的RNase A以及一些可溶性的蛋白,可通过酚和氯仿抽提除去,最后获得纯度较高的质粒DNA。

抽提质粒DNA过程中,由于各种因素影响,会获得三种构象的质粒,即超螺旋共价闭合环状DNA,开环DNA,线状DNA。一般,超螺旋型移动速率最快,其次为现状分子,最慢的是开环状分子。

三、耗材、仪器和试剂

(1)主要仪器:恒温振荡培养箱,高速冷冻离心机,漩涡振荡仪,水浴锅,微量移液器,微波炉,电泳仪,制冰机,高压灭菌锅,凝胶成像系统。

(2)耗材:枪头(灭菌备用);离心管(灭菌备)。

(3)试剂及细菌:

①提取质粒的三种溶液

溶液I:50 mmol/L葡萄糖,25 mmol/L Tris-HCl(pH 8.0),10 mmol/L EDTA。

溶液II:0.2 mol/L NaOH,1 % SDS(现用现配)。

溶液III:5 mol/L KAc 60 mL,冰醋酸 11.5 mL,重蒸水 28.5 mL;溶液浓度为 K^+ 3 mol/L,Ac^- 5 mol/L。

②琼脂糖,TAE缓冲液,溴化乙啶(EB),6 × 上样缓冲液,DNA相对分子质量标准物DNA Marker λ/Hind Ⅲ,5 mol/L pH 5.2的醋酸钠,无水乙醇。

③LB培养基。

④转化有质粒(如Amp[r]标记的质粒pUC 19)的 E.coli DH 5α受体菌。

四、操作步骤

1. 实验前准备

配制LB培养液,并添加1%葡萄糖,115℃灭菌30 min,分别分装于250 mL锥形瓶中20 mL;300 mL锥形瓶中50 mL;同时配制固体培养基用于活化菌株。

2. 质粒提取

碱变性法提取质粒DNA一般包括三个步骤:培养细菌细胞以扩增质粒;收集和裂解细胞;分离和纯化质粒DNA。

(1)细胞培养

在含有氨苄青霉素的LB平板上挑去携带有质粒pUC19的*E.coli*单菌落,接种于20 mL含氨苄青霉素的LB液体培养基中,37℃振荡培养过夜。将过夜培养液吸取2~3 mL接种到50 mL含有氨苄青霉素的LB培养基中,37℃培养4~6 h,即到达菌体生长的对数晚期。

(2)取30 mL菌液于50 mL灭菌离心管中,在7 000 r/min条件下离心5 min,弃去上清液,收集菌体细胞。

(3)向离心管中加入5 mL冰箱预冷的溶液I,剧烈振荡(可用漩涡振荡仪混匀),打散菌泥洗涤,通过步骤(1)离心,弃去上清液,将离心管倒置,使上清液全部流尽,用吸水纸擦干。

(4)按湿菌体质量:溶液I体积=100 mg:1 mL的比例加入用冰箱预冷的溶液I,剧烈振荡,使细菌完全分散,将离心管置于冰上5 min。

(5)以2倍体积加入新配制的溶液Ⅱ,轻摇轻加,慢慢颠倒,混匀(切勿剧烈振荡),将离心管置于冰上10 min,此时溶液变黏稠如蛋清状。

(6)以1.5倍溶液I体积量加入冰箱预冷的溶液Ⅲ,轻加轻摇,慢慢颠倒数次,使之在黏稠的细菌裂解物中分散均匀,然后将离心管置于冰上10 min,此时有白色絮状沉淀物。

(7)12 000 r/min离心15 min,将上清液轻轻转移到另一洁净离心管中,向上清液中加入1/10体积的3 mol/mL的KAc和2倍体积的冰无水乙醇,混匀,−20℃下静置30 min,沉淀DNA。

(8)如(6)中离心15 min,小心弃去上清液,将离心管倒置于纸巾上,以使所有的液体流出。

(9)向沉淀物中加入70%乙醇3 mL,不打散沉淀洗涤一遍。12 000 r/min离心5 min,弃去上清液,将离心管倒置于纸巾上,室温干燥。

(10)将DNA沉淀溶于1 mL TE缓冲液中,加入RNase A(终浓度大于50 μg/mL)。37℃保温0.5~1 h,用移液枪吹吸助溶。

3. 质粒DNA的纯化

(1)将上述DNA溶液转入2个1.5 mL的微量离心管中,每管0.5 mL,分别加入等体积的饱和酚,混匀,7 000 r/min离心5 min,取上层水相到另一洁净微量离心管中。

(2)加入等体积苯酚:氯仿(1:1)混合液,混匀,7 000 r/min离心5 min,取上层水相到另一洁净微量离心管中。

(3)加入等体积氯仿溶液,混匀,7 000 r/min离心5 min,取上层水相到另一洁净微量离心管中。

（4）加入2倍体积的无水乙醇，1/10体积的3 mol/L KAc，混合均匀，于–20 ℃沉淀DNA 30 min。

（5）12 000 r/min离心15 min，收集沉淀，弃去上清液。

（6）在沉淀DNA中，加入70 %乙醇200 μL，不打散沉淀洗涤一次，12 000 r/min离心1 min，小心弃去上清液，将离心管倒置于纸巾上使所有的液体流出，室温干燥。

（7）用50~100 μL TE溶液重新溶解DNA，温和震荡几秒钟，备用。

4. 质粒检测（0.9 %琼脂糖凝胶电泳）

五、碱变性法提取质粒DNA操作注意事项

（1）溶液Ⅱ是DNA变性的关键步骤，加入溶液Ⅱ后，菌悬液pH上升到12左右，为强碱性，破坏大肠杆菌（G⁻）细胞壁，此时，溶液变黏稠、透明，无菌块残留，因为染色体DNA与质粒DNA均变性溶解于强碱溶液中，蛋白质也溶于溶液中，但质粒DNA双链不完全分离。因此步染色体DNA释放，故动作必须轻柔，不能剧烈振荡，否则染色体DNA会断裂成小片段，不形成沉淀，而溶解于溶液中，与质粒DNA混合在一起，不利于质粒DNA提纯。可缓慢上下颠倒离心管数次，既要使试剂与染色体DNA充分作用，又不破坏染色体的结构。

（2）溶液Ⅲ也是质粒DNA复性的重要步骤。加入溶液Ⅲ后动作要轻柔，理由同上。同时可减少对质粒DNA的破坏，使其保持超螺旋闭环结构。

六、思考题

（1）提取出来的质粒的琼脂糖凝胶电泳有可能多几条条带？分别是什么状态的质粒？

（2）简要叙述溶液Ⅰ、溶液Ⅱ和溶液Ⅲ的作用，以及实验中分别加入上述溶液后，反应体系出现的现象及其成因。

附 录

附录a 实验室常用数据表

一、常用蛋白质相对分子质量标准数据

高分子量标准参照	相对分子量	低分子量标准参照	相对分子量	宽分子量标准参照	相对分子量
肌球蛋白	212 000	磷酸化酶B	97 400	肌球蛋白	212 000
β-半乳糖苷酶	116 000	牛血清白蛋白	66 200	β-半乳糖苷酶	116 000
磷酸化酶B	97 400	卵清蛋白	44 287	磷酸化酶B	97 400
牛血清白蛋白	66 200	碳酸苷酶	29 000	牛血清白蛋白	66 200
卵清蛋白	44 287	大豆胰蛋白酶抑制剂	20 100	卵清蛋白	44 287
–	–	溶菌酶	14 300	碳酸苷酶	29 000
–	–	–	–	大豆胰蛋白酶抑制剂	20 100
–	–	–	–	溶菌酶	14 300
–	–	–	–	抑肽酶	6 500

二、常用核酸相对分子质量标准数据

核酸	核苷酸数	分子质量(Da)
λ DNA	48 502(双链环状)	3.0×10^7
pBR322	4 363(双链)	2.8×10^6
28S rRNA	4 800	1.6×10^6
23S rRNA	3 700	1.2×10^6
18S rRNA	1 900	6.1×10^5
19S rRNA	1 700	5.5×10^5
5S rRNA	120	3.6×10^4
tRNA(大肠杆菌)	5	2.5×10^4

三、氨基酸的主要参数

中文名	英文名	三字符	单字符	相对分子量	等电点	极性
甘氨酸	Glycine	Gly	G	75.07	5.97	疏水性
丙氨酸	Alanine	Ala	A	89.09	6.02	疏水性

续表

中文名	英文名	三字符	单字符	相对分子量	等电点	极性
缬氨酸	Valine	Val	V	117.15	5.97	疏水性
亮氨酸	Leucine	Leu	L	131.17	5.98	疏水性
异亮氨酸	Isoleucine	Ile	I	131.17	6.02	疏水性
甲硫氨酸	Methionine	Met	M	149.21	5.75	疏水性
脯氨酸	Proline	PrO	P	115.13	6.30	疏水性
苯丙氨酸	Phenylalanine	Phe	F	165.19	5.48	疏水性
色氨酸	Tryptophan	Trp	W	204.22	5.89	疏水性
丝氨酸	Serine	Ser	S	105.09	5.69	亲水性
苏氨酸	Threonine	Thr	T	119.12	6.53	亲水性
天门冬酰胺	Asparagine	Asn	N	132.1	5.41	亲水性
谷氨酰胺	Glutamine	Gln	Q	146.15	5.65	亲水性
天门冬氨酸	Aspartic acid	Asp	D	133.1	2.98	解离性
谷氨酸	Glutamic acid	Glu	E	147.13	3.22	解离性
半胱氨酸	Cysteine	Cys	C	121.12	5.07	解离性
酪氨酸	Tyrosine	Tyr	Y	181.19	5.66	解离性
组氨酸	Histidine	His	H	155.16	7.58	解离性
赖氨酸	Lysine	Lys	K	146.19	9.74	解离性
精氨酸	Arginine	Arg	R	174.4	10.76	解离性

四、琼脂糖凝胶浓度与线形DNA的最佳分辨范围

琼脂糖浓度	最佳线形DNA分辨范围（bp）
0.5%	1 000~30 000
0.7%	800~12 000
1.0%	500~10 000
1.2%	400~7 000
1.5%	200~3 000
2.0%	50~2 000

五、实验室常用酸碱的密度和浓度关系

名称	分子式	M_r	比重	质量百分比浓度(%)	物质的量的浓度(mol/L)
盐酸	HCl	36.47	1.19	37.2	12.0
			1.18	35.2	11.3
			1.10	20.0	6.0
硝酸	HNO_3	63.02	1.425	71.0	16.0
			1.4	65.6	14.5
			1.37	61	13.3
硫酸	H_2SO_4	98.1	1.84	95.3	18.0

续表

名称	分子式	M_r	比重	质量百分比浓度(%)	物质的量的浓度(mol/L)
高氯酸	$HClO_4$	100.5	1.67	70	11.65
			1.54	60	9.2
磷酸	H_3PO_4	80.0	1.70	85	18.1
甲酸	HCOOH	46.03	1.22	90	23.6
乙酸	CH_3COOH	60.5	1.05	99.5	17.4
			1.075	80	14.3
氨水	NH_4OH	30.05	0.904	27	14.3
			0.91	25	13.4
			0.957	10	5.4
氢氧化钠	NaOH	40.0	1.53	50	19.1
			1.11	10	2.75
氢氧化钾	KOH	56.1	1.52	50	13.5
			1.09	10	1.94

六、PAGE 凝胶配表(核酸电泳用)

胶浓度及组分	各种凝胶体积所对应的各种组分的取样量(mL)							
	15 mL	20 mL	25 mL	30 mL	40 mL	50 mL	80 mL	100 mL
3.5% 凝胶								
H_2O	11.7	15.5	19.4	23.3	31.1	38.9	62.2	77.7
30%丙烯酰胺	1.7	2.3	2.9	3.5	4.6	5.8	9.3	11.6
10×TBE	1.5	2.0	2.5	3.0	4.0	5.0	8.0	10.0
10%过硫酸铵	0.11	0.14	0.18	0.21	0.28	0.35	0.56	0.7
TEMED	0.010	0.013	0.016	0.020	0.026	0.033	0.052	0.065
5% 凝胶								
H_2O	10.9	14.5	18.2	21.8	29.1	36.4	58.2	72.7
30%丙烯酰胺	2.5	3.3	4.2	5.0	6.6	8.3	13.3	16.6
10×TBE	1.5	2.0	2.5	3.0	4.0	5.0	8.0	10.0
10%过硫酸铵	0.11	0.14	0.18	0.21	0.28	0.35	0.56	0.7
TEMED	0.010	0.013	0.016	0.020	0.02.6	0.033	0.052	0.065
8% 凝胶								
H_2O	9.4	12.5	15.7	18.8	25.1	31.4	50.2	62.7
30%丙烯酰胺	4.0	5.3	6.7	8.0	10.6	13.3	21.3	26.6
10×TBE	1.5	2.0	2.5	3.0	4.0	5.0	8.0	10.0
10%过硫酸铵	0.11	0.14	0.18	0.21	0.28	0.35	0.56	0.7
TEMED	0.010	0.013	0.016	0.020	0.026	0.033	0.052	0.065
12% 凝胶								
H_2O	7.4	9.9	12.3	14.8	19.7	24.7	39.4	49.3
30%丙烯酰胺	6.0	8.0	10.0	12.0	16.0	20.0	32.0	40.0

续表

胶浓度及组分	各种凝胶体积所对应的各种组分的取样量（mL）							
	15 mL	20 mL	25 mL	30 mL	40 mL	50 mL	80 mL	100 mL
10 × TBE	1.5	2.0	2.5	3.0	4.0	5.0	8.0	10.0
10 %过硫酸铵	0.11	0.14	0.18	0.21	0.28	0.35	0.56	0.7
TEMED	0.010	0.013	0.016	0.020	0.026	0.033	0.052	0.065
20 % 凝胶								
H₂O	3.4	4.5	5.7	6.8	9.1	11.4	18.2	22.7
30 %丙烯酰胺	10.0	13.3	16.7	20.0	26.6	33.3	53.3	66.6
10 × TBE	1.5	2.0	2.5	3.0	4.0	5.0	8.0	10.0
10 %过硫酸铵	0.11	0.14	0.18	0.21	0.28	0.35	0.56	0.7
TEMED	0.010	0.013	0.016	0.020	0.026	0.033	0.052	0.065

七、SDS-PAGE的浓缩胶(5 % Acrylamide) 配方表

溶液成分	不同体积凝胶液中各成分所需体积(mL)							
	1 mL	2 mL	3 mL	4 mL	5 mL	6 mL	8 mL	10 mL
水	0.68	1.4	2.1	2.7	3.4	4.1	5.5	6.8
30 % 丙烯酰胺溶液	0.17	0.33	0.5	0.67	0.83	1	1.3	1.7
1.0 mol/L Tris(pH 6.8)	0.13	0.25	0.38	0.5	0.63	0.75	0	1.25
10 % SDS	0.01	0.02	0.03	0.04	0.05	0.06	0.08	0.1
10 % 过硫酸铵	0.01	0.02	0.03	0.04	0.05	0.06	0.08	0.1
TEMED	0.001	0.002	0.003	0.004	0.005	0.006	0.008	0.01

八、SDS-PAGE分离胶的浓度与最佳分离范围

SDS-PAGE分离胶浓度	最佳分离范围
6 %胶	50~150 kD
8 %胶	30~90 kD
10 %胶	20~80 kD
12 %胶	12~60 kD
15 %胶	10~40 kD

九、SDS-PAGE分离胶配方表

溶液成分	不同体积凝胶液中各成分所需体积(mL)							
	5 mL	10 mL	15 mL	20 mL	25 mL	30 mL	40 mL	50 mL
6 %								
水	2.6	5.3	7.9	10.6	13.2	15.9	21.2	26.5
30 % 丙烯酰胺溶液	1	2	3	4	5	6	8	10
1.5 mol/L Tris(pH 8.8)	1.3	2.5	3.8	5	6.3	7.5	10	12.5

溶液成分	不同体积凝胶液中各成分所需体积(mL)							
	5 mL	10 mL	15 mL	20 mL	25 mL	30 mL	40 mL	50 mL
10% SDS	0.05	0.1	0.15	0.2	0.25	0.3	0.4	0.5
10% 过硫酸铵	0.05	0.1	0.15	0.2	0.25	0.3	0.4	0.5
TEMED	0.004	0.008	0.012	0.016	0.02	0.024	0.032	0.04
8%								
水	2.3	4.6	6.9	9.3	11.5	13.9	18.5	23.2
30% 丙烯酰胺溶液	1.3	2.7	4	5.3	6.7	8	10.7	13.3
1.5 mol/L Tris(pH 8.8)	1.3	2.5	3.8	5	6.3	7.5	10	12.5
10% SDS	0.05	0.1	0.15	0.2	0.25	0.3	0.4	0.5
10% 过硫酸铵	0.05	0.1	0.15	0.2	0.25	0.3	0.4	0.5
TEMED	0.003	0.006	0.009	0.012	0.015	0.018	0.024	0.03
10%								
水	1.9	4	5.9	7.9	9.9	11.9	15.9	19.8
30% 丙烯酰胺溶液	1.7	3.3	5	6.7	8.3	10	13.3	16.7
1.5 mol/L Tris(pH 8.8)	1.3	2.5	3.8	5	6.3	7.5	10	12.5
10% SDS	0.05	0.1	0.15	0.2	0.25	0.3	0.4	0.5
10% 过硫酸铵	0.05	0.1	0.15	0.2	0.25	0.3	0.4	0.5
TEMED	0.002	0.004	0.006	0.008	0.01	0.012	0.016	0.02
12%								
水	1.6	3.3	4.9	6.6	8.2	9.9	13.2	16.5
30% 丙烯酰胺溶液	2	4	6	8	10	12	16	20
1.5 mol/L Tris(pH 8.8)	1.3	2.5	3.8	5	6.3	7.5	10	12.5
10% SDS	0.05	0.1	0.15	0.2	0.25	0.3	0.4	0.5
10% 过硫酸铵	0.05	0.1	0.15	0.2	0.25	0.3	0.4	0.5
TEMED	0.002	0.004	0.006	0.008	0.01	0.012	0.016	0.02
15%								
水	1.1	2.3	3.4	4.6	5.7	6.9	9.2	11.5
30% 丙烯酰胺溶液	2.5	5	7.5	10	12.5	15	20	25
1.5 mol/L Tris(pH 8.8)	1.3	2.5	3.8	5	6.3	7.5	10	12.5
10% SDS	0.05	0.1	0.15	0.2	0.25	0.3	0.4	0.5
10% 过硫酸铵	0.05	0.1	0.15	0.2	0.25	0.3	0.4	0.5
TEMED	0.002	0.004	0.006	0.008	0.01	0.012	0.016	0.02

附录b　常用缓冲液的配制方法

由一定物质所组成的溶液,在加入一定量的酸或碱时,其氢离子浓度改变甚微或几乎不变,此种溶液称为缓冲溶液,这种作用称为缓冲作用,其溶液内所含物质称为缓冲剂。

缓冲剂的组成,多为弱酸及这种弱酸与强碱所组成的盐,或弱碱及这种弱碱与强酸所组成的盐。调节两者的比例可配制成各种pH的缓冲液。

一、标准缓冲液的配制

酸度计用的标准缓冲液要求:有较大的稳定性,较小的温度依赖性,其试剂易于提纯。常用标准缓冲液的配制方法如下:

1. pH=4.00(10 ℃~20 ℃):将邻苯二甲酸氢钾在105 ℃干燥1 h后,称取5.07 g加重蒸馏水溶解至500 mL。

2. pH=6.88(20 ℃):称取在130 ℃干燥2 h的磷酸二氢钾(KH_2PO_4)3.401 g,磷酸氢二钠($Na_2HPO_4 \cdot 12H_2O$)8.95 g或3.549 g无水磷酸氢二钠(Na_2HPO_4),加重馏蒸水溶解至500 mL。

3. pH=9.18(25℃):称取四硼酸钠($Na_2B_4O_7 \cdot 10H_2O$)3.8 144 g或无水四硼酸钠($Na_2B_4O_7$)2.02 g,加重蒸馏水溶解至100 mL。

不同温度时标准缓冲液的pH值

温度 (℃)	酸性酒石酸钾 (25 ℃ 时饱和)	0.05 mol/L 邻苯二甲酸氢钾	0.025 mol/L磷酸二氢钾 0.025 mol/L磷酸氢二钠	0.0 087 mol/L磷酸二氢钾 0.0 302 mol/L磷酸氢二钠	0.01 mol/L 硼砂
0	–	4.01	6.98	7.53	9.46
10	–	4.00	6.92	7.47	9.33
15	–	4.00	6.90	7.45	9.27
20	–	4.00	6.88	7.43	9.23
25	3.56	4.01	6.86	7.41	9.18
30	3.55	4.02	6.85	7.40	9.14
38	3.55	4.03	6.84	7.38	9.08
40	3.55	4.04	6.84	7.38	9.07
50	3.55	4.06	6.83	7.37	9.01

二、常用缓冲液的配制方法

1. 氯化钾－盐酸缓冲液(0.2 mol/L)

25 mL 0.2 mol/L 氯化钾+ X mL 0.2 mol/L盐酸,再加水稀释至100 mL。

pH	X(mL)	pH	X(mL)	pH	X(mL)
1.0	67.0	1.5	20.7	2.0	6.5
1.1	52.8	1.6	16.2	2.1	5.1
1.2	42.5	1.7	13.0	2.2	3.9
1.3	33.6	1.8	10.2	–	–
1.4	26.6	1.9	8.1	–	–

氯化钾 M_r=74.55,0.2 mol/L溶液为14.91 g/L。

2. 氯化钾－氢氧化钠缓冲液(0.2 mol/L)

25 mL 0.2 mol/L 氯化钾+ X mL 0.2 mol/L 氢氧化钠,再加水稀释至100 mL。

pH	X(mL)	pH	X(mL)	pH	X(mL)
12.0	6.0	12.4	16.2	12.8	41.2
12.1	8.0	12.5	20.4	12.9	53.0
12.2	10.2	12.6	25.6	13.0	66.0
12.3	12.8	12.7	32.2	–	–

氯化钾 M_r=74.55,0.2 mol/L溶液为14.91 g/L。

3. 甘氨酸－盐酸缓冲液(0.05 mol/L)

X mL 0.2 mol/L 甘氨酸+ Y mL 0.2 mol/L 盐酸,再加水稀释至200 mL。

pH	X(mL)	Y(mL)	pH	X(mL)	Y(mL)
2.2	50	44.0	3.0	50	11.4
2.4	50	32.4	3.2	50	8.2
2.6	50	24.2	3.4	50	6.4
2.8	50	16.8	3.6	50	5.0

甘氨酸 M_r=75.07,0.2 mol/L溶液为15.01 g/L。

4. 甘氨酸－氢氧化钠缓冲液(0.05 mol/L)

X mL 0.2 mol/L 甘氨酸+ Y mL 0.2 mol/L 氢氧化钠,再加水稀释至200 mL。

pH	X(mL)	Y(mL)	pH	X(mL)	Y(mL)
8.6	50	4.0	9.6	50	22.4
8.8	50	6.0	9.8	50	27.2
9.0	50	8.8	10.0	50	32.0
9.2	50	12.0	10.2	50	38.6
9.4	50	16.8	10.4	50	45.5

甘氨酸 M_r=75.07,0.2 mol/L溶液为15.01 g/L。

5. 磷酸氢二钠－磷酸二氢钠缓冲液(0.2 mol/L)

pH	0.2 mol/L Na_2HPO_4(mL)	0.2 mol/L NaH_2PO_4(mL)	pH	0.2 mol/L Na_2HPO_4(mL)	0.2mol/L NaH_2PO_4(mL)
5.8	8.0	92.0	7.0	61.0	39.0
5.9	10.0	90.0	7.1	67.0	33.0
6.0	12.3	87.7	7.2	72.0	28.0
6.1	15.0	85.0	7.3	77.0	23.0
6.2	18.5	81.5	7.4	81.0	19.0

续表

pH	0.2 mol/L Na₂HPO₄(mL)	0.2 mol/L NaH₂PO₄(mL)	pH	0.2 mol/L Na₂HPO₄(mL)	0.2mol/L NaH₂PO₄(mL)
6.3	22.5	77.5	7.5	84.0	16.0
6.4	26.5	73.5	7.6	87.0	13.0
6.5	31.5	68.5	7.7	89.5	10.5
6.6	37.5	62.5	7.8	91.5	8.5
6.7	43.5	56.5	7.9	93.0	7.0
6.8	49.0	51.0	8.0	94.7	5.3
6.9	55.0	45.0	—	—	—

$Na_2HPO_4 \cdot 2H_2O$　$M_r=178.05$, 0.2 mol/L 溶液为 35.61 g/L。

$Na_2HPO_4 \cdot 12H_2O$　$M_r=358.22$, 0.2 mol/L 溶液为 71.64 g/L。

$NaH_2PO_4 \cdot H_2O$　$M_r=138.01$, 0.2 mol/L 溶液为 27.6 g/L。

$NaH_2PO_4 \cdot 2H_2O$　$M_r=156.03$, 0.2 mol/L 溶液为 31.21 g/L。

6. 磷酸氢二钠–磷酸二氢钾缓冲液（1/15 mol/L）

pH	1/15 mol/L Na₂HPO₄(mL)	1/15 mol/L KH₂PO₄(mL)	pH	1/15 mol/L Na₂HPO₄(mL)	1/15 mol/L KH₂PO₄(mL)
4.92	0.10	9.90	7.17	7.00	3.00
5.29	0.50	9.50	7.38	8.00	2.00
5.91	1.00	9.00	7.73	9.00	1.00
6.24	2.00	8.00	8.04	9.50	0.50
6.47	3.00	7.00	8.34	9.75	0.25
6.64	4.00	6.00	8.67	9.90	0.10
6.81	5.00	5.00	8.78	10.00	0
6.98	6.00	4.00	—	—	—

$Na_2HPO_4 \cdot 2H_2O$　$M_r=178.05$, 1/15 mol/L 溶液为 11.876 g/L。

$KH_2PO_4 \cdot 2H_2O$　$M_r=136.09$, 1/15 mol/L 溶液为 9.078 g/L。

7. 磷酸氢二钠–柠檬酸缓冲液

pH	0.2 mol/L Na₂HPO₄(mL)	0.1 mol/L 柠檬酸(mL)	pH	0.2 mol/L Na₂HPO₄(mL)	0.1 mol/L 柠檬酸(mL)
2.2	0.40	19.60	5.2	10.72	9.28
2.4	1.24	18.76	5.4	11.15	8.85
2.6	2.18	17.82	5.6	11.60	8.40
2.8	3.17	16.83	5.8	12.09	7.91
3.0	4.11	15.89	6.0	12.63	7.37
3.2	4.94	15.06	6.2	13.22	6.78
3.4	5.70	14.30	6.4	13.85	6.15
3.6	6.44	13.56	6.6	14.55	5.45

pH	0.2 mol/L Na₂HPO₄(mL)	0.1 mol/L 柠檬酸 (mL)	pH	0.2 mol/L Na₂HPO₄(mL)	0.1 mol/L 柠檬酸 (mL)
3.8	7.10	12.90	6.8	15.45	4.55
4.0	7.71	12.29	7.0	16.47	3.53
4.2	8.28	11.72	7.2	17.39	2.61
4.4	8.82	11.18	7.4	18.17	1.83
4.6	9.35	10.65	7.6	18.73	1.27
4.8	9.86	10.14	7.8	19.15	0.85
5.0	10.30	9.70	8.0	19.45	0.55

Na_2HPO_4　$M_r=141.98$，$0.2mol/L$ 溶液为 28.40 g/L。

$Na_2HPO_4 \cdot 2H_2O$　$M_r=178.05$，$0.2mol/L$ 溶液为 35.61 g/L。

$Na_2HPO_4 \cdot 12H_2O$　$M_r=358.22$，$0.2mol/L$ 溶液为 71.64 g/L。

柠檬酸($C_6H_8O_7$)·H_2O　$M_r=210.14$，$0.1mol/L$ 溶液为 21.01 g/L。

8. 磷酸氢二钠 - 氢氧化钠缓冲液

50 mL 0.05 mol/L 磷酸氢二钠 + X mL 0.1 mol/L 氢氧化钠，再加水稀释至 100 mL。

pH	X(mL)	pH	X(mL)	pH	X(mL)
10.9	3.3	11.3	7.6	11.7	16.2
11.0	4.1	11.4	9.1	11.8	19.4
11.1	5.1	11.5	11.1	11.9	23.0
11.2	6.3	11.6	13.5	12.0	26.9

$Na_2HPO_4 \cdot 2H_2O$　$M_r=178.05$，0.05 mol/L 溶液为 8.90 g/L。

$Na_2HPO_4 \cdot 12H_2O$　$M_r=358.22$，0.05 mol/L 溶液为 17.91 g/L。

9. 磷酸氢二钾 - 氢氧化钠缓冲液(0.05 mol/L)

X mL 0.2 mol/L 磷酸氢二钾 + Y mL 0.2 mol/L 氢氧化钠，再加水稀释至 20 mL。

pH(20 ℃)	X(mL)	Y(mL)	pH(20 ℃)	X(mL)	Y(mL)
5.8	5	0.372	7.0	5	2.963
6.0	5	0.570	7.2	5	3.500
6.2	5	0.860	7.4	5	3.950
6.4	5	1.260	7.6	5	4.280
6.6	5	1.780	7.8	5	4.520
6.8	5	2.365	8.0	5	4.680

10. 三羟甲基氨基甲烷(Tris)–盐酸缓冲液(0.05 mol/L)

50 mL 0.1 mol/L 三羟甲基氨基甲烷 + X mL 0.1 mol/L 盐酸,再加水稀释至 100 mL。

pH(20 ℃)	X(mL)	pH(20 ℃)	X(mL)
7.1	45.7	8.1	26.2
7.2	44.7	8.2	22.9
7.3	43.4	8.3	19.9
7.4	42.0	8.4	17.2
7.5	40.3	8.5	14.7
7.6	38.5	8.6	12.4
7.7	36.6	8.7	10.3
7.8	34.5	8.8	8.5
7.9	32.0	8.9	7.0
8.0	29.2	9.0	5.7

Tris [$(CH_2OH)_3CNH_2$]　M_r=121.14,0.1 mol/L 溶液为 12.114 g/L。Tris 溶液可从空气中吸收二氧化碳,使用时注意将瓶盖严。

11. 巴比妥钠–盐酸缓冲液

pH (18 ℃)	0.04 mol/L 巴比妥钠(mL)	0.2 mol/L 盐酸(mL)	pH (18 ℃)	0.04 mol/L 巴比妥钠(mL)	0.2 mol/L 盐酸(mL)
6.8	100	18.4	8.4	100	5.21
7.0	100	17.8	8.6	100	3.82
7.2	100	16.7	8.8	100	2.52
7.4	100	15.3	9.0	100	1.65
7.6	100	13.4	9.2	100	1.13
7.8	100	11.47	9.4	100	0.70
8.0	100	9.39	9.6	100	0.35
8.2	100	7.21	–	–	–

巴比妥钠盐 M_r=206.18,0.04 mol/L 溶液为 8.25 g/L。

12. 柠檬酸–柠檬酸钠缓冲液(0.1 mol/L)

pH	0.1 mol/L 柠檬酸(mL)	0.1 mol/L 柠檬酸钠(mL)	pH	0.1 mol/L 柠檬酸(mL)	0.1 mol/L 柠檬酸钠(mL)
3.0	18.6	1.4	5.0	8.2	11.8
3.2	17.2	2.8	5.2	7.3	12.7
3.4	16.0	4.0	5.4	6.4	13.6
3.6	14.9	5.1	5.6	5.5	14.5
3.8	14.0	6.0	5.8	4.7	15.3
4.0	13.1	6.9	6.0	3.8	16.2
4.2	12.3	7.7	6.2	2.8	17.2
4.4	11.4	8.6	6.4	2.0	18.0
4.6	10.3	9.7	6.6	1.4	18.6
4.8	9.20	10.8	–	–	–

柠檬酸($C_6H_8O_7 \cdot H_2O$)M_r=210.14,0.1 mol/L 溶液为 21.01 g/L。

柠檬酸钠($Na_3C_6H_5O_7 \cdot 2H_2O$)　M_r=294.12,0.1 mol/L 溶液为 29.41 g/L。

13. 柠檬酸-氢氧化钠-盐酸缓冲液

pH	钠离子浓度(mol/L)	柠檬酸(g)	97%氢氧化钠(g)	浓盐酸(mL)	最终体积*(L)
2.2	0.20	210	84	160	10
3.1	0.20	210	83	116	10
3.3	0.20	210	83	106	10
4.3	0.20	210	83	45	10
5.3	0.35	245	144	68	10
5.8	0.45	285	105	105	10
6.5	0.38	266	126	126	10

*使用时可以每升中加入1g酚,若最后有变化,再用少量50%氢氧化钠或浓盐酸调节,置冰箱保存。

14. 乙酸-乙酸钠缓冲液(0.2 mol/L)

pH(18℃)	0.2 mol/L NaAc(mL)	0.2 mol/L HAc(mL)	pH(18℃)	0.2 mol/L NaAc(mL)	0.2 mol/L HAc(mL)
3.6	0.75	9.25	4.8	5.90	4.10
3.8	1.20	8.80	5.0	7.00	3.00
4.0	1.80	8.20	5.2	7.90	2.10
4.2	2.65	7.35	5.4	8.60	1.40
4.4	3.70	6.30	5.6	9.10	0.90
4.6	4.90	5.10	5.8	9.40	0.60

NaAc·3H$_2$O　M_r=136.09,0.2 mol/L溶液为27.22 g/L。

0.2 mol/L HAc为11.55 ml/L冰乙酸。

15. 硼砂-硼酸缓冲液(0.2 mol/L硼酸根)

pH	0.05 mol/L 硼砂(mL)	0.2 mol/L 硼酸(mL)	pH	0.05 mol/L 硼砂(mL)	0.2 mol/L 硼酸(mL)
7.4	1.0	9.0	8.2	3.5	6.5
7.6	1.5	8.5	8.4	4.5	5.5
7.8	2.0	8.0	8.6	6.0	4.0
8.0	3.0	7.0	8.8	8.0	2.0
			9.0		

硼砂(Na$_2$B$_4$O$_7$·10H$_2$O)M_r=381.43,0.05 mol/L溶液为19.07 g/L。

硼酸(H$_3$BO$_3$)·M_r=61.84,0.2 mol/L溶液为12.37 g/L。

硼砂易失去结晶水,必须在带塞的瓶中保存,硼砂溶液也可以用半中和的硼酸溶液代替。

16. 硼砂–盐酸缓冲液（0.05 mol/L 硼酸根）

50 mL 0.025 mol/L 硼砂 + X mL 0.1 mol/L 盐酸，再加水稀释至 100 mL。

pH	X(mL)	pH	X(mL)	pH	X(mL)
8.0	20.5	8.4	16.6	8.8	9.4
8.1	19.7	8.5	15.2	8.9	7.1
8.2	18.8	8.6	13.5	9.0	4.6
8.3	17.7	8.7	11.6	9.1	2.0

硼砂（$Na_2B_4O_7 \cdot 10H_2O$）M_r=381.43，0.025 mol/L 溶液为 9.53 g/L。

17. 硼砂–氢氧化钠缓冲液（0.05 mol/L 硼酸根）

X mL 0.05 mol/L 硼砂 + Y mL 0.2 mol/L 氢氧化钠，再加水稀释至 200 mL。

pH	X(mL)	Y(mL)	pH	X(mL)	Y(mL)
9.3	50	6.0	9.8	50	34.0
9.4	50	11.0	10.0	50	43.0
9.6	50	23.0	10.1	50	46.0

硼砂（$Na_2B_4O_7 \cdot 10H_2O$）M_r=381.43，0.05 mol/L 溶液为 19.07 g/L。

18. 碳酸氢钠–氢氧化钠缓冲液（0.025 mol/L 碳酸氢钠）

50 mL 0.05 mol/L 碳酸氢钠 + X mL 0.1 mol/L 氢氧化钠，再加水稀释至 100 mL。

pH	X(mL)	pH	X(mL)	pH	X(mL)
9.6	5.0	10.1	12.2	10.6	19.1
9.7	6.2	10.2	13.8	10.7	20.2
9.8	7.6	10.3	15.2	10.8	21.2
9.9	9.1	10.4	16.5	10.9	22.0
10.0	10.7	10.5	17.8	11.0	22.7

$NaHCO_3$　M_r=84.0，0.05 mol/L 溶液为 4.20 g/L。

19. 碳酸钠–碳酸氢钠缓冲液（0.1 mol/L，Ca^{2+}、Mg^{2+} 存在时不得使用）

pH		0.1 mol/L 碳酸钠(mL)	0.1 mol/L 碳酸氢钠(mL)
20 ℃	37 ℃		
9.16	8.77	1	9
9.40	9.12	2	8
9.51	9.40	3	7
9.78	9.50	4	6
9.90	9.72	5	5
10.14	9.90	6	4
10.28	10.08	7	3
10.53	10.28	8	2
10.83	10.57	9	1

碳酸钠（$Na_2CO_3 \cdot 10H_2O$）M_r=286.2，0.1 mol/L 溶液为 28.62 g/L。

碳酸氢钠（$NaHCO_3$）M_r=84.0，0.1 mol/L 溶液为 8.40 g/L。

20. 邻苯二甲酸氢钾-盐酸缓冲液（0.05 mol/L）

X mL 0.2 mol/L邻苯二甲酸氢钾+Y mL 0.2 mol/L盐酸，再加水稀释至20 mL。

pH(20 ℃)	X(mL)	Y(mL)	pH(20 ℃)	X(mL)	Y(mL)
2.2	5	4.670	3.2	5	1.470
2.4	5	3.960	3.4	5	0.990
2.6	5	3.295	3.6	5	0.597
2.8	5	2.642	3.8	5	0.263
3.0	5	2.032	—	—	—

邻苯二甲酸氢钾 M_r=204.23，0.2mol/L溶液为40.85 g/L。

21. 邻苯二甲酸氢钾-氢氧化钠缓冲液

50 mL 0.1mol/L邻苯二甲酸氢钾+X mL 0.1 mol/L氢氧化钠，再加水稀释至100 mL。

pH	X(mL)	pH	X(mL)	pH	X(mL)
4.1	1.3	4.8	16.5	5.5	36.6
4.2	3.0	4.9	19.4	5.6	38.8
4.3	4.7	5.0	22.6	5.7	40.6
4.4	6.6	5.1	22.5	5.8	52.3
4.5	8.7	5.2	28.8	5.9	43.7
4.6	11.1	5.3	31.6	—	—
4.7	13.6	5.4	34.1	—	—

邻苯二甲酸氢钾 M_r=204.23，0.1 mol/L溶液为20.42 g/L。

附录C　　常用核酸、蛋白质换算数据

一、质量换算

$1\ \mu g=10^{-6}\ g$

$1\ ng=10^{-9}\ g$

$1\ pg=10^{-12}\ g$

$1\ fg=10^{-15}\ g$

二、核酸数据转换

1. 分光光度换算

$1A_{260}$双链 DNA=50 μg/mL

$1A_{260}$单链 DNA=33 μg/mL

$1A_{260}$单链 RNA=40 μg/mL

2. DNA 摩尔换算

1 μg 1 000bp DNA = 1.52 pmol = 3.03 pmol 末端

1 μgpBR322DNA=0.36 pmol

1 pmol 1 000 bp DNA=0.66 μg

1 pmol pBR322 = 2.8 μg

1 kb 双链 DNA(钠盐)=6.6×10^{5} Da

1 kb 单链 DNA(钠盐)=3.3×10^{5} Da(dNMP 平均分子量=330 Da)

1 kb 单链 RNA(钠盐)=3.4×10^{5} Da(NMP 平均分子量=345 Da)

三、蛋白质数据转换

蛋白摩尔换算

100 pmol 分子量 100 000 Da 蛋白质=10 μg

100 pmol 分子量 50 000 Da 蛋白质=5 μg

100 pmol 分子量 10 000 Da 蛋白质=1 μg

氨基酸的平均分子量=126.7 Da

四、蛋白质与核酸之间换算

蛋白质/DNA换算

1 kb DNA=333 个氨基酸编码容量=3.7×10^{4} Da蛋白质

10 000 Da 蛋白质=270 bp DNA

30 000 Da 蛋白质=810 bp DNA

50 000 Da 蛋白质=1.35 kb DNA

100 000 Da 蛋白质=2.7 kb DNA

附录d 硫酸铵饱和度常用表

一、调整硫酸铵溶液饱和度计算表(0℃)

硫酸铵初浓度,%饱和度	在0℃硫酸铵终浓度,%饱和度																
	20	25	30	35	40	45	50	55	60	65	70	75	80	85	90	95	100
	每100 mL溶液加固体硫酸铵的克数*																
0	10.6	13.4	16.4	19.4	22.6	25.8	29.1	32.6	36.1	39.8	43.6	47.6	51.6	55.9	60.3	65.0	69.7
5	7.9	10.8	13.7	16.6	19.7	22.9	26.2	29.6	33.1	36.8	40.5	44.4	48.4	52.6	57.0	61.5	66.2
10	5.3	8.1	10.9	13.9	16.9	20.0	23.3	26.6	30.1	33.7	37.4	41.2	45.2	49.3	53.6	58.1	62.7
15	2.6	5.4	8.2	11.1	14.1	17.2	20.4	23.7	27.1	30.6	34.3	38.1	42.0	46.0	50.3	54.7	59.2
20	0	2.7	5.5	8.3	11.3	14.3	17.5	20.7	24.1	27.6	31.2	34.9	38.7	42.7	46.9	51.2	55.7
25	0		2.7	5.6	8.4	11.5	14.6	17.9	21.1	24.5	28.0	31.7	35.5	39.5	43.6	47.8	52.2
30	0			2.8	5.6	8.6	11.7	14.8	18.1	21.4	24.9	28.5	32.3	36.2	40.2	44.5	48.8
35	0				2.8	5.7	8.7	11.8	15.1	18.4	21.8	25.4	29.1	32.9	36.9	41.0	45.3
40	0					2.9	5.8	8.9	12.0	15.3	18.7	22.2	25.8	29.6	33.5	37.6	41.8
45	0						2.9	5.9	9.0	12.3	15.6	19.0	22.6	26.3	30.2	34.2	38.3
50	0							3.0	6.0	9.2	12.5	15.9	19.4	23.0	26.8	30.8	34.8
55	0								3.0	6.1	9.3	12.7	16.1	19.7	23.5	27.3	31.3
60	0									3.1	6.2	9.5	12.9	16.4	20.1	23.1	27.9
65	0										3.1	6.3	9.7	13.2	16.8	20.5	24.4
70	0											3.2	6.5	9.9	13.4	17.1	20.9
75	0												3.2	6.6	10.1	13.7	17.4
80	0													3.3	6.7	10.3	13.9
85	0														3.4	6.8	10.5
90	0															3.4	7.0
95	0																3.5
100	0																

*在0℃下,硫酸铵溶液由初浓度调到终浓度时,每100 mL溶液所加固体硫酸铵的克数。

二、调整硫酸铵溶液饱和度计算表(25℃)

硫酸铵初浓度,%饱和度	在25℃硫酸铵终浓度,%饱和度																
	10	20	25	30	33	35	40	45	50	55	60	65	70	75	80	90	100
	每1L溶液加固体硫酸铵的克数*																
0	56	114	144	176	196	209	243	277	313	351	390	430	472	516	561	662	767
10		57	86	118	137	150	183	216	251	288	326	365	406	449	494	592	694
20			29	59	78	91	123	155	189	225	262	300	340	382	424	520	619
25				30	49	61	93	125	158	193	230	267	307	348	390	485	583
30					19	30	62	94	127	162	198	235	273	314	356	449	546

续表

在25℃硫酸铵终浓度,%饱和度																
	10	20	25	30	33	35	40	45	50	55	60	65	70	75	80	90	100
每1L溶液加固体硫酸铵的克数*																

硫酸铵初浓度,%饱和度

初浓度	10	20	25	30	33	35	40	45	50	55	60	65	70	75	80	90	100
33						12	43	74	107	142	177	214	252	292	333	426	522
35						31	63	94	129	164	200	238	278	319	411	506	
40							31	63	97	132	168	205	245	285	375	469	
45								32	65	99	134	171	210	250	339	431	
50									33	66	101	137	176	214	302	392	
55										33	67	103	141	179	264	353	
60											34	69	105	143	227	314	
65												34	70	107	190	275	
70													35	72	153	237	
75														36	115	198	
80															77	157	
90																79	

*在25℃下,硫酸铵溶液由初浓度调到终浓度时,每1L溶液所加固体硫酸铵的克数。

三、不同温度下的饱和硫酸铵溶液

温度(℃)	0	10	20	25	30
重量百分数(%)	41.42	42.22	43.09	43.47	43.85
饱和溶液的摩尔浓度(mol/L)	3.9	3.97	4.06	4.10	4.13
每1 000 g水中含硫酸铵摩尔数(mol)	5.35	5.53	5.73	5.82	5.91
1 000 mL水中用硫酸铵克数(g)	706.8	730.5	755.8	766.8	777.5
每1 000 mL饱和溶液中含硫酸铵克数(g)	514.8	525.2	536.5	541.2	545.9

附录 e　层析技术常用数据

一、凝胶过滤用低分子量标准的组成

相对分子质量范围 13 700~67 000		相对分子质量范围 13 700~67 000	
蛋白质	相对分子质量	蛋白质	相对分子质量
核糖核酸酶 A	13 700	牛血清清蛋白	67 000
胰凝乳蛋白酶原	25 000	蓝色葡聚糖	~2 000 000
卵清蛋白	43 000		

二、凝胶过滤用高分子量标准的组成

相对分子质量范围 158 000~669 000		相对分子质量范围 158 000~669 000	
蛋白质	相对分子质量	蛋白质	相对分子质量
醛缩酶	158 000	甲状腺球蛋白	67 000
过氧化氢酶	232 000	蓝色葡聚糖	~2 000 000
铁蛋白	440 000		

三、等密度梯度介质的应用

介质	DNA	RNA	核蛋白	膜	细胞器	细胞	病毒
蔗糖	−	−	+	++	++	+	++
聚蔗糖	−	−	−	+	+	+++	++
氯化铯	+++	++	+	−	−	−	++
Percoll	−	−	−	+	++	++	+
碘化物	+	+	+++	+++	+++	+++	++

四、各种大分子在蔗糖梯度溶液中的大约密度

样品	密度(g/cm³)	样品	密度(g/cm³)
高尔基体	1.06~1.10	过氧化物酶体	1.23
质膜	1.16	可溶性蛋白	1.30
线粒体	1.19	核蛋白,核酸,核糖体	1.60~1.75
溶酶体	1.21	糖原	1.70

五、常用离子交换纤维素

离子交换剂			游离基团	结构
阴离子交换剂	强碱性	TEAE	三乙基氨基乙基	—OCH₂CH₂N(C₂H₅)₃
		GE	胍基乙基	—OCH₂CH₂NHC(NH)NH₂
	弱碱性	DEAE	二乙基氨基乙基	—OCH₂CH₂N(C₂H₅)₂
		PAB	对氨基苯甲基	—OCH₂(C₆H₄)NH₂

续表

离子交换剂			游离基团	结构
阴离子交换剂	中等碱性	AE ECTEOLA DBD BND PEL	氨基乙基 三乙醇胺经甘油和多聚甘油链偶联于纤维素的混合基团(混合胺类) 苯甲基化的DEAE纤维素 苯甲基化萘酰化的DEAE纤维素 聚乙烯亚胺吸附于纤维素或较弱磷酰化的纤维素	$-OCH_2CH_2NH_2$
阳离子交换剂	强酸性	SM SE SP-Sephadex	磺酸甲基 磺酸乙基 磺酸丙基	$-OCH_2SO_3H$ $-OCH_2CH_2SO_3H$ $-C_3H_6SO_3H$
	弱酸性	CM	羧甲基	$-OCH_2COOH$
	中等酸性	P	磷酸	$-H_2PO_4$

六、离子交换层析介质的技术数据

离子交换 介质名称	最高载量	颗粒大小 (μm)	特性/应用	pH稳定性 工作(清洗)	耐压 (MPa)	最快流速 (cm/h)
SOURCE 15 Q	25 mg蛋白	15	——	2~12(1~14)	4	1 800
SOURCE 15 S	25 mg蛋白	15	——	2~12(1~14)	4	1 800
Q Sepharose H.P.	70 mg牛血清白蛋白	24~44	——	2~12(2~14)	0.3	150
Q Sepharose H.P.	55 mg核糖核酸酶	24~44	——	3~12(3~14)	0.3	150
Q Sepharose F.F.	120 mg HSA	45~165	——	2~12(1~14)	0.2	400
SP Sepharose F.F.	75 mg HSA	45~165	——	4~13(3~14)	0.2	400
DEAE Sepharose F.F	110 mg HSA	45~165	——	2~9(1~14)	0.2	300
CM Sepharose F.F.	50 mg核糖核酸酶	45~165	——	6~13(2~14)	0.2	300
Q Sepharose Big Beads	——	100~300	——	2~12(2~14)	0.3	1 200~1 800
SP Sepharose Big Beads	60 mg HSA	100~300	——	4~12(3~14)	0.3	1 200~1 800

离子交换介质名称	最高载量	颗粒大小（μm）	特性/应用	pH稳定性工作（清洗）	耐压（MPa）	最快流速（cm/h）
QAE Sephadex A-25	1.5 mg甲状腺球蛋白 10 mg人血清白蛋白	干粉 40~120	纯化低相对分子质量蛋白质,多肽,核酸以及巨大分子(M_r>200 000),在工业传统应用上具有重要作用	2~10(2~13)	0.11	475
QAE Sephadex A-50	1.2 mg甲状腺球蛋白 80 mg人血清白蛋白	干粉 40~120	批量生产和预处理用,分离中等大小的生物分子(30~200 000)	2~11(2~12)	0.01	45
SP Sephadex C-25	1.1 mg IgG 70 mg牛羰合血红蛋白 230 mg核糖核酸酶	干粉 40~120	纯化低相对分子质量蛋白质,多肽,核酸以及巨大分子(M_r>200 000),在工业传统应用上具有重要作用	2~10(2~13)	0.13	475
SP Sephadex C-50	8 mg IgG 10 mg牛羰合血红蛋白	干粉 40~120	批量生产和预处理用,分离中等大小的生物分子(30~200 000)	2~10(2~12)	0.01	45
DEAE SP Sephadex A-25	1 mg甲状腺球蛋白 30 mg人血清白蛋白 140 mg α-乳清蛋白	干粉 40~120	纯化低相对分子质量蛋白质,多肽,核酸以及巨大分子(M_r>200 000),在工业传统应用上具有重要作用	2~9(2~13)	0.11	475
DEAE SP Sephadex A-50	2 mg甲状腺球蛋白 110 mg人血清白蛋白	干粉 40~120	批量生产和预处理用,分离中等大小的生物分子(30~200 000)	2~9(2~12)	0.01	45
CM Sephadex C-25	1.6 mg IgG 70 mg牛羰合血红蛋白 190 mg核糖核酸酶	干粉 40~120	纯化低相对分子质量蛋白质,多肽,核酸以及巨大分子(M_r>200 000),在工业传统应用上具有重要作用	6~13(2~13)	0.13	475
CM Sephadex C-50	7 mg IgG 140 mg牛羰合血红蛋白 120 mg核糖核酸酶	干粉 40~120	批量生产和预处理用,分离中等大小的生物分子(30~200 000)	6~10(2~12)	0.01	45

七、常用凝胶过滤层析介质的技术数据1

凝胶过滤介质名称	分离范围	颗粒大小(μm)	特性/应用	pH稳定性 工作(清洗)	耐压 (MPa)	最快流速 (cm/h)
Superdex 30 Prep grade	<10 000	24~44	肽类、寡糖、小蛋白质等	3~12(1~14)	0.3	100
Superdex 75 Prep grade	3×10^3~7×10^4	24~44	重组蛋白、细胞色素	3~12(1~14)	0.3	100
Superdex 200 Prep grade	1×10^4~6×10^5	24~44	单抗、大蛋白质	2~12(2~14)	0.3	100
Superdex 6 Prep grade	5×10^3~5×10^6	20~40	蛋白质、肽类、寡糖、核酸	3~12(3~14)	0.4	30
Superdex 12 Prep grade	1×10^4~3×10^5	20~40	蛋白质、肽类、寡糖、多糖	2~12(1~14)	0.7	30
Sephacryl S-200 HR	5×10^3~2510^4	25~75	蛋白质,如小血清蛋白:清蛋白	3~11(2~13)	0.2	20~39
Sephacryl S-300 HR	1×10^4~1.5×10^6	25~75	蛋白质,如膜蛋白和血清蛋白:抗体	3~11(2~13)	0.2	20~39
Sephacryl S-400 HR	2×10^4~8×10^6	25~75	多糖、具延伸结构的大分子蛋白多糖、脂质体	3~11(2~13)	0.2	20~39
Sephacryl S-500 HR	葡聚糖 4×10^3~2×10^7 DNA<1078bp	25~75	大分子如DNA限制片段	3~11(2~13)	0.2	20~39
Sephacryl S-1000 SF	葡聚糖 5×10^5~1×10^8 DNA<2000bp	40~105	DNA、巨大多糖、蛋白多糖、小颗粒如膜结合囊或病毒	3~11(2~13)	未经测试	40
Sepharose 6 Fast Flow	1×10^4~4×10^6	平均90	巨大分子	2~12(2~14)	0.1	300
Sepharose 4 Fast Flow	6×10^4~2×10^7	平均90	巨大分子如重组乙型肝炎表面抗原	2~12(2~14)	0.1	250
Sepharose 2B	7×10^4~4×10^7	60~200	蛋白质、大分子复合物、病毒、不对称分子如核酸和多糖	4~9(4~9)	0.004	10
Sepharose 4B	6×10^4~2×10^7	45~165	蛋白质、多糖	4~9(4~9)	0.008	11.5
Sepharose 6B	1×10^4~4×10^6	45~165	蛋白质、多糖	4~9(4~9)	0.02	14
Sepharose CL-2B	7×10^4~4×10^7	60~200	蛋白质、大分子复合物、病毒、不对称分子如核酸和多糖	3~13(2~14)	0.005	15
Sepharose CL-4B	6×10^4~2×10^7	45~165	蛋白质、多糖	3~13(2~14)	0.012	26
Sepharose CL-6B	1×10^4~4×10^6	45~165	蛋白质、多糖	3~13(2~14)	0.02	30

八、常用凝胶过滤层析介质的技术数据2

凝胶过滤介质名称	分离范围	颗粒大小(μm)	特性/应用	pH稳定性工作(清洗)	溶胀体积(mg/g凝胶)	溶胀最少平衡时间/h 室温	沸水浴	最快流速(cm/h)
Sephadex G-10	<700	干粉 40~120	——	2~13(2~13)	2~3	3	1	2~5
Sephadex G-15	<1 500	干粉 40~120	——	2~13(2~13)	2.5~3.5	3	1	2~5
Sephadex G-25 Coarse	1×10^3~5×10^3	干粉 100~300	工业上去盐及交换缓冲液用	2~13(2~13)	4~6	6	2	2~5
Sephadex G-25 Medium	1×10^3~5×10^3	干粉 50~100	工业上去盐及交换缓冲液用	2~13(2~13)	4~6	6	2	2~5
Sephadex G-25 Fine	1×10^3~5×10^3	干粉 20~80	工业上去盐及交换缓冲液用	2~13(2~13)	4~6	6	2	2~5
Sephadex G-25 Superfine	1×10^3~5×10^3	干粉 10~40	工业上去盐及交换缓冲液用	2~13(2~13)	4~6	6	2	2~5
Sephadex G-50 Coarse	15×10^2~3×10^4	干粉 100~300	一般小分子蛋白质分离	2~10(2~13)	9~11	6	2	2~5
Sephadex G-50 Medium	15×10^2~3×10^4	干粉 50~150	一般小分子蛋白质分离	2~10(2~13)	9~11	6	2	2~5
Sephadex G-50 Fine	15×10^2~3×10^4	干粉 20~80	一般小分子蛋白质分离	2~10(2~13)	9~11	6	2	2~5
Sephadex G-50 Superfine	15×10^2~3×10^4	干粉 10~40	一般小分子蛋白质分离	2~10(2~13)	9~11	6	2	2~5
Sephadex G-75	3×10^3~8×10^4	干粉 40~120	中等蛋白质分离	2~10(2~13)	12~15	24	3	72
Sephadex G-75 Superfine	3×10^3~8×10^4	干粉 10~40	中等蛋白质分离	2~10(2~13)	12~15	24	3	16
Sephadex G-100	3×10^3~8×10^4	干粉 40~120	中等蛋白质分离	2~10(2~13)	15~20	48	5	47
Sephadex G-100 Superfine	4×10^3~1×10^5	干粉 10~40	中等蛋白质分离	2~10(2~13)	15~20	48	5	11
Sephadex G-150	5×10^3~3×10^5	干粉 40~120	稍大蛋白质分离	2~10(2~13)	20~30	72	5	21
Sephadex G-150 Superfine	5×10^3~1.5×10^5	干粉 10~40	稍大蛋白质分离	2~10(2~13)	18~22	72	5	5.6
Sephadex G-200	5×10^3~6×10^5	干粉 40~120	较大蛋白质分离	2~10(2~13)	30~40	72	5	11
Sephadex G-200 Superfine	5×10^3~6×10^5	干粉 10~40	较大蛋白质分离	2~10(2~13)	20~25	72	5	2.8
嗜脂性 Sephadex LH 20	1×10^2~4×10^3	干粉 25~100	特别为使用有机溶剂而设计。适合分离脂类、胆固醇、脂肪酸、激素、维生素及其他小生物分子。此分离范围指乙醇为溶剂的分离。					

附录f 动物生物化学相关专业部分网址

中国生物化学与分子生物学会　http://www.csbmb.org.cn

中国畜牧兽医学会动物生理生化学分会
http://www.caav.org.cn:8000/caav/branchView.jsp?uKind=3&branchOrRegion=430&itemId=1

中国动物学会　http://www.czs.ioz.ac.cn

中国细胞生物学会　http://www.cscb.org.cn

中国生化网　http://www.cbcchem.com.cn

生命科学论坛　http://bbs.bioon.net

生物谷　http://www.bioon.com

中国生物化学与分子生物学报　http://cjbmb.bjmu.edu.cn

生物化学杂志　http://www.jbc.org

中国生化药物杂志　http://www.shyw.cbpt.cnki.net

生命的化学　http://www.life.ac.cn

参考文献

[1] Rodney F.Boyer.Modern experimental biochemistry.Prentice Hall,3rd Revised edition,2000.

[2] 蔡武成,袁厚积.生物物质常用化学分析法.北京:科学出版社.1982:93~99.

[3] 陈钧辉,李俊,张太平,张冬梅,朱婉华.生物化学实验(第4版).北京:科学出版社,2008.

[4] 陈毓荃.生物化学实验方法和技术.北京:科学出版社,2003.

[5] 丛峰松.生物化学实验(第1版).上海:上海交通大学出版社,2005.

[6] 郭蔼光.生物化学实验技术.北京:高等教育出版社,2007.

[7] 郭勇.现代生化技术(第2版).北京:科学出版社,2005.

[8] 何忠效.生物化学实验技术.北京:化学工业出版社,2004.

[9] 胡兰.动物生物化学实验教程.北京:中国农业出版社,2006.

[10] 蒋立科,罗曼主编.生物化学实验设计与实践(第1版).北京:高等教育出版社,2007.

[11] 梁宋平.生物化学与分子生物学实验教程.北京:高等教育出版社,2003.

[12] 刘辉.临床免疫学和免疫检验实验指导(第2版).北京:人民卫生出版社,2002.

[13] 刘维全.动物生物化学实验指导(第3版).北京:中国农业出版社,2008.

[14] 马文丽,李凌.生物化学与分子生物学实验指导.北京:人民军医出版社,2011.

[15] 祁元明,高艳锋,张守涛.生物化学实验原理与技术.北京:化学工业出版社,2011.

[16] 萨姆布鲁克J,拉塞尔DW.分子克隆实验指南(第3版).黄培堂等译.北京:科学出版社,2005.

[17] 邵雪玲,毛歆,郭一清.生物化学与分子生物学实验指导.武昌:武汉大学出版社,2003.

[18] 萧能庆,余瑞元.生物化学实验原理和方法(第2版).北京:北京大学出版社,2005.

[19] 杨安钢,刘新平,药立波. 生物化学与分子生物学实验技术. 北京:高等教育出版社,2008.

[20] 余冰宾. 生物化学实验指导. 北京:清华大学出版社,2004.

[21] 余瑞元,袁明秀,陈丽蓉. 生物化学实验原理和方法(第2版).北京: 北京大学出版社,2005.

[22] 俞建瑛.生物化学实验技术.北京:化学工业出版社,2005.

[23] 袁榴娣. 高级生物化学与分子生物学实验教程(第1版). 南京:东南大学出版社,2006.

[24] 张景海. 生物化学实验. 北京:中国医药科技出版社,2006.

[25] 张龙翔,张庭芳,李令媛. 生化实验方法和技术. 北京:高等教育出版社,1997.

[26] 张龙翔,张庭芳,李令媛.生化实验方法和技术.北京:高等教育出版社,1981.

[27] 赵永芳,黄健. 生物化学技术原理及应用(第4版). 北京:科学出版社,2008.

[28] 周顺伍. 动物生物化学实验指导.第二版.北京:中国农业出版社,2002.

图书在版编目（ＣＩＰ）数据

动物生物化学实验 / 罗献梅, 甘玲主编. —— 重庆：
西南师范大学出版社, 2013.6
ISBN 978-7-5621-6306-0

Ⅰ.①动… Ⅱ.①罗… ②甘… Ⅲ.①动物学－生物
化学－实验－高等学校－教材 Ⅳ.①Q5-33

中国版本图书馆 CIP 数据核字(2013)第 139471 号

动物生物化学实验
DONGWU SHENGWU HUAXUE SHIYAN

主　编　罗献梅　甘　玲
副主编　郭建华　张恩平　申　红

责任编辑：杜珍辉
封面设计：魏显锋
出版发行：西南师范大学出版社
　　　　　地址：重庆市北碚区天生路1号
　　　　　邮编：400715
　　　　　市场营销部电话：023-68868624
　　　　　http://www.xscbs.com
经　　销：新华书店
印　　刷：重庆川外印务有限公司
开　　本：787mm×1092mm　1/16
印　　张：17
字　　数：420千字
版　　次：2013年8月　第1版
印　　次：2016年1月　第2次印刷
书　　号：ISBN 978-7-5621-6306-0
定　　价：33.00元